国家“双高”职业院校新形态系列教材

微课版

大数据分析与挖掘

新世纪高等职业教育教材编审委员会 组编
主 编 杨雪峰 吴圭亮 曾 俊
副主编 谭志刚 叶荣杰
主 审 谢中梅

大连理工大学出版社

图书在版编目(CIP)数据

大数据分析与挖掘 / 杨雪峰，吴圭亮，曾俊主编
. -- 大连 ：大连理工大学出版社，2023.12(2025.7 重印)
新世纪高等职业教育大数据技术专业系列规划教材
ISBN 978-7-5685-4401-6

Ⅰ. ①大… Ⅱ. ①杨… ②吴… ③曾… Ⅲ. ①数据处理－高等职业教育－教材②数据采集－高等职业教育－教材 Ⅳ. ①TP274

中国国家版本馆 CIP 数据核字(2023)第 105138 号

大连理工大学出版社出版

地址:大连市软件园路 80 号　邮政编码:116023
营销中心:0411-84707410 84708842　邮购及零售:0411-84706041
E-mail:dutp@dutp.cn　URL:https://www.dutp.cn

大连图腾彩色印刷有限公司印刷　　大连理工大学出版社发行

幅面尺寸:185mm×260mm　印张:18.25　字数:437 千字
2023 年 12 月第 1 版　2025 年 7 月第 2 次印刷

责任编辑:高智银　责任校对:李　红
封面设计:张　莹

ISBN 978-7-5685-4401-6　定　价:65.00 元

前言

Preface

党的二十大报告指出：坚持把发展经济的着力点放在实体经济上，推进新型工业化，加快建设制造强国、质量强国、航天强国、交通强国、网络强国、数字中国。加快发展数字经济，促进数字经济和实体经济深度融合，打造具有国际竞争力的数字产业集群。优化基础设施布局、结构、功能和系统集成，构建现代化基础设施体系。编者注重加强学生的社会主义核心价值观教育，在教材中融入价值观引导，培养学生树立正确的价值观，提升学生大数据应用开发的技术水平，提高学生解决问题的能力，培养德技并修人才。

本教材以任务驱动为主线，基于大数据平台搭建、数据采集选型和流程设计、数据采集系统环境搭建、数据分析、数据可视化的企业级项目处理流程展开，由简到繁，全面展示了全国职业技能大赛大数据技术与应用赛项的技能要点。主要内容包括大数据平台的搭建与运维、大数据的采集与存储、大数据的处理、数据的分析、数据的可视化等，详细讲述了 NumPy 数值分析、Pandas 统计分析、基于 Matplotlib 的数据可视化、Hadoop 平台及组件部署、Spark 组件部署、数据采集等内容，最后通过“项目实战——零售行业数据分析”和“用户分析系统”的综合实战项目，让学生了解大数据技术在企业中的实际应用。

本教材以“岗课赛证”一体化教学模式，使学生掌握大数据技术专业所需的知识与技能，培养学生职业能力和职业素养。本教材是省级精品课程配套教材，配有微课、教学课件、教案、源代码等资源，类型多样、分布合理。每个项目都配备了习题，给读者提供了很多的练习资源，并且提供了完整代码，可以边学边练，起到巩固和提高的目的。

本教材由江西应用技术职业学院杨雪峰、吴圭亮、曾俊担任主编，江西应用技术职业学院谭志刚、深圳市讯方技术股份有限公司叶荣杰担任副主编。具体编写分工如下：杨雪峰编写项目 1、项目 4 和项目 7，吴圭亮编写项目 2、项目 3，曾俊编写项目 5，谭志刚编写项目 6，叶荣杰编写项目 8。全书由杨雪峰统稿，江西应用技术职业学院谢中梅主审。

在编写本教材的过程中，编者参考、引用和改编了国内外出版物中的相关资料及网络资源，在此表示深深的谢意！相关著作权人看到本教材后，请与出版社联系，出版社将按照相关法律的规定支付稿酬。

由于时间仓促，再加上编者水平有限，书中难免有错误和疏漏之处，敬请广大读者批评指正。

编　者

2023 年 12 月

所有意见和建议请发往：dutpgz@163.com

欢迎访问职教数字化服务平台：https://www.dutp.cn/sve/

联系电话：0411-84707492　84706671

Contents

目录

微课视频列表

序号	微课名称	位置
1	ndarray 简介	1
2	ndarray 的创建	9
3	ndarray 的操作	15
4	ndarray 的运算	25
5	NumPy 的常用函数	31
6	NumPy 的文件操作	35
7	Pandas 库的理解	39
8	Series 类型的基本操作	44
9	Pandas 库的 DataFrame 类型	53
10	Pandas 库的索引操作	63
11	Matplotlib 简介	76
12	pyplot 的 plot 函数	76
13	基本图形绘制——饼图和直方图	81
14	基本图形绘制——条形图和散点图	83
15	Hadoop 生态介绍	89
16	Hadoop 部署前期准备	93
17	Hadoop 组件 HDFS 的配置	100
18	Hadoop 组件 YARN 的配置	107

（续表）

序号	微课名称	位置
19	Hive 组件及搭建步骤	112
20	Hive 搭建之 MySQL 安装	116
21	Hive 组件配置	120
22	Spark Standalone 集群模式部署	126
23	Spark HA 部署	132
24	ZooKeeper 基本介绍	139
25	ZooKeeper 组件搭建配置	141
26	数据采集技术概述	149
27	查看网页源码及结构	154
28	移动端 App 数据请求结构	156
29	移动端 App 的数据爬取	157
30	HTTP 协议介绍	161
31	构建采集请求	164
32	正则表达式解析数据	175
33	XPath 解析数据	179
34	Filebeat 简介	187
35	Logstash 简介	190
36	日志数据采集存储	197

项目 1　NumPy 数值分析

思政课堂（趣学领航）

人类最强大的力量——集体的力量

百兽的智慧类似于人类的智慧，甚至可以说在某些方面是一样的，差别主要在于谁先学会了更有效地利用集体的力量！人类自认为是世界上唯一的高等动物，拥有最高的智慧，这一点很少有人质疑，更别说百兽了。随着文字的出现，人类的智慧才得以大踏步前进。

百兽看似会集体协作，会利用集体的力量，比如狼群、狮群、野狗群等。但是它们的这种协作能力是有限的。非洲大草原上迁移的牛群、羊群虽然数量众多，但它们的行为更多是出于本能，而非真正的协作。利用集体力量至少要达到一加一大于二的效果。在自然界的大型哺乳动物中，只有狼、狮子等少数动物可以实现有限的、少量的集体协作。而人类的集体协作，可以实现大规模的不见面的集体协作。这是百兽做不到的，故而只有人类能够大踏步前进。

任务 1.1　认识 ndarray

ndarray简介

1.1.1　ndarray 简介

励志微语　路漫漫其修远兮，吾将上下而求索。

任务目标

- 掌握 Anaconda 的安装。
- 掌握 Jupyter Notebook 的使用。

知识链接

1. NumPy 模块介绍

(1)NumPy 的前世今生

NumPy 是 Python 进行数据分析的科学计算基础模块。NumPy 不仅能够完成科学计算的任务,同时还提供了高效的多维数据容器,可用于存储和处理大型矩阵。NumPy 的数据容器能够保存任意类型的数据,这使得 NumPy 可以无缝并快速地整合各种数据。NumPy 本身并没有提供很多高级的数据分析功能。但是理解 NumPy 数组及用于数组快速操作的各种 API,包括数学、逻辑、形状操作、排序、选择、输入/输出、离散傅里叶变换、基本线性代数、基本统计运算和随机模拟等数组计算,有助于更加高效地使用诸如 pandas 等数据分析工具。

(2)NumPy 的安装

NumPy 作为第三方模块,在使用之前必须先安装。在 Windows 系统下,NumPy 模块可以通过两种方式进行安装。

①使用已有的发行版本

在 Windows 上,最简单的方法是下载 Python 发行版,它们包含了所有的科学计算关键包(包括 NumPy、SciPy、Matplotlib、Pandas、IPython,以及 Python 核心自带的其他包)。以 Anaconda 为例,Anaconda 是免费 Python 发行版,用于进行大规模数据处理、预测分析和科学计算,致力于简化包的管理和部署。Anaconda 已包含 NumPy 模块,无须额外下载安装。在 Anaconda Navigator 的 Environments 中可以查看已安装的 NumPy 模块,如图 1-1 所示。

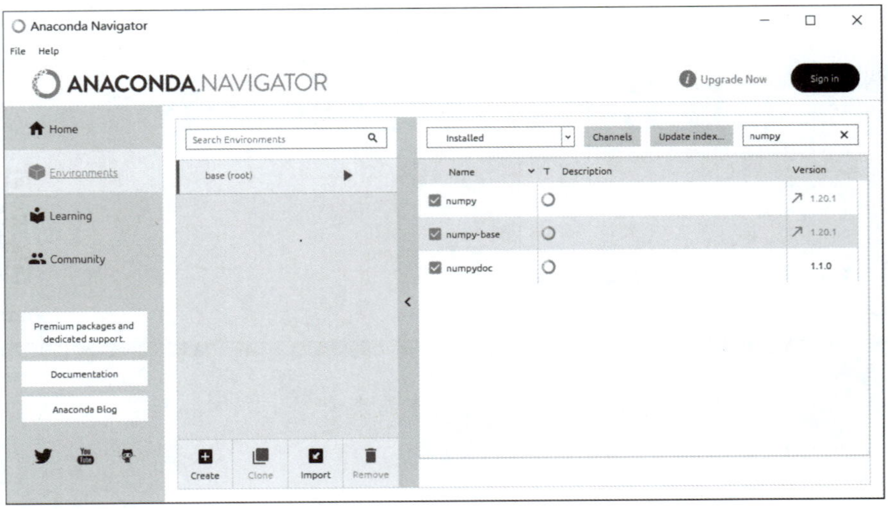

图 1-1 查看已安装的 NumPy 模块

②使用 pip 安装

NumPy 最简单的安装方法就是在命令行窗口中使用 pip 工具，输入命令：pip install numpy，如图 1-2 所示。

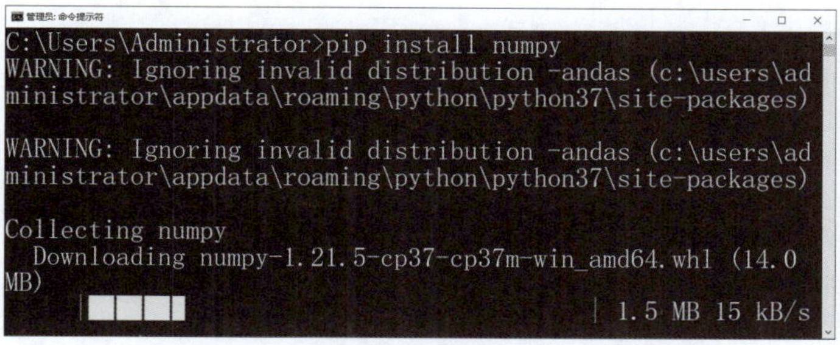

图 1-2　使用命令安装 NumPy

安装完成后，如何使用 NumPy 包呢？接下来介绍如何在 Python 脚本中导入 NumPy 模块并使用。首先，打开 Jupyter Notebook，创建一个新 Python 脚本文件，如图 1-3 所示。

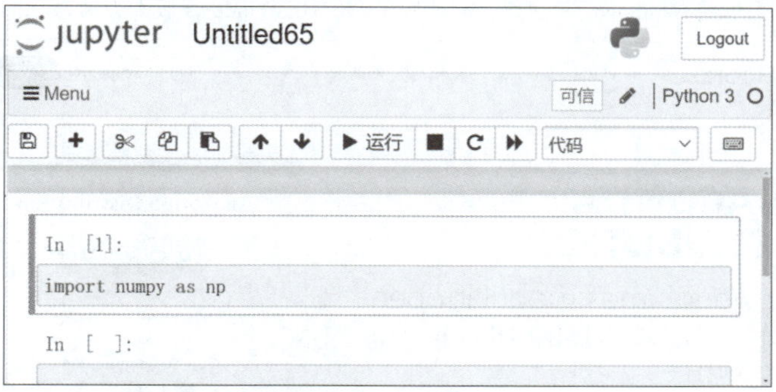

图 1-3　导入 NumPy 模块

2. NumPy 的数据类型

在实际的业务数据处理中，为了得到更准确的计算结果，需要使用不同精度的数据类型。NumPy 极大程度地扩充了原生 Python 的数据类型，其中大部分数据类型是以数字结尾的，这个数字表示其在内存中占用的位数。同时，在 NumPy 中所有数组的数据类型是同构的，即数组中的所有元素类型必须是一致的，这样做的目的是更容易确定该数组所需要的存储空间。NumPy 的数据类型见表 1-1。

表 1-1　NumPy 的数据类型

NumPy 的数据类型	描述
np.int8	字节(－128～127)
np.int16	整数(－32768～32767)
np.int32	整数(－2147483648～2147483647)
np.int64	整数(－9223372036854775808～9223372036854775807)
np.uint8	无符号整数(0～255)
np.uint16	无符号整数(0～65535)
np.uint32	无符号整数(0～4294967295)
np.uint64	无符号整数(0～18446744073709551615)

1.1.2 ndarray 简介——任务训练

任务名称	认识 ndarray	学时	1	页码	
学生姓名		学号		班级	
任务时间		地点	理实一体化教室	日期	
任务分组					
任务目的					

- 任务描述

安装 Anaconda 并在 Jupyter Notebook 中导入 NumPy 模块。

- 任务实施

任务实施步骤

1. Anaconda 下载

下载地址：https://www.anaconda.com/download/

Anaconda 是跨平台的，有 Windows、macOS、Linux 版本，本书以 Windows 版本为例，如图 1-4 所示。

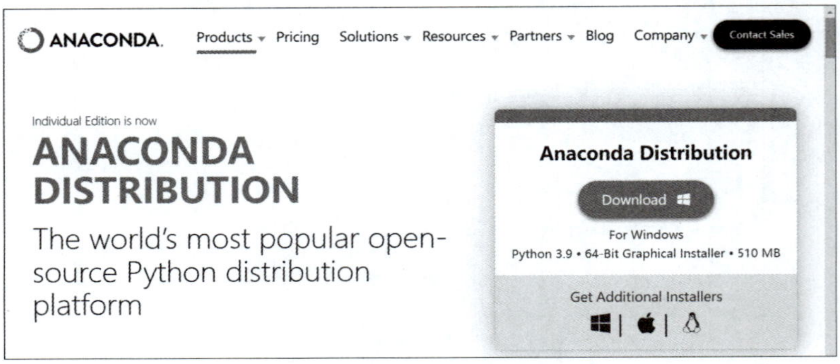

图 1-4 Anaconda 的下载

2. 安装 Anaconda

双击下载的 Anaconda3-2021.11-Windows-x86_64.exe 文件，出现如图 1-5 所示界面，单击“Next”按钮即可。

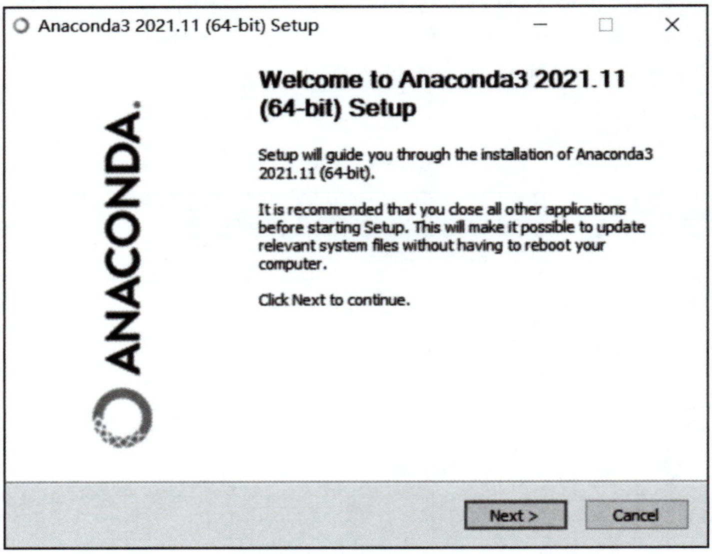

图 1-5 双击安装 Anaconda

（续表）

Licence Agreement（许可证协议），这里单击“I Agree”按钮后进入下一步，如图 1-6 所示。

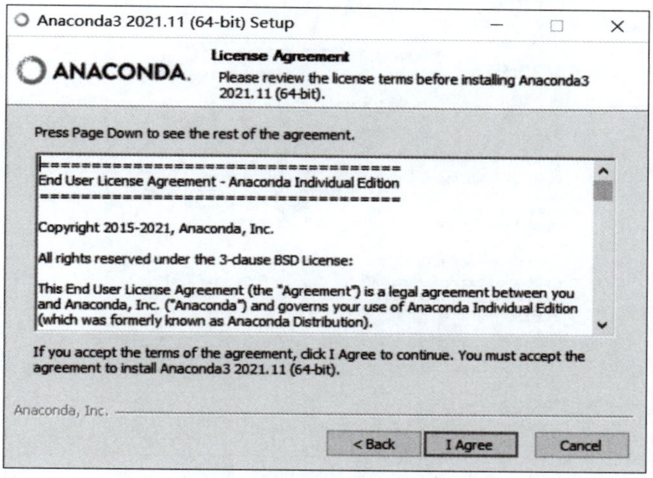

图 1-6　Anaconda 的许可协议

选择“All Users”，继续单击“Next”按钮，如图 1-7 所示。

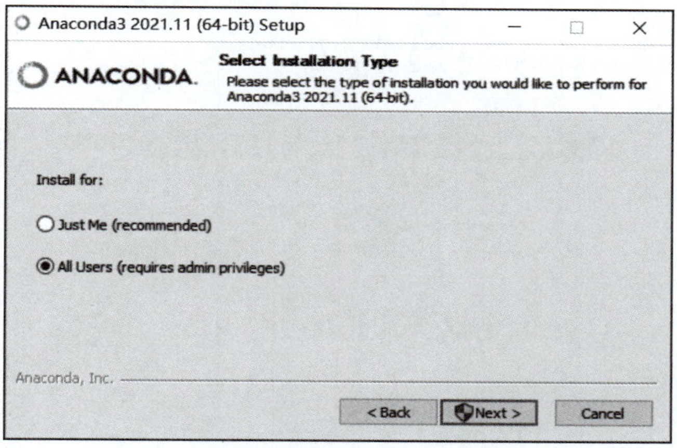

图 1-7　选择 Anaconda 的安装类型

可以单击“Browse”按钮，选择想要安装到的文件夹。Anaconda 很强大，占用空间 3.0 GB，继续单击“Next”按钮，如图 1-8 所示。

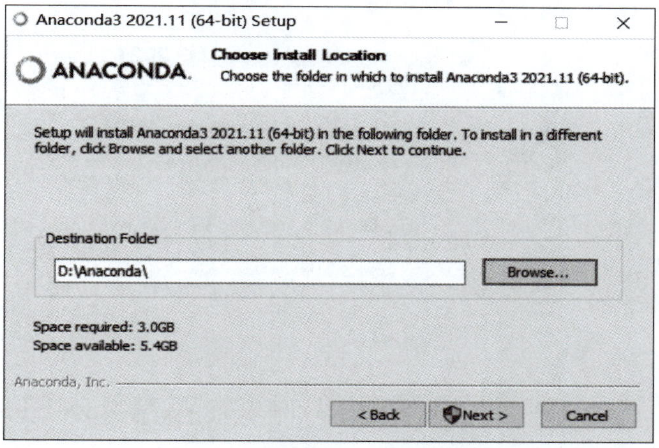

图 1-8　设置 Anaconda 的安装路径

（续表）

单击“Install”按钮即可进行安装，如图 1-9 所示。

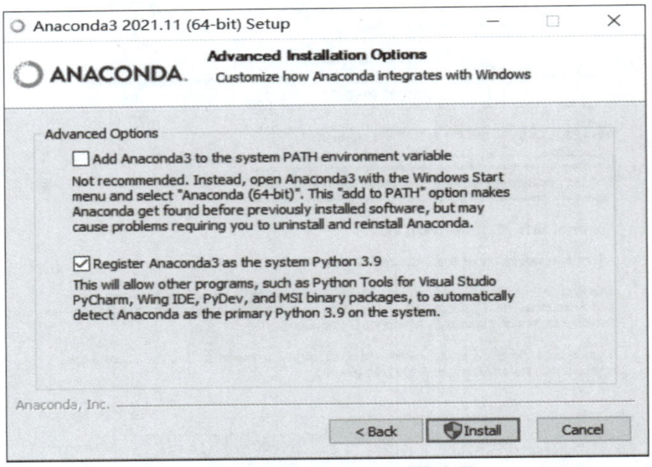

图 1-9　设置 Anaconda 环境变量

等待安装完成后，单击“Next”按钮，如图 1-10 所示。

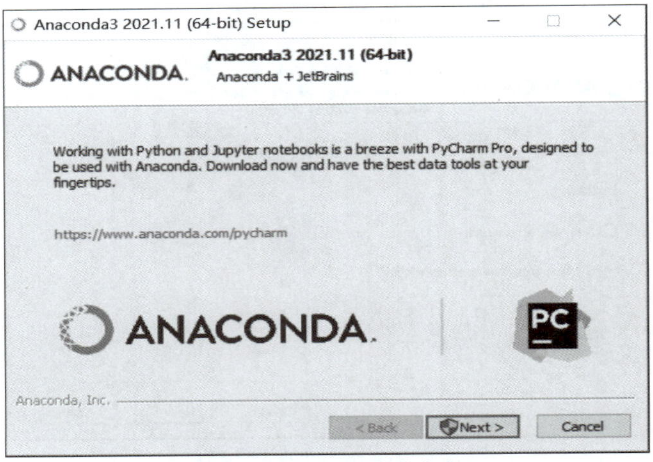

图 1-10　Anaconda 安装完成

进入安装完成界面，此处两个复选框可以取消勾选，如图 1-11 所示。

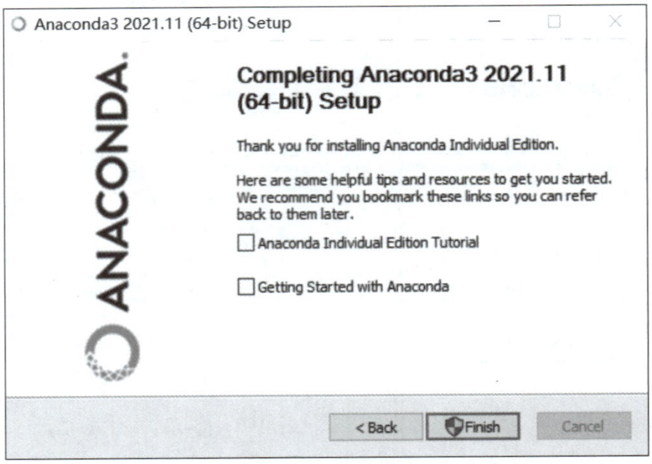

图 1-11　Anaconda 安装取消两个选项

（续表）

安装完成后即可开始使用 Jupyter Notebook，如图 1-12 所示。

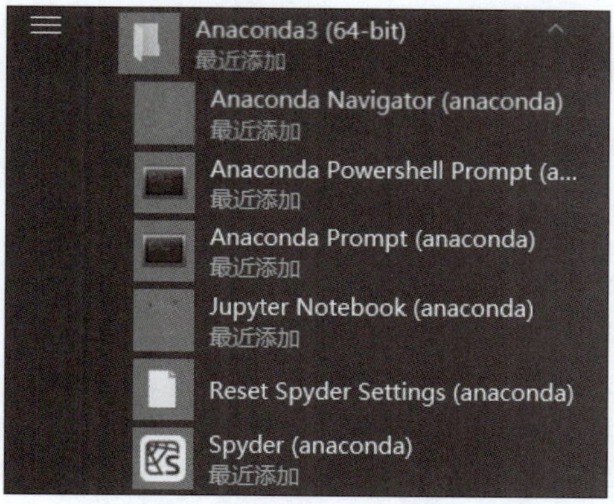

图 1-12　启动 Jupyter Notebook

单击 Jupyter Notebook(anaconda)后即可以启动了，如图 1-13 所示，可单击“New”按钮新建 Python 3 文档。

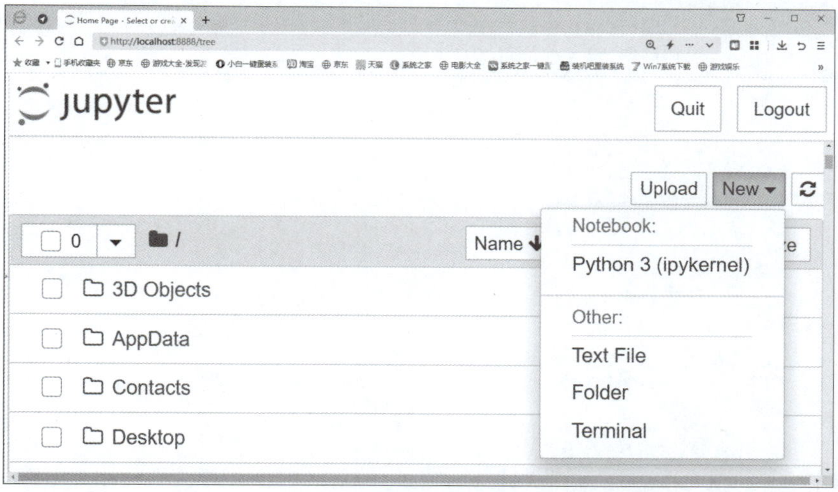

图 1-13　新建 Python 3 文档

输入代码 import numpy as np，单击图 1-14 中运行按钮，就可以导入 NumPy 包了。

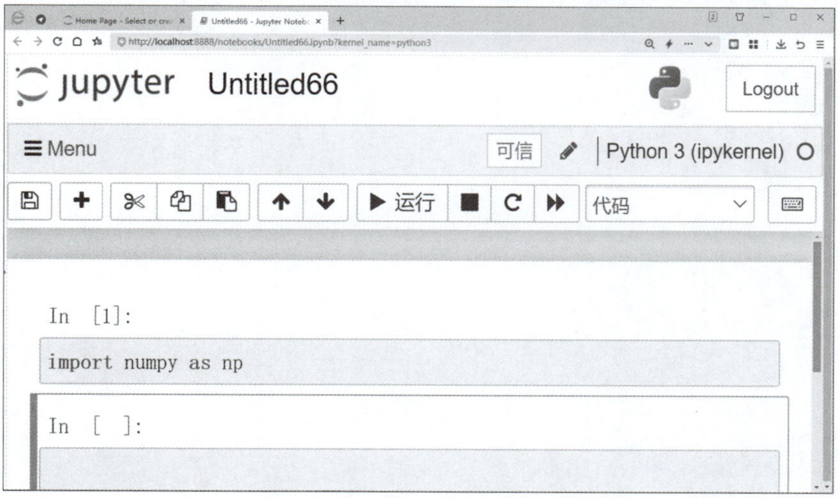

图 1-14　导入 NumPy 包

（续表）

- 任务评价

任务评价评价指标	评价内容	分值	评价分数		
			自评	组内互评	教师评价
职业素养（40%）	信息检索能力	10			
	参与状态	10			
	团队合作、纪律	20			
专业能力（60%）	专业知识掌握	20			
	操作规范性	15			
	操作熟练度	15			
	完成质量	10			
总评	自评（20%）＋互评（20%）＋师评（60%）	总分		指导教师（签名）：	

1.1.3　ndarray 的创建

励志微语

勇于开始，才能找到成功的路。

任务目标

• 掌握 NumPy 创建多维数组。

ndarray的创建

知识链接

1. NumPy 数组对象 ndarray

说到数组，很多人都会提出这样一个问题：Python 本身提供了一个叫数组的 array 模块，NumPy 的 ndarray 到底有何不同呢？作为 NumPy 核心的 ndarray，相对于 Python 的 array 模块来说，区别有两点：Python 的 array 模块不支持多维，也没有提供各种运算函数，因此不适合做数值运算。NumPy 的诞生弥补了这些不足，NumPy 提供了一种存储单一数据类型的多维数组 ndarray。

NumPy 提供了两种基本对象：ndarray(N-dimensional Array Object)和 ufunc(U-niversal Function Object)。ndarray(下文统称为数组)是存储单一数据类型的多维数组，而 ufunc 则是能够对数组进行处理的函数。

数组属性反映了数组本身固有的信息。我们可以通过其属性访问、设置数组的内部属性，而不需要遍历全部数组元素。为了更好地理解和使用数组，在创建数组之前，我们需要对数组的关键属性进行必要的了解。数组的关键属性及其说明见表 1-2。

表 1-2　数组的关键属性及其说明

属性	说明
ndim	返回 int。表示数组的维度
shape	返回 tuple。表示数组的尺寸，对于 n 行 m 列的矩阵，形状为(n,m)
size	返回 int。表示数组的元素总数，等于数组形状的乘积 $n*m$
dtype	返回 data-type。描述数组中元素的类型
itemsize	返回 int。表示数组的每个元素的大小(以字节为单位)

2. 数组创建

NumPy 创建数组主要有两种常规机制：

(1)从其他 Python 结构(如列表、元组等)转换

创建一维数组与多维数组并查看数组属性的过程，代码如下：

```
import numpy as np                     #导入 NumPy 库
arr1 = np.array((1,3,5,7,9))           #传入元组创建一个一维数组
```

```
arr2 = np.array([2,4,6,8,10])                    #传入列表创建一个一维数组
print("创建的第一个数组为:",arr1)
print("创建的第二个数组为:",arr2)
#创建二维数组
arr3 = np.array(((1,3,5),(2,4,6)))
arr4 = np.array([['a','b','c'],['d','e','f']])
print("创建的第三个数组:",arr3)
print("创建的第四个数组:",arr4)
print('数组 arr1 的维度:',arr1.ndim)                #查看数组维度
print('数组 arr3 的维度:',arr3.ndim)
print('数组 arr1 的尺寸:',arr1.shape)               #查看数组结构
print('数组 arr3 的尺寸:',arr3.shape)
print('数组 arr2 的类型为:',arr2.dtype)             #查看数组类型
print('数组 arr4 的类型为',arr4.dtype)
print('数组 arr1 的元素个数:',arr1.size)            #查看数组元素个数
print('数组 arr4 的元素个数:',arr4.size)
print('数组 arr1 的每个元素字节大小:',arr1.itemsize)  #查看数组每个元素字节大小
print('数组 arr4 的每个元素字节大小:',arr4.itemsize)
```

运行结果为:

```
创建的第一个数组为:[1 3 5 7 9]
创建的第二个数组为:[2 4 6 8 10]
创建的第三个数组:[[1 3 5]
[2 4 6]]
创建的第四个数组:[['a' 'b' 'c']
['d' 'e' 'f']]
数组 arr1 的维度:1
数组 arr3 的维度:2
数组 arr1 的尺寸:(5,)
数组 arr3 的尺寸:(2,3)
数组 arr2 的类型为:int32
数组 arr4 的类型为 <U1
数组 arr1 的元素个数:5
数组 arr4 的元素个数:6
数组 arr1 的每个元素字节大小:4
数组 arr4 的每个元素字节大小:4
```

数组 arr1 和 arr2 只有一行元素,因此它们是一维数组。而数组 arr3 和 arr4 有 2 行 3 列元素,因此它们是二维数组,其中第 0 轴的长度为 2(行数),第 1 轴的长度为 3(列数)。还可以通过修改数组的 shape 属性,在保持数组元素个数不变的情况下,改变数组每个轴的长度。将数组 arr3 的 shape 改为(3,2),并不是对数组进行转置,而只是改变每个轴的大小,数组元素的顺序并没有被改变。代码如下:

```
arr3.shape = 3,2                        #重新设置 shape
print('重新设置 shape 后的 arr3 为:',arr3)
```

运行结果为：

```
重新设置 shape 后的 arr3 为：[[1 3]
                          [5 2]
                          [4 6]]
```

以上案例是先创建了一个 Python 内置序列，然后通过 array 函数将其转换成数组，显而易见这样做的效率不高。

(2)NumPy 原生数组的创建(如 arange、ones、zeros 等)

arange 函数和 Python 的内置函数 range 非常类似，可以通过指定起始值、终止值和步长来创建一维数组。其中的数据是一个等差数列，创建的数组不含终止值。语法格式如下：

```
np.arange([start,]stop[,step,],dtype = None)
```

参数说明：

- start：代表起始值，可选参数，默认从 0 开始。
- stop：代表终止值，必选参数。
- step：代表步长，可选参数，默认为 1。

例如，利用 arange 函数创建一个起始值为 2、终止值为 12、步长为 2 的数组代码如下：

```
print('利用 arange 函数创建的数组为：',np.arange(2,12,2))
```

运行结果为：

```
• 利用 arange 函数创建的数组为：[2 4 6 8 10]
```

linspace 函数通过指定开始值、终值和元素个数来创建一维数组，其中数据是一个等差数列。默认设置包括终值，这一点要和 arange 函数进行区分。语法格式如下：

```
np.linspace(start,stop,num = 50,endpoint = True,retstep = False,dtype = None,axis = 0)
```

参数说明：

- start：代表起始值。
- stop：代表终止值。
- num：代表生成数据的个数，默认是 50。
- endpoint：代表是否包含终止值，默认为 True。
- retstep：代表是否显示步长，默认为 False。
- dtype：代表数据类型，默认为 None。
- axis：代表轴向，默认为 0，代表沿 X 轴。

举例代码如下：

```
print('利用 linspace 创建的数组为：',np.linspace(2,5,12))
print('利用 linspace 创建的数组为：',np.linspace(2,5,12,retstep = True))
```

运行结果为：

```
利用 linspace 创建的数组为：[2. 2.27272727 2.54545455 2.81818182 3.09090909 3.36363636
3.63636364 3.90909091 4.18181818 4.45454545 4.72727273 5. ]
利用 linspace 创建的数组为：(array ([2.,2.27272727,2.54545455,2.81818182,3.09090909,
3.36363636,3.63636364,3.90909091,4.18181818,4.45454545,4.72727273,5.]),
0.2727272727272727)
```

NumPy 还提供了其他函数来创建特殊数组，如 zeros、eye、diag 和 ones 等。其中 zeros 函数用来创建全 0 数组，即创建的数组值全部填充为 0。语法格式如下：

```
np.zeros(shape,dtype = float,order = 'C')
```

参数说明：

· shape：代表数组的尺寸，可以是数值或元组。

· dtype：代表数组中元素的数据类型，默认为 float。

· order：代表存储多维数组时，是行优先还是列优先，默认为'C'，表示行优先。

例如：创建一个 2 行 5 列全零数组代码如下：

```
print('利用 zeros 创建的数组为：',np.zeros((2,5)))
```

运行结果为：

```
利用 zeros 创建的数组为：[[0. 0. 0. 0. 0.]
                        [0. 0. 0. 0. 0.]]
```

eye 函数用来生成主对角线上的元素为 1、其他元素为 0 的数组，类似单位矩阵。语法格式如下：

```
np.eye(n,m = None,k = 0,dtype = < class 'float'>,order = 'C')
```

参数说明：

· n：代表行数。

· m：代表列数。

· k：代表对角线元素个数，默认为 0。

· dtype：代表数组中元素的数据类型，默认为 float。

· order：代表存储多维数组时，是行优先还是列优先，默认为'C'，表示行优先。

例如：利用 eye 创建一个 4 行的对角线元素为 1 的数组，代码如下：

```
print('利用 eye 创建的数组为：',np.eye(4))
print('利用 eye 创建的数组为：',np.eye(4,3))
```

运行结果为：

```
利用 eye 创建的数组为：[[1. 0. 0. 0.]
                      [0. 1. 0. 0.]
                      [0. 0. 1. 0.]
                      [0. 0. 0. 1.]]
利用 eye 创建的数组为：[[1. 0. 0.]
                      [0. 1. 0.]
                      [0. 0. 1.]
                      [0. 0. 0.]]
```

ones 函数用来创建元素全为 1 的数组，即创建的数组元素全部填充为 1，语法格式如下：

```
np.ones(shape,dtype = None,order = 'C')
```

参数说明：

· shape：代表数组的尺寸。

· dtype：代表数组的数据类型，默认为 None。

· order：代表存储多维数组时，是行优先还是列优先，默认为'C'，表示行优先。

例如：利用 ones 创建一个 3 行 5 列的单位数组，代码如下：

```
print('利用 ones 创建的数组为：',np.ones((3,5)))
```

运行结果：

```
利用 ones 创建的数组为：[[1. 1. 1. 1. 1.]
                       [1. 1. 1. 1. 1.]
                       [1. 1. 1. 1. 1.]]
```

1.1.4　ndarray 的创建——任务训练

任务名称	ndarray 的创建	学时	1	页码	
学生姓名		学号		班级	
任务时间		地点	理实一体化教室	日期	
任务分组					
任务目的					

- 任务描述

1. 创建数组，并查看数组维度、数组结构。
2. 创建数组，并修改数组的 shape 属性。
3. 创建数组，并且查看数组类型，数组个数。
4. 创建全是 1 的数组。
5. 创建一个长度为 10 数组，第五个值为 1。
6. 创建一个值域为 10～49 的数组。
7. 创建一个 3×3 的单位矩阵(提示：np. eye)。
8. 创建一个二维数组，该数组边界值为 1，内部的值为 0。
9. 创建一个大小为 10 的数组，值域为 0～1，不包括 0 和 1(提示：np. linspace)。
10. 创建一个每一行都是从 0～4 的 5 * 5 矩阵。

- 任务实施

任务实施步骤

（续表）

• 任务评价

任务评价评价指标	评价内容	分值	评价分数		
			自评	组内互评	教师评价
职业素养（40%）	信息检索能力	10			
	参与状态	10			
	团队合作、纪律	20			
专业能力（60%）	专业知识掌握	20			
	操作规范性	15			
	操作熟练度	15			
	完成质量	10			
总评	自评（20%）+互评（20%）+师评（60%）	总分		指导教师（签名）：	

1.1.5 ndarray 的操作

励志微语

学习是劳动，是充满思想的劳动。

任务目标

- 掌握数组的索引与变换。

ndarray的操作

知识链接

NumPy 以提供高效率的数组著称，这主要归功于索引的易用性。这里主要介绍一维数组和多维数组的索引方法。

1. 一维数组的索引

一维数组的索引方法与 Python 中的 list 的索引方法一致。接下来依次完成利用 arange 函数创建一个数组，并通过下标访问其中的元素或部分元素、修改元素、带步长的切片等操作，来展示一维数组的索引方法。代码如下：

```
arr = np.arange(8)                    # 创建一个包含 8 个元素的一维数组
print('创建的一维数组为:',arr)
print('索引结果为:',arr[5])           # 用整数作为下标，可以获取数组中的每个元素
print('索引结果为:',arr[2:6])         # 用范围作为下标获取数组的一个切片，包含 arr[2]，不包含
                                      arr[6]
print('索引结果为:',arr[:6])          # 省略下标，表示从 0 开始
print('索引结果为:',arr[-2])          # 下标可以使用负数，-1 表示最后一个，-2 表示倒数第二
                                      个，依此类推……
arr[1:3] = 101,103
print('索引结果为:',arr)              # 下标可以用来修改元素的值
print('索引结果为:',arr[1:-1:3])      # 范围中的参数分别为起始值、终止值、步长
print('索引结果为:',arr[6:1:-1])      # 当步长为负值时，起始值要大于终止值
```

运行结果：

```
创建的一维数组为:[0 1 2 3 4 5 6 7]
索引结果为:5
索引结果为:[2 3 4 5]
索引结果为:[0 1 2 3 4 5]
索引结果为:6
索引结果为:[0 101 103 3 4 5 6 7]
索引结果为:[101 4]
索引结果为:[6 5 4 3 103]
```

2. 二维数组的索引

对于多维数组来说，在数组的每一个维度都有一个索引，各个维度的索引之间用逗号隔开。代码如下：

```
arr = np.array([[1,3,5,7],[2,4,6,8],[10,11,12,13]])
print('创建的二维数组为：',arr)
print('',arr[1,2:5])                    #索引第 2 行中第 3、4 列
#索引第 2 行和 3 行中的 3~4 列
print('',arr[1:,2:])
```

运行结果为：

```
创建的二维数组为：[[1 3 5 7]
[2 4 6 8]
[10 11 12 13]]
[6 8]
[[6 8]
[12 13]]
```

多维数组同样也可以使用整数序列和布尔值索引进行访问。代码如下：

```
#从两个序列的对应位置取出两个整数来组成下标
arr[0,2],arr[1,3],arr[2,2]
print('索引结果为：',arr[[0,1,2],[2,3,2]])
print('索引结果为：',arr[1:,(0,3)])                #索引第 2、3 行中第 0、3 列的元素
mask = np.array([1,0,1],dtype = np.bool)
#mask 是一个布尔数组，它索引第 1、3 行中第 2 列的元素
print('索引结果为：',arr[mask,2])
```

运行结果为：

```
索引结果为：[5 8 12]
索引结果为：[[2 8]
[10 13]]
索引结果为：[5 12]
```

3. 改变数组的形状

在对数组进行操作时，经常要改变数组的形状。在 NumPy 中，提供了多个函数来改变数组的形状，例如 reshape、resize、ravel、flatten、hstack、vstack、split 等，接下来将依次进行介绍。

NumPy 的数组提供了 reshape 和 resize 函数来改变数组的形状，即改变数组的维度，其参数为一个正整数或元组，分别指定数组在每个维度上的大小。语法格式分别如下：

```
a.reshape(shape,order = 'C')
```

参数说明：

- shape：代表修改后的新数组尺寸。
- order：代表存储多维数组时，是行优先还是列优先，默认为'C'，表示行优先。

```
a.resize(new_shape,refcheck = True)
```

参数说明：

- new_shape：代表修改后数组的新尺寸。

· refcheck：代表是否做引用计数检查，如果为 False，则不会检查引用计数。默认值为 True。

· reshape 在改变原始数据的形状的同时不改变原始数据的值，如果指定的维度和数组的元素数目不一致，则函数将会抛出异常。例如，利用 reshape 将 16 个元素的数组修改为 4 行 4 列和修改为 3 行 5 列，代码如下：

```
arr = np.arange(16)
print('创建的二维数组为：',arr)
print('修改形状后：',arr.reshape(4,4))
print('原数组为：',arr)
print('再次修改：',arr.reshape(3,5))
```

运行结果如图 1-15 所示。

```
In  [3]: arr = np.arange(16)
         print('创建的二维数组为:',arr)
         print('修改形状后:',arr.reshape(4,4))
         print('原数组为:',arr)
         print('再次修改:',arr.reshape(3,5))

         创建的二维数组为: [ 0  1  2  3  4  5  6  7  8  9 10 11 12 13 14 15]
         修改形状后: [[ 0  1  2  3]
          [ 4  5  6  7]
          [ 8  9 10 11]
          [12 13 14 15]]
         原数组为: [ 0  1  2  3  4  5  6  7  8  9 10 11 12 13 14 15]

         ---------------------------------------------------------------------------
         ValueError                                Traceback (most recent call last)
         ~\AppData\Local\Temp/ipykernel_2068/1609343483.py in <module>
               3 print('修改形状后:',arr.reshape(4,4))
               4 print('原数组为:',arr)
         ----> 5 print('再次修改:',arr.reshape(3,5))
```

图 1-15　reshape 运行结果

而 resize 函数在改变原始数字形状时，是原处修改，并且可以改变原始数据的值。如果指定的维度和数组的元素比原数组的数目多，则会补 0；若指定的数组元素的数目少于原数组的数目，则舍弃对应的元素。例如，利用 resize 将 16 个元素的数组分别修改为 4 行 4 列、3 行 4 列、3 行 5 列的代码如下：

```
arr2 = np.arange(16)
print('原数组为：',arr2)
arr2.resize(4,4)
print('用 resize(4,4)修改后为：',arr2)
arr2.resize(3,4)
print('用 resize(3,4)修改后为：',arr2)
arr2.resize(3,5)
print('用 resize(3,5)修改后为：',arr2)
```

运行结果：

```
原数组为：[0 1 2 3 4 5 6 7 8 9 10 11 12 13 14 15]
用 resize(4,4)修改后为：[[0 1 2 3]
[4 5 6 7]
[8 9 10 11]
[12 13 14 15]]
```

```
用 resize(3,4)修改后为:[[0 1 2 3]
[4 5 6 7]
[8 9 10 11]]
用 resize(3,5)修改后为:[[0 1 2 3 4]
[5 6 7 8 9]
[10 11 12 13 14]]
```

当然,NumPy 还提供了同名函数实现类似功能并返回新数组。语法格式分别如下:

```
np.reshape(a,newshape,order = 'C')
```

参数说明:

- a:代表需要改变形状的数组。
- newshape:代表修改后数组的新尺寸。

```
np.resize(a,new_shape)
```

分别利用 np.reshape 和 np.resize 函数修改数组形状的代码如下:

```
arr = np.arange(16)
print('创建的二维数组为:',arr)
print('修改形状后:',np.reshape(arr,(4,4)))
print('原数组为:',arr)
arr2 = np.arange(16)
print('原数组为:',arr2)
print('用 resize(4,4)修改后为:',np.resize(arr2,(4,4)))
print('用 resize(3,4)修改后为:',np.resize(arr2,(3,4)))
print('原数组为:',arr2)
```

运行结果为:

```
创建的二维数组为:[0 1 2 3 4 5 6 7 8 9 10 11 12 13 14 15]
修改形状后:[[0 1 2 3]
[4 5 6 7]
[8 9 10 11]
[12 13 14 15]]
原数组为:[0 1 2 3 4 5 6 7 8 9 10 11 12 13 14 15]
原数组为:[0 1 2 3 4 5 6 7 8 9 10 11 12 13 14 15]
用 resize(4,4)修改后为:[[0 1 2 3]
[4 5 6 7]
[8 9 10 11]
[12 13 14 15]]
用 resize(3,4)修改后为:[[0 1 2 3]
[4 5 6 7]
[8 9 10 11]]
原数组为:[0 1 2 3 4 5 6 7 8 9 10 11 12 13 14 15]
```

在 NumPy 中,可以使用 ravel 函数将数组按照某个轴向展平为一维数组,从而实现降维操作。利用 ravel 函数展平数组代码如下:

```
arr = np.arange(16).reshape(4,4) #利用 arange 生成一个包含 16 个数字的数组,并修改 shape 为
4行4列
```

```
print('原数组为:',arr)
print('数组展平后为:',arr.ravel())
```

运行结果为：

```
原数组为:[[0 1 2 3]
[4 5 6 7]
[8 9 10 11]
[12 13 14 15]]
数组展平后为:[0 1 2 3 4 5 6 7 8 9 10 11 12 13 14 15]
```

flatten 函数也可以完成数组展平工作。语法格式如下：

```
a.flatten(order= 'C')
```

参数说明：

· order:代表展平的方式,沿横轴还是纵轴,默认为'C',代表沿横轴展平,'F'代表沿纵轴展平,利用 flatten 函数展平数组的代码如下：

```
print('数组展平为:',arr.flatten())       #横向展平
print('数组展平为:',arr.flatten('F'))    #纵向展平
```

运行结果为：

```
数组展平为:[0 1 2 3 4 5 6 7 8 9 10 11 12 13 14 15]
数组展平为:[0 4 8 12 1 5 9 13 2 6 10 14 3 7 11 15]
```

除了可以对数组进行展平外,NumPy 也可以对数组进行合并。合并主要有横向合并和纵向合并。我们可以使用 hstack、vstack 和 concatenate 函数来完成数组的合并。接下来依次对完成数组合并功能的常用函数进行介绍。

横向合并是将 ndarray 对象构成的元组作为参数传给 hstack 函数,要求要合并数组的行数一样。语法格式如下：

```
np.hstack(tup)
```

参数说明：

· tup:代表要合并的数组序列。

利用 hstack 函数合并数组的代码如下：

```
arr1 = np.arange(16).reshape(4,4)                #创建一个 4 行 4 列的数组
print('创建的数组 1 为',arr1)
arr2 = arr1 * 2
print('创建的数组 2 为:',arr2)
print('横向合并为:',np.hstack((arr1,arr2)))      #使用 hstack 函数横向合并
```

运行结果为：

```
创建的数组 1 为 [[0 1 2 3]
[4 5 6 7]
[8 9 10 11]
[12 13 14 15]]
创建的数组 2 为:[[0 2 4 6]
[8 10 12 14]
[16 18 20 22]
[24 26 28 30]]
```

```
横向合并为:[[0 1 2 3 0 2 4 6]
[4 5 6 7 8 10 12 14]
[8 9 10 11 16 18 20 22]
[12 13 14 15 24 26 28 30]]
```

纵向合并,同样是将由 ndarray 对象构成的元组作为参数,只不过是传给 vstack 函数,要求要合并数组的列数一样。语法格式如下:

```
np.vstack(tup)
```

参数说明:

• tup:代表要合并的数组序列

利用 vstack 函数合并数组代码如下:

```
arr1 = np.arange(16).reshape(4,4)                    #创建一个 4 行 4 列的数组
print('创建的数组 1 为',arr1)
arr2 = arr1 * 2
print('创建的数组 2 为:',arr2)
print('纵向合并为:',np.vstack((arr1,arr2)))         #使用 vstack 函数纵向合并
```

运行结果为:

```
创建的数组 1 为:
[[0 1 2 3]
[4 5 6 7]
[8 9 10 11]
[12 13 14 15]]
创建的数组 2 为:
[[0 2 4 6]
[8 10 12 14]
[16 18 20 22]
[24 26 28 30]]
纵向合并为:
[[0 1 2 3]
[4 5 6 7]
[8 9 10 11]
[12 13 14 15]
[0 2 4 6]
[8 10 12 14]
[16 18 20 22]
[24 26 28 30]]
```

concatenate 函数也可以实现数组的横向合并和纵向合并,通过 axis 参数来实现。其中,参数 axis=1 表示按照横轴合并,参数 axis=0 表示按照纵轴合并。语法格式如下:

```
np.concatenate((a1,a2,...),axis = 0,out = None)
```

参数说明:

• (a1,a2,...):代表要合并的数组序列。

• axis:代表沿哪个方向组合,默认为 0,代表横轴。

• out:代表输出格式,默认为 None。

利用 concatenate 函数实现横向和纵向合并的代码如下：

```
print('横向合并为：',np.concatenate((arr1,arr2),axis = 1))        #使用 concatenate 函数横向合并
print('纵向合并为：',np.concatenate((arr1,arr2),axis = 0))        #使用 concatenate 函数纵向合并
```

运行结果为：

```
横向合并为：
[[0 1 2 3 0 2 4 6]
[4 5 6 7 8 10 12 14]
[8 9 10 11 16 18 20 22]
[12 13 14 15 24 26 28 30]]
纵向合并为：
[[0 1 2 3]
[4 5 6 7]
[8 9 10 11]
[12 13 14 15]
[0 2 4 6]
[8 10 12 14]
[16 18 20 22]
[24 26 28 30]]
```

以上介绍了对数组进行横向和纵向的合并，除此之外还可以对数组进行分割。利用 NumPy 的 hsplit、vsplit 和 split 函数，可以将数组分割成相同大小的子数组，即等量分割，也可以指定原数组中需要分割的位置。语法格式分别如下：

```
np.hsplit(ary,indices_or_sections)
```

参数说明：

- ary：代表要分割的数组。
- indices_or_sections：代表分割份数或位置。

```
np.vsplit(ary,indices_or_sections)
```

默认为 1：代表水平方向，0：代表垂直方向。

使用 hsplit 函数可以对数组进行水平分割，以 ndarray 对象构成的数组作为参数。

代码如下：

```
arr = np.arange(16).reshape(4,4)
print('创建的二维数组为：',arr)
print('水平分割为：',np.hsplit(arr,2))              #使用 hsplit 函数水平分割
```

运行结果为：

```
创建的二维数组为：
[[0 1 2 3]
[4 5 6 7]
[8 9 10 11]
[12 13 14 15]]
水平分割为：
[array([[0,1],
[4,5],
[8,9],
[12,13]]),array([[2,3],
[6,7],
```

```
[10,11],
[14,15]])]
```

使用 vsplit 函数可以对输出进行垂直分割，以 ndarray 对象构成的数组作为参数，代码如下：

```
arr = np.arange(16).reshape(4,4)
print('创建的二维数组为：',arr)
print('垂直分割为：',np.vsplit(arr,2))          #使用 vsplit 函数垂直分割
```

运行结果为：

```
创建的二维数组为：
[[0 1 2 3]
[4 5 6 7]
[8 9 10 11]
[12 13 14 15]]
垂直分割为：
[array([[0,1,2,3],
[4,5,6,7]]),array([[8,9,10,11],
[12,13,14,15]])]
```

split 函数同样可以实现数组分割，在参数 axis=1 时，可以进行水平分割；在参数 axis=0 时，可以进行垂直分割。利用 split 函数实现数组的垂直和水平分割代码如下：

```
arr = np.arange(16).reshape(4,4)
print('创建的二维数组为：',arr)
print('水平分割为：',np.split(arr,2,axis= 1))      #使用 split 函数进行水平分割
print('垂直分割为：',np.split(arr,2,axis= 0))      #使用 split 函数进行垂直分割
```

运行效果为：

```
创建的二维数组为：
[[0 1 2 3]
[4 5 6 7]
[8 9 10 11]
[12 13 14 15]]
水平分割为：
[array([[0,1],
[4,5],
[8,9],
[12,13]]),array([[2,3],
[6,7],
[10,11],
[14,15]])]
垂直分割为：
[array([[0,1],
[4,5],
[8,9],
[12,13]]),array([[2,3],
[6,7],
[10,11],
[14,15]])]
```

1.1.6　ndarray 的操作——任务训练

任务名称	ndarray 的操作	学时	1	页码	
学生姓名		学号		班级	
任务时间		地点	理实一体化教室	日期	
任务分组					
任务目的					

- **任务描述**

1. 创建数组 list = [1,2,3,4,5,6,7,8,9],保存在 result 中。
2. 将 result 修改为 3×3 矩阵。
3. 提取 result 第 3 行第 3 列的元素。
4. 提取 result 中的所有偶数。
5. 将 result 中所有奇数修改为 666。
6. 创建一个二维数组,并改变形状。
7. 利用 resize 将 16 个元素的数组分别修改为 3 行 4 列。
8. 利用 ravel 函数展平数组。
9. 利用 flatten 函数展平数组。
10. 创建数组,使用 hstack、vstack 和 concatenate 函数来完成数组的合并。

- **任务实施**

任务实施步骤

（续表）

• 任务评价

任务评价评价指标	评价内容	分值	评价分数		
			自评	组内互评	教师评价
职业素养（40%）	信息检索能力	10			
	参与状态	10			
	团队合作、纪律	20			
专业能力（60%）	专业知识掌握	20			
	操作规范性	15			
	操作熟练度	15			
	完成质量	10			
总评	自评（20%）+互评（20%）+师评（60%）	总分		指导教师（签名）：	

1.1.7　ndarray 的运算

励志微语

读书大游览，为善小重修。

任务目标

- 掌握 NumPy 矩阵与通用函数。

ndarray的运算

知识链接

1. 创建 NumPy 矩阵

在 NumPy 中，矩阵是 ndarray 的子类。在 NumPy 中，数组和矩阵有着重要的区别。NumPy 提供了两个基本的对象，即 N 维数组对象和通用函数对象，其他对象都是在这两个对象之上构建的。矩阵是继承自 NumPy 数组对象的二维数组对象。与数学概念中的矩阵一样，NumPy 的矩阵也是二维的。使用 mat 函数创建矩阵时，若输入 matrix 或 ndarray 对象，则不会为它们创建副本，因此，调用 mat 函数和调用 matrix(data,copy=False)等价，代码如下：

```
import numpy as np
matr1 = np.mat("1 2 3;4 5 6;7 8 9")
print("创建的矩阵为:",matr1)
```

运行结果如下：

```
创建的矩阵为:[[1 2 3]
[4 5 6]
[7 8 9]]
```

代码如下：

```
matr2 = np.matrix([[1,2,3],[4,5,6][7,8,9]])
print("创建的矩阵为:",matr2)
```

运行结果为：

```
创建的矩阵为:[[1 2 3 ]
[4 5 6]
[7 8 9]]
```

有时会根据小的矩阵创建大的矩阵，即将小的矩阵组合成大的矩阵。在 NumPy 中，可以使用 bmat 分块矩阵(Block Matrix)函数实现矩阵的合并，使用 bmat 函数创建矩阵的代码如下：

```
arr1 = np.eye(3)
print("创建的数组 1 为:",arr1)
arr2 = 3 * arr1
print("创建的数组 2 为:"arr2)
print("创建的矩阵为:",np.bmat("arr1 arr2;arr1 arr2"))
```

运行结果为：

```
创建的数组 1 为:[[1. 0. 0.]
1. 0.]
0. 1.]]
```

创建的矩阵为：

```
[[1. 0. 0. 3. 0. 0.]
[1743617199.1. 0. 0. 3. 0.]
[1743617199.0. 1. 0. 0. 3.]
[1.0. 0. 3. 0. 0.]
[1743617199.1. 0. 0. 3. 0.]
[1743617199.0. 1. 0. 0. 3.]]
```

在 NumPy 中，矩阵计算是针对整个矩阵中的每个元素进行的。与使用 for 循环相比，其在运算速度上更快。矩阵运算代码如下：

```
matr1 = np.mat("1 2 3;4 5 6;7 8 9")
print("创建的矩阵为:",matr1)
matr2 = matr1 * 3
print("创建的矩阵为:",matr2)
print("矩阵相加结果为:",matr1+matr2)
print("矩阵相减结果为:",matr1-matr2)
print("矩阵相乘结果为:",matr1 * matr2)
print("矩阵对应元素相乘结果为:",np.multiply(matr1,matr2)
```

运行结果如下：

```
创建的矩阵为:[[1 2 3]
[4 5 6]
[7 8 9]]
创建的矩阵为:[[3 6 9]
[12 15 18]
[21 24 27]]
矩阵相加结果为:[[4 8 12]
[16 20 24]
[28 32 36]]
矩阵相减结果为:[[-2 -4 -6]
[-8 -10 -12]
[-14 -16 -18]]
```

```
矩阵相乘结果为:[[90 108 126]
[198 243 288]
[306 378 450]]
矩阵对应元素相乘的结果为:[[3 12 27]
[48 75 108]
[147 192 243]]
```

除了能够实现各类运算外,矩阵还有其特有的属性,见表 1-3。

表 1-3 矩阵特有的属性

属性	说明
T	返回自身的转置
H	返回自身的共轭转置
I	返回自身的逆矩阵
A	返回自身数据的二维数组的一个视图(没有做任何的复制)

矩阵属性的具体查看方法如下:

```
print("矩阵转置结果为:",matr1.T)
print("矩阵共轭转置结果为:",matr1.H)
print("矩阵的逆矩阵结果为:",matr1.I)
print("矩阵的二维数组结果为:",matr1.A)
```

运行结果如下:

```
矩阵转置结果为:[[1 4 7]
[2 5 8]
[3 6 9]]
矩阵共轭转置结果为:[[1 4 7]
[2 5 8]
[3 6 9]]
矩阵的逆矩阵结果为:[[-4,50359963e+15  9.00719925e+15  -4.50359963e+15]
[9.00719925e+15  -1.80143985e+16  9.00719925e+15]
[-4.50359963e+15  9.00719925e+15  -4,50359963e+15]]
矩阵的二维数组结果为:[[1 2 3]
[4 5 6]
[7 8 9]]
```

2. 掌握 ufunc 函数

(1)ufunc 函数全称为通用函数,是一种能够对数组中的所有元素进行操作的函数。ufunc 函数是针对数组进行操作的,并且均以 NumPy 数组作为输出,因此不需要对数组的每一个元素都进行操作。对一个数组进行重复运算时,使用 ufunc 函数比使用 math 库中的函数效率要高很多。

(2)常用的 ufunc 函数运算有四则运算、比较运算和逻辑运算等。ufunc 函数支持全部四则运算,并且保留习惯的运算符,和数值运算的使用方式一样。但是需要注意的是,操作对象是数组。数组间的四则运算表示对每个数组中的元素分别进行四则运算，所以进行四则运算的两个数组的形状必须相同，如下所示：

```
x = np.array([1,2,3])
y = np.array([4,5,6])
print("数组相加结果为:",x + y)
print("数组相减结果为:",x -y)
print("数组相乘结果为:",x * y)
print("数组相除结果为:",x / y)
print("数组幂运算结果为:",x ** y)
```

运算结果如下：

```
数组相加结果为:[5 7 9 ]
数组相减结果为:[-3 -3 -3]
数组相乘结果为:[4 10 18]
数组相除结果为:[0.25 0.4 0.5]
数组幂运算结果为:[1 32 729]
```

ufunc 中也可以用完整的比较运算：>、<、==、>=、<=、!=。比较运算返回的结果是一个布尔数组，其每个元素为数组对应元素的比较结果，如下所示：

```
x = np.array([1,3,5])
y = np.array([2,3,4])
print("数组比较结果为:",x<y)
print("数组比较结果为:",x>y)
print("数组比较结果为:",x==y)
print("数组比较结果为:",x>=y)
print("数组比较结果为:",x<=y)
print("数组比较结果为:",x!=y)
```

运算结果如下：

```
数组比较结果为:[True False False]
数组比较结果为:[False False True]
数组比较结果为:[False True False]
数组比较结果为:[False True True]
数组比较结果为:[True True False]
数组比较结果为:[True False True]
```

在 NumPy 逻辑运算中，np.all 函数表示逻辑 and，np.any 函数表示逻辑 or，如下所示：

```
print("数组逻辑运算结果为:",np.all(x==y))
print("数组逻辑运算结果为:",np.any(x==y))
```

运算结果如下：

```
数组逻辑运算结果为:False
数组逻辑运算结果为:True
```

1.1.8　ndarray 的运算——任务训练

任务名称	ndarray 的运算	学时	1	页码	
学生姓名		学号		班级	
任务时间		地点	理实一体化教室	日期	
任务分组					
任务目的					

• 任务描述

1. 创建一个数值范围为 0～1，间隔为 0.01 的数组。
2. 创建 100 个服从正态分布的随机数。
3. 对创建的两个数组进行四则运算。
4. 使用 mat 创建矩阵。
5. 创建矩阵，返回自身的转置。
6. 创建矩阵，返回自身的共轭转置。
7. 创建矩阵，返回自身的逆矩阵。
8. 创建矩阵，返回自身数据的二维数组的一个视图(没有做任何的复制)。
9. 创建两个数组，进行比较运算。

• 任务实施

任务实施步骤

（续表）

• 任务评价

任务评价 评价指标	评价内容	分值	评价分数		
			自评	组内互评	教师评价
职业素养 （40％）	信息检索能力	10			
	参与状态	10			
	团队合作、纪律	20			
专业能力 （60％）	专业知识掌握	20			
	操作规范性	15			
	操作熟练度	15			
	完成质量	10			
总评	自评（20％）＋ 互评（20％）＋ 师评（60％）	总分		指导教师 （签名）：	

任务 1.2　NumPy 的函数及文件操作

1.2.1　NumPy 的常用函数

NumPy的常用函数

励志微语

一分耕耘，一分收获。

任务目标

- 掌握 NumPy 中常用函数。

知识链接

在 NumPy 中，有许多可以用于统计分析的函数。常见的统计函数有 sum、mean、std、var、min 和 max 等。几乎所有的统计函数在针对二维数组计算时都需要注意轴的概念。当 axis 参数为 0 时，表示沿着纵轴进行计算。当 axis 为 1 时，表示沿着横轴进行计算。但在默认情况下，函数并不按照任一轴向计算，而是计算一个总值。常用的统计函数的使用如下所示：

```
arr = np.arange(20).reshape(4,5)
print("创建的数组为:",arr)
print("数组的和为:",np.sum(arr))
print("数组纵轴的和为:",arr.sum(axis = 0))
print("数组横轴的和为:",arr.sum(axis = 1))
print("数组的均值为:",np.mean(arr))
print("数组纵轴的均值为:",arr.mean(axis = 0))
print("数组横轴的均值为:",arr.mean(axis = 1))
print("数组的标准差为:",np.std(arr))
print("数组的方差为:",np.var(arr))
print("数组的最小值为:",np.min(arr))
print("数组的最大值为:",np.max(arr))
print("数组的最小元素索引为:",np.argmin(arr))
print("数组的最大元素索引为:",np.argmax(arr))
```

运行结果如下：

```
创建的数组为:[[0 1 2 3 4]
[5 6 7 8 9]
[10 11 12 13 14]
[15 16 17 18 19]]
数组的和为:190
数组纵轴的和为:[30 34 38 42 46]
数组横轴的和为:[10 35 60 85]
数组的均值为:9.5
数组纵轴的均值为:[7.5 8.5 9.5 10.5 11.5]
数组横轴的均值为:[2. 7. 12. 17.]
数组的标准差为:5.76628129734
数组的方差为:33.25
数组的最小值为:0
数组的最大值为:19
数组的最小元素索引为:0
数组的最大元素索引为:19
```

以上代码中所使用函数的计算均为聚合计算，直接显示计算的最终结果。在 NumPy 中，cumsum 和 cumprod 函数采用不聚合计算，产生一个由中间结果组成的数组，如下所示：

```
arr = np.arange(2,10)
print("创建的数组为:",arr)
print("数组元素的累计和为:",np.cumsum(arr))
print("数组元素的累计积为:",np.cumprod(arr))
```

运行结果如下：

```
创建的数组为:[2 3 4 5 6 7 8 9]
数组元素的累计和为:[2 5 9 14 20 27 35 44]
数组元素的累计积为:[2 6 24 120 720 5040 40320 362880]
```

1.2.2 NumPy 的常用函数——任务训练

任务名称	NumPy 的常用函数	学时	1	页码	
学生姓名		学号		班级	
任务时间		地点	理实一体化教室	日期	
任务分组					
任务目的					

（续表）

- 任务描述

1. 创建一个 10×10 的随机值数组，并找到最大最小值。

2. 创建一个长度为 30 的随机值数组，并找到平均值。

3. 正则化一个 5×5 的随机矩阵。正则的概念：假设 a 是矩阵中的一个元素，max/min 分别是矩阵元素的最大最小值，则正则化后 a=(a−min)/(max−min)。

4. 创建一个 5×3 的随机矩阵和一个 3×2 的随机矩阵，求矩阵积。

5. 创建二维数组，求数组的和。

6. 创建二维数组，求数组纵轴和横轴的和。

7. 创建二维数组，求数组的均值。

8. 创建二维数组，求数组纵轴和横轴的均值。

9. 创建二维数组，求数组的标准差和方差。

10. 创建二维数组，求数组最大元素索引和最小元素索引。

- 任务实施

任务实施步骤

（续表）

- 任务评价

任务评价 评价指标	评价内容	分值	评价分数		
			自评	组内互评	教师评价
职业素养 （40%）	信息检索能力	10			
	参与状态	10			
	团队合作、纪律	20			
专业能力 （60%）	专业知识掌握	20			
	操作规范性	15			
	操作熟练度	15			
	完成质量	10			
总评	自评（20%）+ 互评（20%）+ 师评（60%）	总分		指导教师 （签名）：	

1.2.3　NumPy 的文件操作

励志微语

天行健，君子以自强不息；地势坤，君子以厚德载物。

任务目标

- 掌握 NumPy 中读/写文件的方法。

NumPy的文件操作

知识链接

NumPy 的文件读/写主要有二进制的文件读/写和文件列表形式的数据读/写两种形式。学会读/写文件是利用 NumPy 进行数据处理的基础。NumPy 提供了若干函数，可以把结果保存到二进制或文本文件中。除此之外，NumPy 还提供了许多从文件读取数据并将其转换为数组的方法。save 函数以二进制的格式保存数据，load 函数从二进制的文件中读取数据。

save 函数的语法格式如下：

```
np.save(file,arr,allow_pickle=True,fix_imports=True)
```

参数 file 为要保存的文件的名称，需要指定文件保存的路径，如果未设置，则保存到默认路径下面；参数 arr 为需要保存的数组。简而言之，就是把数组 arr 保存至名称为“file”的文件中，其文件的扩展名.npy 是系统自动添加的，代码如下所示：

```
import numpy as np
arr = np.arange(100).reshape(10,10)
np.save("../tmp/svae_arr",arr)
print("保存的数组为:\n",arr)
```

运行结果为：

```
保存的数组为:[[0 1 2 ... 7 8 9]
[10 11 12 ... 17 18 19]
[80 81 82 ... 87 88 89]
[90 91 92 ... 97 98 99]
```

如果将多个数组保存到一个文件中，可以使用 savez 函数，其文件的扩展名为.npz，代码如下所示：

```
arr1 = np.array([[1,2,3],[4,5,6]])
arr2 = np.arange(0,1.0,0.1)
np.savez("../tmp/savez_arr",arr1,arr2)
print("保存的数组 1 为:",arr1)
print("保存的数组 2 为:",arr2)
```

运行结果如下：

```
保存的数组 1 为:[[1 2 3]
[4 5 6]]
保存的数组 2 为:[[0. 0.1 0.2 0.3 0.4 0.5 0.6 0.7 0.8 0.9]
```

需要读取二进制文件时可以使用 load 函数，用文件名作为参数，代码如下所示：

```
loaded_data = np.load("../tmp/save_arr.npy")
print("读取的数组为:\n",loaded_data)
loaded_data1 = np.load("../tmp/save_arr.npz")
print("读取的数组 1 为:\n",loaded_data1['arr_0'])
print("读取的数组 2 为:\n",loaded_data2['arr_1'])
```

运行结果如下：

```
读取的数组为:[[0 1 2 ... 7 8 9]
[10 11 12 ... 17 18 19]
...
[80 81 82 ... 87 88 89]
[90 91 92 ... 97 98 99]]
读取的数组 1 为:[[1 2 3] [4 5 6]]
读取的数组 2 为:[[0. 0.1 0.2 0.3 0.4 0.5 0.6 0.7 0.8 0.9]]
```

需要注意的是，存储时可以省略扩展名，但读取时不能省略扩展名。在实际的数据分析任务中，更多地使用文本格式的数据，如 TXT 或 CSV 格式，因此经常使用 savetxt 函数、loadtxt 函数、genfromtxt 函数执行对文本格式数据的读取任务。

savetxt 函数可将数组写到以某种分隔符隔开的文本文件中，代码如下所示：

```
np.savetxt(fname,x,fmt='%.18e' delimiter=' ',newline='\n',header='',footer='',comment='#')
```

第一个参数是文件名“fname”，第二个参数 x 为数组数据，第四个参数为数据分隔符“delimiter”。

loadtxt 函数执行的是相反的操作，即把文件加载到一个二维数组中，代码如下所示：

```
arr = np.arange(0,12,0.5).reshape(4,-1)
print("创建的数组为:",arr)
np.savetxt("../tmp/arr.txt",arr,fmt="%d",delimiter=",")
loaded_data = np.loadtxt("../tmp/arr.txt",delimiter=",")
print("读取的数组为:",loaded_data)
```

运行结果如下：

```
创建的数组为:[[0. 0.5 1. 1.5 2. 2.5]
[3.5 4. 4.5 5. 5.5]
[6.5 7. 7.5 8. 8.5]
[9.5 10. 10.5 11. 11.5]
读取的数组为:[[0. 0. 1. 1. 2. 2.]
[3. 4. 4. 5. 5.]
[6. 7. 7. 8. 8.]
[9. 10. 10. 11. 11]]
```

genfromtxt 函数和 loadtxt 函数相似，不过它面向的是结构化数组和缺失数据。该函数通常使用的参数有 3 个，即存放数据的文件名参数“fname”、用于分隔的字符参数“delimiter”和是否含有列标题参数“names”，代码如下所示：

```
loaded_data = np.genfromtxt("../tmp/arr.txt",delimiter=",")
print("读取的数组为:",loaded_data)
```

运行结果为：

```
读取的数组为:[[0. 0. 1. 1. 2. 2.]
[3. 3. 4. 4. 5. 5.]
[6. 7. 7. 8. 8.]
[9. 10. 10. 11. 11.]]
```

输出的结果是一组结构化的数据(结构化数组可以用 dtype 选项指定一系列用逗号隔开的说明符,指明构成结构体的元素以及它们的数据类型和顺序),数据从第二行开始。因为 names 参数默认第一行为数据的列名,所以数据从第二行开始。

1.2.4　NumPy 的文件操作——任务训练

任务名称	NumPy 的文件操作	学时	1	页码	
学生姓名		学号		班级	
任务时间		地点	理实一体化教室	日期	
任务分组					
任务目的					

• 任务描述

1. 创建一个随机数组保存为二进制文件。
2. 创建多个随机数组保存为二进制文件。
3. 读取.npy 格式二进制文件。
4. 读取.npz 格式二进制文件。
5. 使用 savetxt 函数读取数据。
6. 使用 savetxt 函数读取数据,并以“\n”分隔。
7. 把一个文件加载到二维数组中。
8. 使用 genfromtxt 函数把文件加载到数组中。
9. 使用 genfromtxt 函数把文件加载到数组中,以“,”分隔。
10. 说出 genfromtxt 函数和 loadtxt 函数的区别。

• 任务实施

任务实施步骤

（续表）

• 任务评价

任务评价 评价指标	评价内容	分值	评价分数		
			自评	组内互评	教师评价
职业素养 （40%）	信息检索能力	10			
	参与状态	10			
	团队合作、纪律	20			
专业能力 （60%）	专业知识掌握	20			
	操作规范性	15			
	操作熟练度	15			
	完成质量	10			
总评	自评（20%）＋ 互评（20%）＋ 师评（60%）	总分		指导教师 （签名）：	

项目 2 Pandas 统计分析

思政课堂（趣学领航）

志不立——天下无可成之事

美国哈佛大学曾做过一个非常有名的实验。有一年他们对即将从哈佛大学毕业的一群学生进行了一次关于人生目标的调查，这群学生的智力、学历、环境条件都相差无几。调查结果是这样：3%的人有清晰而长远的目标；10%的人有清晰但比较短期的目标；60%的人目标模糊；27%的人没有目标。25 年后，哈佛对这群学生进行了跟踪调查。结果是这样：3%的人，25 年间他们朝着一个方向不懈努力，几乎都成为社会各界成功之士，其中不乏行业领袖、社会精英；10%的人，他们短期目标不断实现，成为各个领域中的专业人士；60%的人，他们安逸地生活与工作，但都没有特别成绩；剩下 27%的人，他们生活没有目标，过得很不如意，并且常常在埋怨他人、抱怨社会、抱怨这个“不给他们机会”的世界。

启示：理想是指路明星，没有理想就没有前进的方向；没有坚定的方向，就没有美好生活。志不立，天下无可成之事。

任务 2.1 认识 Pandas 库

2.1.1 Pandas 库的理解

Pandas库的理解

励志微语 书山有路勤为径，学海无涯苦作舟。

任务目标

- 理解 Pandas 的概述。
- 理解 Pandas 的发展。
- 了解 Pandas 的优势。

知识链接

1. Pandas 概述

Pandas 是基于 NumPy 的一种工具，该工具是为解决数据分析任务而创建的。Pandas 纳入了大量库和一些标准的数据模型，提供了高效地操作大型数据集所需的工具。Pandas 提供了大量能使我们快速、便捷地处理数据的函数和方法。它是使 Python 成为强大而高效的数据分析环境的重要因素之一。

2. Pandas 的发展

Pandas 是 Python 的一个数据分析包，最初由 AQR Capital Management 于 2008 年 4 月开发，并于 2009 年底开源出来，目前由专注于 Python 数据包开发的 PyData 开发组继续开发和维护，属于 PyData 项目的一部分。Pandas 最初被作为金融数据分析工具而开发出来的，因此，Pandas 为时间序列分析提供了很好的支持。Pandas 的名称来自面板数据(Panel Data)和 Python 数据分析(Data Analysis)。Panel Data 是经济学中关于多维数据集的一个术语，在 Pandas 中也提供了 Panel 的数据类型。

3. Pandas 的优势

- 增强图表可读性。
- 便捷的数据处理能力。
- 读取文件方便。
- 封装了 Matplotlib、Numpy 的画图和计算。

4. Pandas 处理的数据类型

Pandas 是 Python 的核心数据分析支持库，提供了快速、灵活、明确的数据结构，旨在简单、直观地处理关系型、标记型数据。Pandas 的目标是成为 Python 数据分析实践与实战的必备高级工具，其长远目标是成为最强大、最灵活、可以支持任何语言的开源数据分析工具。经过多年不懈地努力，Pandas 离这个目标已经越来越近了。

Pandas 适用于处理以下类型的数据：

- 与 SQL 或 Excel 表类似，含异构列的表格数据。
- 有序和无序(非固定频率)的时间序列数据。
- 带行列标签的矩阵数据，包括同构或异构型数据。
- 任意其他形式的观测、统计数据集，数据转入 Pandas 数据结构时不必事先标记。

Pandas 的主要数据结构是 Series(一维数据)与 DataFrame(二维数据)，这两种数据结构足以处理金融、统计、社会科学、工程等领域里的大多数典型用例。对于 R 用户，DataFrame 提供了比 R 语言 data. frame 更丰富的功能。Pandas 基于 NumPy 开发，可以与其他第三方科学计算支持库完美集成。

Pandas 就像一把万能瑞士军刀，下面仅列出了它的部分优势：

- 处理浮点与非浮点数据里的缺失数据，表示为 NaN。
- 大小可变：插入或删除 DataFrame 等多维对象的列。
- 自动、显式数据对齐：显式地将对象与一组标签对齐，也可以忽略标签，在 Series、DataFrame 计算时自动与数据对齐。
- 强大、灵活的分组(Group By)功能：拆分-应用-组合数据集，聚合、转换数据。
- 把 Python 和 NumPy 数据结构里不规则、不同索引的数据轻松地转换为 DataFrame 对象。
- 基于智能标签，对大型数据集进行切片、花式索引、子集分解等操作。
- 直观地合并(merge)、连接(join)数据集。
- 灵活地重塑(reshape)、透视(pivot)数据集。
- 轴支持结构化标签：一个刻度支持多个标签。
- 成熟的 IO 工具：读取文本文件(CSV 等支持分隔符的文件)、Excel 文件、数据库等来源的数据，利用超快的 HDF5 格式保存/加载数据。
- 时间序列：支持日期范围生成、频率转换、移动窗口统计、移动窗口线性回归、日期位移等时间序列功能。

这些功能主要是为了解决其他编程语言、科研环境的痛点。处理数据一般分为几个阶段：数据整理与清洗、数据分析与建模、数据可视化与制表，Pandas 是处理数据的理想工具。

5. Pandas 的两种数据类型

(1)Pandas 库的 Series 类型

Series 是一种类似于一维数组的对象，由一组数据(各种 Numpy 数据类型)以及与之相关的数据标签(索引)组成，如图 2-1 所示。

(2)Pandas 库的 DataFrame 类型

DataFrame 是 Python 中 Pandas 库中的一种数据结构，类似 Excel，是一种二维表。

或许说它可能有点像 Matlab 的矩阵，但是 Matlab 的矩阵只能放数值型值(当然 Matlab 也可以用 cell 存放多类型数据)，DataFrame 的单元格可以存放数值、字符串等，这和 Excel 表很像，如图 2-2 所示。

Series

```
Out[6]:
0     1
1     2
2     3
dtype: int64
```

图 2-1 Series 类型

DataFrame

```
Out[15]:
   0  1   2   3
0  0  1   2   3
1  4  5   6   7
2  8  9  10  11
```

图 2-2 DataFrame 类型

6. Pandas 的模块引入

```
import pandas as pd
```

2.1.2 Pandas 库的理解——任务训练

任务名称	Pandas 库的理解	学时	1	页码	
学生姓名		学号		班级	
任务时间		地点	理实一体化教室	日期	
任务分组					
任务目的					

- **任务描述**

1. Pandas 是基于什么的工具?
2. Pandas 是由谁开发的?
3. Pandas 的优势有哪些?
4. Pandas 可以处理哪些数据类型?
5. Pandas 的 Series 是什么?
6. Pandas 的 DataFrame 是什么?
7. Series 与 DataFrame 的区别是什么?
8. Pandas 是怎么引入模块的?
9. 创建一个 Series。
10. 创建一个 DataFrame。

- **任务实施**

任务实施步骤

（续表）

• 任务评价

<table>
<tr><td rowspan="2">任务评价
评价指标</td><td rowspan="2">评价内容</td><td rowspan="2">分值</td><td colspan="3">评价分数</td></tr>
<tr><td>自评</td><td>组内互评</td><td>教师评价</td></tr>
<tr><td rowspan="3">职业素养
（40%）</td><td>信息检索能力</td><td>10</td><td></td><td></td><td></td></tr>
<tr><td>参与状态</td><td>10</td><td></td><td></td><td></td></tr>
<tr><td>团队合作、纪律</td><td>20</td><td></td><td></td><td></td></tr>
<tr><td rowspan="4">专业能力
（60%）</td><td>专业知识掌握</td><td>20</td><td></td><td></td><td></td></tr>
<tr><td>操作规范性</td><td>15</td><td></td><td></td><td></td></tr>
<tr><td>操作熟练度</td><td>15</td><td></td><td></td><td></td></tr>
<tr><td>完成质量</td><td>10</td><td></td><td></td><td></td></tr>
<tr><td>总评</td><td>自评（20%）+
互评（20%）+
师评（60%）</td><td>总分</td><td></td><td>指导教师
（签名）：</td><td></td></tr>
</table>

2.1.3 Series 类型的基本操作

励志微语

欲速，则不达；见小利，则大事不成。

任务目标

- 理解 Series 的概念。
- 学会 Series 的基本操作。

Series类型的基本操作

知识链接

Pandas 中有两个主要的数据结构，即 Series 和 DataFrame。那 Series 是什么呢？

Series 是一个一维数组对象，类似于 NumPy 的一维 array。它除了包含一组数据还包含一组索引，所以可以把它理解为一组带索引的数组。

1. Series 组成

由一组数据和与数据相对应的数据标签(索引 index)组成。

数据和索引标签的基础都是一个一维 ndarray 数组。可将 index 索引理解为行索引。

2. Series 的表现形式

索引在左，数据在右。

3. Series 的基本概念

Series：基本数据结构，一维标签数组，能够保存任何数据类型。

Series 由一组数据以及一组与之对应的数据标签(索引)组成。Series 对象可以被视作一个 NumPy 的 ndarray，因此许多 NumPy 库函数可以作用于 Series。

4. Series 的创建

创建 Series 对象的函数是 Series，其主要参数是 data 和 index，其基本语法格式如下：

```
class pandas.Series(data = None, index = None, dtype = None, name = None, copy = False,
fastpath = False)
```

Series 函数常用的参数及其说明如下：

- data：接收 array 或 dict，表示接收的数据，默认为 None。
- index：接收 array 或 list，表示索引，必须与数据长度相同，默认为 None。
- name：接收 string 或 list，表示 Series 对象的名称，默认为 None。

(1)通过 ndarray 创建 Series

代码如下：

```
import numpy as np          //导入 numpy 模块
import pandas as pd         //导入 pandas 模块
```

```
print('通过 ndarray 创建的 Series 为:\n',pd.Series(np.arange(5),index = ['a','b','c','d','e'],
name = 'ndarray'))  //将 Series 打印显示
```

运行结果如图 2-3 所示。

```
In[16]: import numpy as np
In[17]: import pandas as pd
In[18]: print('通过ndarray创建的Series为: \n',
   ...:         pd.Series(np.arange(5), index = ['a', 'b', 'c', 'd', 'e'], name = 'ndarray'))
通过ndarray创建的Series为:
 a    0
b    1
c    2
d    3
e    4
Name: ndarray, dtype: int32
```

图 2-3 通过 ndarray 创建的 Series 运行结果

(2)通过 dict 创建 Series

代码如下:

```
dit = {'a': 0,'b': 1,'c': 2,'d': 3,'e': 4}
print('通过 dict 创建的 Series 为:\n',pd.Series(dit))
```

运行结果如图 2-4 所示。

```
通过dict创建的Series为:
 a    0
b    1
c    2
d    3
e    4
dtype: int64

In[20]:
```

图 2-4 通过 dict 创建的 Series 运行结果

(3)通过 list 创建 Series

代码如下:

```
list1 = [0,1,2,3,4]
print('通过 list 创建的 Series 为:\n',pd.Series(list1,index = ['a','b','c','d','e'],name = 'list'))
```

运行结果如图 2-5 所示。

```
通过list创建的Series为:
 a    0
b    1
c    2
d    3
e    4
Name: list, dtype: int64
```

图 2-5 通过 list 创建的 Series 运行结果

Series 拥有 7 个常用属性，如下所示。

- values：以 ndarray 的格式返回 Series 对象的所有元素。
- index：返回 Series 对象的索引。
- dtype：返回 Series 对象的数据类型。
- shape：返回 Series 对象的形状。
- nbytes：返回 Series 对象的字节数。
- ndim：返回 Series 对象的维度。
- size：返回 Series 对象的个数。

我们通过上面的 list1 来创建一个 Series，代码如下：

```
series = pd.Series(list1,index = ['a','b','c','d','e'],name = 'list')
print('数组形式返回 Series 为：',series.values)
# 输出：数组形式返回 Series 为：[0 1 2 3 4]
数组形式返回 Series 为：[0 1 2 3 4]
```

运行结果如图 2-6 所示。

```
In[48]: series = pd.Series(list1, index=['a', 'b', 'c', 'd', 'e'], name='list')
   ...: print('数组形式返回Series为: ', series.values)
   ...: # 输出: 数组形式返回Series为:  [0 1 2 3 4]
数组形式返回Series为:  [0 1 2 3 4]

In[49]:
```

图 2-6　数组形式返回 Series 运行结果

查看 index 属性，代码如下：

```
print('Series 的 Index 为：',series.index)
# 输出：Series 的 Index 为：Index(['a','b','c','d','e'],dtype = 'object')
```

运行结果如图 2-7 所示。

```
In[50]: print('Series的Index为: ', series.index)
   ...: # 输出: Series的Index为: Index(['a', 'b', 'c', 'd', 'e'], dtype='object')
Series的Index为:  Index(['a', 'b', 'c', 'd', 'e'], dtype='object')

In[51]:
```

图 2-7　Series 的 Index 运行结果

查看 index 属性，代码如下：

```
print('Series 的形状为：',series.shape)
# 输出：Series 的形状为：(5,)
```

运行结果如图 2-8 所示。

```
In[52]: print('Series的形状为: ', series.shape)
   ...: # 输出: Series的形状为:  (5,)
Series的形状为:  (5,)
```

图 2-8　Series 的形状运行结果

5. 访问 Series 数据

索引与切片是 Series 最常用的操作之一。通过索引位置访问 Series 的数据与 ndarray 相同。

（1）通过索引位置访问 Series 数据子集

代码如下：

```
print('位于第 1 位置的数据为：',a[0])
```

运行结果如图 2-9 所示。

```
In[24]: a= pd.Series([1,2,3])
In[25]: print('位于第1位置的数据为: ', a[0])
位于第1位置的数据为：  1

In[26]:
```

图 2-9　通过索引位置访问 Series 数据子集运行结果

（2）通过索引名访问 Series 元素

代码如下：

```
print('Series 中 Index 为 a 的数据为：',Series['a'])
```

运行结果如图 2-10 所示。

```
In[26]: Series=pd.Series(data=[1,2,3],index=['a','b','c'])
In[27]: print('Series中Index为a的数据为: ', Series['a'])
Series中Index为a的数据为：  1

In[28]:
```

图 2-10　通过索引名访问 Series 元素运行结果

（3）通过 bool 数组访问 Series 数据

代码如下：

```
bool = (Series < 4)
print('bool 类型的 Series 为：\n',bool)
```

运行结果如图 2-11 所示。

```
In[30]: bool = (Series < 4)
   ...: print('bool类型的Series为: \n', bool)
bool类型的Series为：
 a     True
b     True
c     True
dtype: bool
```

图 2-11　通过 bool 数组访问 Series 数据运行结果

6. 更新、插入、删除

（1）更新 Series

```
Series['a'] = 3
print('更新后的 Series 为：\n',Series)
```

运行结果如图 2-12 所示。

```
In[31]: # 更新元素
   ...: Series['a'] = 3
   ...: print('更新后的Series为: \n', Series)
更新后的Series为:
 a    3
b    2
c    3
dtype: int64
```

图 2-12　更新 Series 运行结果

(2)追加 Series 和插入单个值

代码如下：

```
series1 = pd.Series([4,5],index = ['f','g'])
# 追加 Series
print('在 Series 插入 series1 后为:\n',Series.append(series1))
```

运行结果如图 2-13 所示。

```
In[33]: series1 = pd.Series([4, 5], index = ['f', 'g'])
   ...: # 追加Series
   ...: print('在Series中插入series1后为: \n', Series.append(series1))
在Series中插入series1后为:
 a    3
b    2
c    3
f    4
g    5
dtype: int64
```

图 2-13　在 Series 后追加一个 Series 运行结果

新增单个数据代码如下：

```
#新增单个数据
series1['h'] = 7
print('在 series1 插入单个数据后为:\n',series1)
```

运行结果如图 2-14 所示。

```
In[36]: # 新增单个数据
   ...: series1['h']=7
   ...: print('在series1中插入单个数据后为: \n',series1)
在series1中插入单个数据后为:
 f    4
g    5
h    7
dtype: int64
```

图 2-14　在 Series 中插入单个数据后的运行结果

(3)删除 Series 元素

代码如下：

```
series1.drop('f',inplace = True)
print('删除索引 f 对应数据后的 series 为:\n',series1)
```

运行结果如图 2-15 所示。

```
In[40]: series1.drop('f',inplace=True)
   ...: print('删除索引f对应数据后的series为: \n',series1)
删除索引f对应数据后的series为:
 g     5
h     7
dtype: int64
```

图 2-15　删除 Series 元素运行结果

7. Series 的运算

因为 Pandas 开发是以 NumPy 库为基础的，所以 NumPy 数组中许多操作都会保留到 Series 对象中，可以进行+、-、*、/和其他数学函数运算等。

代码如下：

```
a = pd.Series([1,2,3])
b = pd.Series([4,5,6])
a+b          //加运算
a-b          //减运算
a * b        //乘运算
a/b          //除运算
a%b          //求余运算
```

运行结果如图 2-16 和图 2-17 所示。

```
In[41]: a =pd.Series([1,2,3])
In[42]: b =pd.Series([4,5,6])
In[43]: a+b
Out[43]:
0     5
1     7
2     9
dtype: int64
In[44]: a-b
Out[44]:
0    -3
1    -3
2    -3
```

图 2-16　Series 的运算(1)

```
dtype: int64
In[45]: a*b
Out[45]:
0      4
1     10
2     18
dtype: int64
In[46]: a/b
Out[46]:
0     0.25
1     0.40
2     0.50
dtype: float64
In[48]:
```

图 2-17　Series 的运算(2)

8. 常见函数调用

(1)通过 unique()函数去重

代码如下：

```
s = pd.Series([1,2,3,1,2,3,4,3])
s.unique()
```

运行结果如图 2-18 所示。

```
In[53]: s=pd.Series([1,2,3,1,2,3,4,3])
   ...: s.unique()
Out[53]: array([1, 2, 3, 4], dtype=int64)
```

图 2-18　通过 unique()函数去重

(2)通过 value_counts()函数返回元素个数

代码如下：

```
s.value_counts()
```

运行结果如图 2-19 所示。

```
In[54]: s.value_counts()
Out[54]:
3     3
1     2
2     2
4     1
dtype: int64
```

图 2-19　通过 value_counts()函数返回元素个数

(3)通过 isin()判断元素是否存在

代码如下：

```
s.isin([1,3])
```

运行结果如图 2-20 所示。

```
In[55]: s.isin([1,3])
Out[55]:
0     True
1    False
2     True
3     True
4    False
5     True
6    False
7     True
dtype: bool
```

图 2-20 通过 isin()判断元素是否存在

2.1.4 Series 类型的基本操作——任务训练

任务名称	Series 类型的基本操作	学时	1	页码	
学生姓名		学号		班级	
任务时间		地点	理实一体化教室	日期	
任务分组					
任务目的					

• **任务描述**

1. Series 是由什么组成?
2. Series 的表现形式。
3. 通过 ndarray 创建一个 Series 对象。
4. 通过 list 创建一个 Series 对象。
5. 查看 Series 对象的索引。
6. 查看 Series 对象的形状。
7. 更改第 3 个元素。
8. 在 Series 对象后面插入新的数据。
9. 删除 Series 对象的第一个元素。
10. 查看 Series 的元素个数。

• **任务实施**

任务实施步骤

（续表）

• 任务评价

<table>
<tr><td rowspan="2">任务评价
评价指标</td><td rowspan="2">评价内容</td><td rowspan="2">分值</td><td colspan="3">评价分数</td></tr>
<tr><td>自评</td><td>组内互评</td><td>教师评价</td></tr>
<tr><td rowspan="3">职业素养
（40%）</td><td>信息检索能力</td><td>10</td><td></td><td></td><td></td></tr>
<tr><td>参与状态</td><td>10</td><td></td><td></td><td></td></tr>
<tr><td>团队合作、纪律</td><td>20</td><td></td><td></td><td></td></tr>
<tr><td rowspan="4">专业能力
（60%）</td><td>专业知识掌握</td><td>20</td><td></td><td></td><td></td></tr>
<tr><td>操作规范性</td><td>15</td><td></td><td></td><td></td></tr>
<tr><td>操作熟练度</td><td>15</td><td></td><td></td><td></td></tr>
<tr><td>完成质量</td><td>10</td><td></td><td></td><td></td></tr>
<tr><td>总评</td><td>自评（20%）＋
互评（20%）＋
师评（60%）</td><td>总分</td><td></td><td>指导教师
（签名）：</td><td></td></tr>
</table>

2.1.5 Pandas 库的 DataFrame 类型

励志微语

凡事勤则易，凡事惰则难。

任务目标

- 理解 DataFrame 类型。
- 学习 DataFrame 的基本操作。

Pandas库的DataFrame类型

知识链接

1. DataFrame 是什么？

DataFrame 是一个以命名列方式组织的分布式数据集。在概念上，它跟关系型数据库中的一张表或者一个 Python（或者 R）中的 DataFrame 一样，但是比它们更优化。DataFrame 可以根据结构化的数据文件、Hive 表、外部数据库或者已经存在的 RDD 来构造。

（1）DataFrame（带有标签的二维数组）是一个表格型的数据结构，包含一组有序的列，其列的值类型可以是数值、字符串、布尔值等。

（2）DataFrame 中的数据以一个或多个二维块存放，不是列表、字典或一维数组结构。DataFrame 带有 index（行标签）和 columns（列标签）。

2. DataFrame 的创建

DataFrame 是 Pandas 基本数据结构，类似数据库中的表。DataFrame 既有行索引，也有列索引，可以被看作 Series 组成的 dict，每个 Series 看作 DataFrame 的一个列。

DataFrame 函数用于创建 DataFrame 对象，其基本语法格式如下：

```
class pandas. DataFrame(data = None, index = None, columns = None, dtype = None, copy = False)
```

DataFrame 函数的常用参数及其说明如下：

- data：接收 ndarray、dict、list 或 DataFrame，表示输入数据，默认为 None。
- index：接收 index 和 ndarray，表示索引，默认为 None。
- columns：接收 index 和 ndarray，表示列标签（列名），默认为 None。

（1）通过 dict 创建 DataFrame

代码如下：

```
dict1 = {'col1': [0,1,2,3,4],'col2': [5,6,7,8,9]}
print('通过 dict 创建的 DataFrame 为:\n',pd. DataFrame(dict1,index = ['a','b','c','d','e']))
```

运行结果如图 2-21 所示。

```
In[58]: dict1 = {'col1': [0, 1, 2, 3, 4], 'col2': [5, 6, 7, 8, 9]}
   ...: print('通过dict创建的DataFrame为: \n', pd.DataFrame(dict1, index = ['a', 'b', 'c', 'd', 'e']))
通过dict创建的DataFrame为:
   col1  col2
a     0     5
b     1     6
c     2     7
d     3     8
e     4     9
```

图 2-21　通过 dict 创建 DataFrame

(2)通过 list 创建 DataFrame

代码如下：

```
dict1 = {'col1':[0,1,2,3,4],'col2':[5,6,7,8,9]}
print('通过 dict 创建的 DataFrame 为:\n',pd.DataFrame(dict1,index = ['a','b','c','d','e']))
```

运行结果如图 2-22 所示。

```
In[60]: dict1 = {'col1': [0, 1, 2, 3, 4], 'col2': [5, 6, 7, 8, 9]}
   ...: print('通过dict创建的DataFrame为: \n', pd.DataFrame(dict1, index = ['a', 'b', 'c', 'd', 'e']))
通过dict创建的DataFrame为:
   col1  col2
a     0     5
b     1     6
c     2     7
d     3     8
e     4     9
```

图 2-22　通过 list 创建 DataFrame

由于 DataFrame 是二维数据结构，包含列索引(列名)，因此较 Series 有更多的属性。DataFrame 常用的属性及其说明如下所示。

- values：以 ndarray 的格式返回 DataFrame 对象的所有元素。
- index：返回 DataFrame 对象的 Index。
- columns：返回 DataFrame 对象的列标签。
- dtypes：返回 DataFrame 对象的数据类型。
- axes：返回 DataFrame 对象的轴标签。
- ndim：返回 DataFrame 对象的轴尺寸数。
- size：返回 DataFrame 对象的个数。
- shape：返回 DataFrame 对象的形状。

3. 访问创建的 DataFrame 的常用属性

```
df = pd.DataFrame({'col1':[0,1,2,3,4],'col2':[5,6,7,8,9]},index = ['a','b','c','d','e'])
print('DataFrame 的 Index 为:',df.index)
```

运行结果如图 2-23 所示。

```
In[62]: df = pd.DataFrame({'col1': [0, 1, 2, 3, 4], 'col2': [5, 6, 7, 8, 9]},
   ...:                   index=['a', 'b', 'c', 'd', 'e'])
   ...: print('DataFrame的Index为: ', df.index)
DataFrame的Index为:  Index(['a', 'b', 'c', 'd', 'e'], dtype='object')
```

图 2-23　DataFrame 的 Index 属性

```
print('DataFrame 的列标签为:',df.columns)
```

运行结果如图 2-24 所示。

```
In[64]: print('DataFrame的列标签为: ', df.columns)
DataFrame的列标签为:  Index(['col1', 'col2'], dtype='object')
```

图 2-24　DataFrame 的列标签属性

```
print('DataFrame 的轴标签为:',df.axes)
```

运行结果如图 2-25 所示。

```
In[66]: print('DataFrame的轴标签为: ', df.axes)
DataFrame的轴标签为:  [Index(['a', 'b', 'c', 'd', 'e'], dtype='object'), Index(['col1', 'col2'], dtype='object')]
```

图 2-25　DataFrame 的轴标签属性

```
print('DataFrame 的维度为:',df.ndim)
```

运行结果如图 2-26 所示。

```
In[68]: print('DataFrame的维度为: ', df.ndim)
DataFrame的维度为:  2
```

图 2-26　DataFrame 的维度属性

```
print('DataFrame 的形状为:',df.shape)
```

运行结果如图 2-27 所示。

```
In[70]: print('DataFrame的形状为: ', df.shape)
DataFrame的形状为:  (5, 2)
```

图 2-27　DataFrame 的形状属性

4. 访问 DataFrame 首尾数据

head 和 tail 方法分别用于访问 DataFrame 前 n 行和后 n 行数据，默认返回 5 行数据。代码如下：

```
print('默认返回前 5 行数据为:\n',df.head())
```

运行结果如图 2-28 所示。

```
In[72]: print('默认返回前5行数据为: \n', df.head())
默认返回前5行数据为:
   col1  col2
a     0     5
b     1     6
c     2     7
d     3     8
e     4     9
```

图 2-28　返回前 5 行数据

```
print('返回后 5 行数据为:\n',df.tail(5))
```

运行结果如图 2-29 所示。

```
In[74]: print('返回后5行数据为: \n', df.tail(5))
返回后5行数据为:
    col1  col2
a      0     5
b      1     6
c      2     7
d      3     8
e      4     9
```

图 2-29　返回后 5 行数据

5. 更新、插入和删除

(1)更新列

代码如下:

```
df['col1'] = [10,11,12,13,14]
print('更新列后的 DataFrame 为:\n',df)
```

运行结果如图 2-30 所示。

```
In[77]: df['col1']=[10,11,12,13,14]
   ...: print('更新列后的DataFrame为: \n',df)
更新列后的DataFrame为:
    col1  col2
a     10     5
b     11     6
c     12     7
d     13     8
e     14     9
```

图 2-30　更新列数据

(2)插入值

代码如下:

```
df['col3'] = [15,16,17,18,19]
print('插入列后的 DataFrame 为:\n',df)
```

运行结果如图 2-31 所示。

```
In[79]: df['col3'] = [15, 16, 17, 18, 19]
   ...: print('插入列后的DataFrame为: \n', df)
插入列后的DataFrame为:
    col1  col2  col3
a     10     5    15
b     11     6    16
c     12     7    17
d     13     8    18
e     14     9    19
```

图 2-31　插入值

(3)删除列

格式如下：

```
DataFrame.drop(labels,axis = 0,level = None,inplace = False,errors = 'raise')
```

drop 方法常用的参数及其说明如下所示：

- labels：接收 string 或 array，表示删除的行或列的标签，无默认值。
- axis：接收 0 或 1，表示执行操作的轴向，其中 0 表示删除行，1 表示删除列。
- levels：接收 int 或者索引名，表示索引级别，默认为 None。
- inplace：接收 bool，表示操作是否对原数据生效，默认为 False。

代码如下：

```
df.drop(['col3'],axis = 1,inplace = True)
print('删除 col3 列后的 DataFrame 为：\n',df)
```

运行结果如图 2-32 所示。

```
In[83]: df.drop(['col3'],axis=1,inplace=True)
   ...: print('删除col3列后的DataFrame为: \n',df)
删除col3列后的DataFrame为:
    col1  col2
a     10     5
b     11     6
c     12     7
d     13     8
e     14     9
```

图 2-32　删除列运行结果

6. Index

Index 对象为其余 Pandas 对象存储轴标签、管理轴标签和其他元数据(如轴名称)等。创建 Series 或 DataFrame 等对象时，索引都会被转换为 Index 对象。主要 Index 对象及其说明如下所示：

- Index：一般的 Index 对象。
- MultiIndex：层次化 Index 对象。
- DatetimeIndex：Timestamp 索引对象。
- PeriodIndex：Period 索引对象。

(1)创建 Index

Index 对象可以通过 pandas.Index()函数创建，也可以通过创建数据对象 Series、DataFrame 时接收 index(或 column)参数创建，前者属于显式创建，后者属于隐式创建。隐式创建中，通过访问 index(或针对 DataFrame 的 column)属性即可得到 Index。创建的 Index 对象不可修改，保证了 Index 对象在各个数据结构之间的安全共享。Series 的索引是一个 Index 对象。访问 Series 索引代码如下：

```
print('series 的 Index 为 :\n',series.index)
```

运行结果如图 2-33 所示。

```
In[85]: print('series的Index为 : \n', series.index)
series的Index为 :
 Index(['a', 'b', 'c', 'd', 'e'], dtype='object')
```

图 2-33 访问 Series 索引运行结果

Index 对象的常用属性及其说明如下所示：

- is_monotonic：当各元素均大于前一个元素时，返回 True。
- is_unique：当 Index 没有重复值时，返回 True。

代码如下：

```
print('series 中 Index 各元素是否大于前一个：',series.index.is_monotonic)
```

运行结果如图 2-34 所示。

```
In[87]: print('series中Index各元素是否大于前一个: ', series.index.is_monotonic)
series中Index各元素是否大于前一个:  True
```

图 2-34 series 中 Index 各元素是否大于前一个运行结果

```
print('series 中 Index 各元素是否唯一：',series.index.is_unique)
```

运行结果如图 2-35 所示。

```
In[89]: print('series中Index各元素是否唯一: ',series.index.is_unique)
series中Index各元素是否唯一:  True
```

图 2-35 series 中 Index 各元素是否唯一运行结果

（2）常用方法

Index 对象的常用方法及其说明如下所示。

- append：连接另一个 Index 对象，产生一个新的 Index。
- difference：计算两个 Index 对象的差集，得到一个新的 Index。
- union：计算两个 Index 对象的并集。
- isin：计算一个 Index 是否在另一个 Index，返回 bool 数组。
- delete：删除指定 Index 的元素，并得到新的 Index。
- drop：删除传入的值，并得到新的 Index。
- insert：将元素插入指定 Index 处，并得到新的 Index。
- unique：计算 Index 中唯一值的数组。

代码如下：

```
index1 = series.index
index2 = series1.index
print('index1 连接 index2 后结果为：\n',index1.append(index2))
```

运行结果如图 2-36 所示。

```
In[91]: index1 = series.index
   ...: index2 = series1.index
   ...: print('index1连接index2后结果为: \n', index1.append(index2))
index1连接index2后结果为:
 Index(['a', 'b', 'c', 'd', 'e', 'g', 'h'], dtype='object')
```

图 2-36 index1 连接 index2 后结果

```
print('index1 与 index2 的差集为:',index1.difference(index2))
```

运行结果如图 2-37 所示。

```
In[93]: print('index1与index2的差集为: ', index1.difference(index2))
index1与index2的差集为:  Index(['a', 'b', 'c', 'd', 'e'], dtype='object')
```

图 2-37　index1 与 index2 的差集

```
print('index1 与 index2 的并集为:',index1.union(index2))
```

运行结果如图 2-38 所示。

```
In[99]: print('index1与index2的并集为: ',index1.union(index2))
index1与index2的并集为:  Index(['a', 'b', 'c', 'd', 'e', 'g', 'h'], dtype='object')
```

图 2-38　index1 与 index2 的并集

```
print('index1 中的元素是否在 index2 中:',index1.isin(index2))
```

运行结果如图 2-39 所示。

```
In[101]: print('index1中的元素是否在index2中: ', index1.isin(index2))
index1中的元素是否在index2中:  [False False False False False]
```

图 2-39　index1 中的元素是否在 index2 中

7. DataFrame 的运算

原始数据：

```
x = [[np.nan,1,1,1,1],[2,2,np.nan,2,2],[3,3,3,3,3],[4,np.nan,4,4,4]]
df = pd.DataFrame(x,columns=list("abcde"))
display(df)
```

运行结果如图 2-40 所示。

```
In[107]: x=[[np.nan,1,1,1,1],[2,2,np.nan,2,2],[3,3,3,3,3],[4,np.nan,4,4,4]]
    ...: df=pd.DataFrame(x,columns=list("abcde"))
    ...: display(df)
     a    b    c  d  e
0  NaN  1.0  1.0  1  1
1  2.0  2.0  NaN  2  2
2  3.0  3.0  3.0  3  3
3  4.0  NaN  4.0  4  4
```

图 2-40　原始数据

（1）使用“+”运算符

```
df1 = df+100
```

运行结果如图 2-41 所示。

```
In[109]: df1 = df+100
In[110]: df1
Out[110]:
       a      b      c    d    e
0    NaN  101.0  101.0  101  101
1  102.0  102.0    NaN  102  102
2  103.0  103.0  103.0  103  103
3  104.0    NaN  104.0  104  104
```

图 2-41　使用“+”运算符运行结果

(2)使用“—”运算符

```
df1= df-10
```

运行结果如图 2-42 所示

```
In[112]: df1 =df-10
In[113]: df
Out[113]:
     a    b    c  d  e
0  NaN  1.0  1.0  1  1
1  2.0  2.0  NaN  2  2
2  3.0  3.0  3.0  3  3
3  4.0  NaN  4.0  4  4
```

图 2-42　使用“—”运算符运行结果

(3)使用“ * ”运算符

```
df1 = df * 3
```

运行结果如图 2-43 所示。

```
In[115]: df1=df*3
In[116]: df1
Out[116]:
      a    b     c   d   e
0   NaN  3.0   3.0   3   3
1   6.0  6.0   NaN   6   6
2   9.0  9.0   9.0   9   9
3  12.0  NaN  12.0  12  12
```

图 2-43　使用“ * ”运算符运行结果

(4)使用“/”运算符

```
df1 = df/2
```

运行结果如图 2-44 所示。

```
In[118]: df1=df/2
In[119]: df1
Out[119]:
     a    b    c    d    e
0  NaN  0.5  0.5  0.5  0.5
1  1.0  1.0  NaN  1.0  1.0
2  1.5  1.5  1.5  1.5  1.5
3  2.0  NaN  2.0  2.0  2.0
```

图 2-44　使用“/”运算符运行结果

2.1.6　Pandas 库的 DataFrame 类型——任务训练

任务名称	Pandas 库的 DataFrame 类型	学时	1	页码	
学生姓名		学号		班级	
任务时间		地点	理实一体化教室	日期	
任务分组					
任务目的					

- **任务描述**

1. 通过 list 创建一个 DataFrame。
2. 查看 DataFrame 对象的 Index。
3. 查看 DataFrame 对象的列标签。
4. 查看 DataFrame 对象的数据类型。
5. 查看前 5 行数据。
6. 在 DataFrame 插入一条新的数据。
7. 查看后五行的数据。
8. 查看 DataFrame 对象的个数。
9. 查看 DataFrame 对象的轴标签。
10. 查看 DataFrame 对象的形状。

- **任务实施**

任务实施步骤

（续表）

• 任务评价

任务评价 评价指标	评价内容	分值	评价分数		
			自评	组内互评	教师评价
职业素养 （40%）	信息检索能力	10			
	参与状态	10			
	团队合作、纪律	20			
专业能力 （60%）	专业知识掌握	20			
	操作规范性	15			
	操作熟练度	15			
	完成质量	10			
总评	自评（20%）＋ 互评（20%）＋ 师评（60%）	总分		指导教师 （签名）：	

任务 2.2　Pandas 库的索引操作

励志微语

业精于勤，荒于嬉；行成于思，毁于随。

任务目标

- 理解索引。
- 学会 Pandas 库的索引操作。

Pandas库的索引操作

知识链接

索引(index)是 Pandas 的重要工具，通过索引可以从 DataFrame 中选择特定的行数和列数，这种选择数据的方式称为“子集选择”。

在 Pandas 中，索引值也被称为标签(label)，它在 Jupyter 笔记本中以粗体字进行显示。索引可以加快数据访问的速度，它就好比数据的书签，通过它可以实现数据的快速查找。

1. 创建索引

原始数据

```
data={'ID':[1,2,3,4],'Name':['Zsj','Lw','We','He'],
     'Age':[28,42,23,28],'City':['Beijing','ShangHai','Shenzhen',
'Ganzhou'],'Salary':[22000,19000,12000,3500]}
df=pd.DataFrame(data)
```

(1)通过列索引(标签)读取列数据

```
a=df[['City','Salary']]
print(a)
```

运行结果如图 2-45 所示。

	City	Salary
0	Beijing	26000
1	ShangHai	13000
2	Shenzhen	18000
3	Ganzhou	6500

图 2-45　通过列索引(标签)读取列数据

2. 设置索引

set_index()将已存在的列标签设置为 DataFrame 行索引。除了可以添加索引外，也可以替换已经存在的索引。比如我们也可以把 Series 或者一个 DataFrame 设置成另一个 DataFrame 的索引。示例如下：

```
info = pd.DataFrame({'Name': ['Park', 'Tery', 'Smith', 'Tew'], 'Year': [2013, 2016, 2024,
2026],
'Leas': [16, 14, 8, 10]})
#设置 Name 为行索引
print(info.set_index('Name'))
```

运行结果如图 2-46 所示。

```
       Year  Leas
Name
Park   2013    16
Tery   2016    14
Smith  2024     8
Tew    2026    10
```

图 2-46　设置索引运行结果

3. 重置索引

代码如下：

```
info = pd.DataFrame([('William', 'C'),
('Smith', 'Java'),
('Parker', 'Python'),
('Phill', np.nan)],
index=[1, 2, 3, 4],
columns=('name', 'Language'))
print(info)
print(info.reset_index())
```

运行结果如图 2-47 所示。

```
  name Language
1  Wgl        C
2  Zsj     Java
3  Fgy   Python
4  Lcj      NaN
   index name Language
0      1  Wgl        C
1      2  Zsj     Java
2      3  Fgy   Python
3      4  Lcj      NaN
```

图 2-47　重置索引运行结果

4. Pandas 库的索引操作——任务训练

任务名称	Pandas 库的索引操作	学时	1	页码	
学生姓名		学号		班级	
任务时间		地点	理实一体化教室	日期	
任务分组					
任务目的					

- 任务描述

1. 通过列索引(标签)读取列数据。
2. 设置 Name 为行索引。
3. 重置索引。
4. 通过索引获取值。
5. 获取第一列的值。
6. 获取第一行的值。
7. 查看每行或每列的值的个数。

- 任务实施

任务实施步骤

（续表）

• 任务评价

任务评价 评价指标	评价内容	分值	评价分数		
			自评	组内互评	教师评价
职业素养 （40%）	信息检索能力	10			
	参与状态	10			
	团队合作、纪律	20			
专业能力 （60%）	专业知识掌握	20			
	操作规范性	15			
	操作熟练度	15			
	完成质量	10			
总评	自评（20%）+ 互评（20%）+ 师评（60%）	总分		指导教师 （签名）：	

任务 2.3　Pandas 库的数据排序和统计函数

励志微语

旧书不厌百回读，熟读深思子自知。

任务目标

- 学会使用 Pandas 库的数据排序。
- 学会 Pandas 库的统计函数。

知识链接

Pandas 可以说是在 Python 数据科学领域应用最为广泛的工具之一。

Pandas 是一种高效的数据处理库，它以 DataFrame 和 Series 为基本数据类型，呈现出类似 Excel 的二维数据。

在数据处理过程中，咱们经常需要将数据按照一定的要求进行排序，以方便展示。

1. 按索引排序

原始数据：

```
data={'book':['Python','Java','C 语言','HarmonyOS','SQL'],'B':[14,6,18,12,10],'A':[10,12,5,20,16],'D':[16,8,14,6,12],
      'years':[5,3,3,6,6],
      'C':[18,22,28,19,12]}
index=[5,4,8,6,2]
df=pd.DataFrame(data=data,index=index)
print(df)
```

运行结果如图 2-48 所示。

```
        book   B   A   D  years   C
5     Python  14  10  16      5  18
4       Java   6  12   8      3  22
8       C语言  18   5  14      3  28
6  HarmonyOS  12  20   6      6  19
2        SQL  10  16  12      6  12
```

图 2-48　按索引排序运行结果

(1)按行索引排序

sort_index()是 pandas 中按索引排序的函数，默认情况下，sort_index 是按行索引来排序。

代码如下：

```
df.sort_index()
```

运行结果如图 2-49 所示。

	book	B	A	D	years	C
2	SQL	10	16	12	6	12
4	Java	6	12	8	3	22
5	Python	14	10	16	5	18
6	HarmonyOS	12	20	6	6	19
8	C语言	18	5	14	3	28

图 2-49　按行索引排序运行结果

(2)按列的名称排序

通过设置参数 axis＝1 可实现按列的名称排序，代码如下：

```
df.sort_index(axis=1)
```

运行结果如图 2-50 所示。

	A	B	C	D	book	years
5	10	14	18	16	Python	5
4	12	6	22	8	Java	3
8	5	18	28	14	C语言	3
6	20	12	19	6	HarmonyOS	6
2	16	10	12	12	SQL	6

图 2-50　按列的名称排序运行结果

2. 按数值排序

sort_values()是 pandas 中按数值排序的函数。

(1)按单个列的值排序

sort_values()中设置单个列的列名称，可以对单个列进行排序，通过设置参数 ascending 可以设置升序或降序排列，代码如下：

```
df.sort_values('B')
```

运行结果如图 2-51 所示。

	book	B	A	D	years	C
4	Java	6	12	8	3	22
2	SQL	10	16	12	6	12
6	HarmonyOS	12	20	6	6	19
5	Python	14	10	16	5	18
8	C语言	18	5	14	3	28

图 2-51　按数值排序运行结果

(2)按多个列的值排序

同时，sort_values()可以对多个列进行不同的排序，通过设置列名和排序方式组合来实

现,代码如下:

```
#按多个列的值排序,默认是升序
df.sort_values(['years','B'])
```

运行结果如图 2-52 所示。

	book	B	A	D	years	C
4	Java	6	12	8	3	22
8	C语言	18	5	14	3	28
5	Python	14	10	16	5	18
2	SQL	10	16	12	6	12
6	HarmonyOS	12	20	6	6	19

图 2-52　按多个列的值排序运行结果

3. Pandas 汇总统计函数

Pandas 对象拥有一组常用的数学和统计方法。它们大部分都属于约简和汇总统计,用于从 Series 中提取的个值(如 sum 或 mean)或从 DataFrame 的行或列中提取一个 Series,统计函数列表与功能描述见表 2-1。

表 2-1　统计函数列表与功能描述

方法	说明
count	非 na 值的数量
df. shape	返回行数
describe	针对 Series 或 DataFrame 列计算汇总统计
min,max	计算最小值、最大值
argmin,argmax	计算能够获取到最小值和最大值的索引位置(整数)
idxmin,idxmax	计算能够获取到最小值和最大值的索引位置
quantile	计算样本的分位数(0 到 1)
sum	值的总和
mean	值的平均数
media	值的算术中位数
mad	根据平均值计算平均绝对离差
var	样本值的方差
std	样本值的标准差
skew	样本值的偏差
kurt	样本值的风度
cumsum	样本值的累计和

使用如下代码构造数据:

```
d=pd.DataFrame(np.random.randint(1,10,(5,4)),index=['A','B','C','D','E'],columns=['a',
'b','c','d'])
print(d)
```

运行结果如图 2-53 所示。

	a	b	c	d
A	3	9	8	6
B	6	7	8	6
C	9	2	4	9
D	4	5	3	4
E	3	3	3	2

图 2-53 构造原始数据

```
#求和
d.sum()
```

运行结果如图 2-54 所示。

```
a     25
b     26
c     26
d     27
dtype: int64
```

图 2-54 sum 函数运行结果

```
#求某行的和
d.iloc[0].sum()
```

运行结果如图 2-55 所示。

```
d.iloc[0].sum()

26
```

图 2-55 求某行的和的运行结果

```
#求总体的和
d.sum().sum()
```

运行结果如图 2-56 所示。

```
d.sum().sum()

104
```

图 2-56 求总体的和的运行结果

```
#求均值
d.mean()
```

运行结果如图 2-57 所示。

```
d.mean()

a     5.0
b     5.2
c     5.2
d     5.4
dtype: float64
```

图 2-57 求均值的运行结果

```
#求某行的均值
d.iloc[0].mean()
```

运行结果如图 2-58 所示。

```
d.iloc[0].mean()

6.5
```

图 2-58 求某行的均值的运行结果

```
#求总体均值
d.mean().mean()
```

运行结果如图 2-59 所示。

```
d.mean().mean()

5.199999999999999
```

图 2-59 求总体均值的运行结果

```
#求各列标准差
d.std()
```

运行结果如图 2-60 所示。

```
d.std()

a    2.549510
b    2.863564
c    2.588436
d    2.607681
dtype: float64
```

图 2-60 求各列标准差的运行结果

```
#求各列方差
d.var()
```

运行结果如图 2-61 所示。

```
d.var()

a    6.5
b    8.2
c    6.7
d    6.8
dtype: float64
```

图 2-61 求各列方差的运行结果

```
#求协方差矩阵
d.cov()
```

运行结果如图 2-62 所示。

d.cov()

	a	b	c	d
a	6.50	-3.5	-0.25	5.5
b	-3.50	8.2	6.20	-0.1
c	-0.25	6.2	6.70	2.4
d	5.50	-0.1	2.40	6.8

图 2-62 求协方差矩阵的运行结果

```
#基本统计量
d.describe()
```

运行结果如图 2-63 所示。

```
d.describe()
```

	a	b	c	d
count	5.00000	5.000000	5.000000	5.000000
mean	5.00000	5.200000	5.200000	5.400000
std	2.54951	2.863564	2.588436	2.607681
min	3.00000	2.000000	3.000000	2.000000
25%	3.00000	3.000000	3.000000	4.000000
50%	4.00000	5.000000	4.000000	6.000000
75%	6.00000	7.000000	8.000000	6.000000
max	9.00000	9.000000	8.000000	9.000000

图 2-63　基本统计量的运行结果

```
#给出每列前 n 项的和
d.cumsum()
```

运行结果如图 2-64 所示。

```
d.cumsum()
```

	a	b	c	d
A	3	9	8	6
B	9	16	16	12
C	18	18	20	21
D	22	23	23	25
E	25	26	26	27

图 2-64　求出每列前 n 项和的运行结果

```
#每两列求一次均值
print(d.rolling(2).mean())
```

运行结果如图 2-65 所示。

```
print(d.rolling(2).mean())
     a    b    c    d
A  NaN  NaN  NaN  NaN
B  4.5  8.0  8.0  6.0
C  7.5  4.5  6.0  7.5
D  6.5  3.5  3.5  6.5
E  3.5  4.0  3.0  3.0
```

图 2-65　每两列求一次均值的运算结果

4. Pandas 库的数据排序和统计函数——任务训练

任务名称	Pandas 库的数据排序和统计函数	学时	1	页码	
学生姓名		学号		班级	
任务时间		地点	理实一体化教室	日期	
任务分组					
任务目的					

- **任务描述**

使用的数据：

```
data = { 'brand':['Python','Java','C 语言','SQL Server','JQuery'],
       'B':[4,9,8,12,18],
       'A':[10,12,15,20,16],
       'D':[9,18,10,6,18],
       'years':[14,10,10,12,12],
       'C':[9,13,16,6,4]
}
index = [8,6,5,8,3]
df = pd.DataFrame(data=data,index=index)
```

1. 按行索引升序排序
2. 按行索引降序排序
3. 按列的名称进行升序排序
4. 按 B 列的值进行升序排序
5. 按 B 列的值进行降序排序
6. 求数据第一行的和
7. 求协方差矩阵
8. 基本统计量

- **任务实施**

任务实施步骤

（续表）

• 任务评价

任务评价评价指标	评价内容	分值	评价分数		
			自评	组内互评	教师评价
职业素养（40%）	信息检索能力	10			
	参与状态	10			
	团队合作、纪律	20			
专业能力（60%）	专业知识掌握	20			
	操作规范性	15			
	操作熟练度	15			
	完成质量	10			
总评	自评（20%）+互评（20%）+师评（60%）	总分		指导教师（签名）：	

项目3　基于 Matplotlib 的数据可视化

思政课堂（趣学领航）

建设绿色智慧的数字生态文明

习近平总书记在全国生态环境保护大会上指出："深化人工智能等数字技术应用，构建美丽中国数字化治理体系，建设绿色智慧的数字生态文明。"当前，数字化和绿色化相互融合、相互促进，已成为全球发展的重要主题。推动生态环境智慧治理，推进绿色智慧的数字生态文明建设，必须坚持以习近平新时代中国特色社会主义思想为指导，全面贯彻落实习近平生态文明思想，以数字化促进经济社会发展全面绿色转型，为实现人与自然和谐共生的现代化提供有力支撑。

作为一种生态环境治理方式，数字生态文明建设通过将大数据、5G、人工智能等数字技术有机嵌入生态文明建设，在数字化与绿色化的深度融合中，不断提升生态文明建设的科学化、精细化、智能化水平。建设数字生态文明，重点在于统筹好数字化和绿色化的关系，推动二者相互促进、协同发展。推进数字化建设，借助人工智能等技术发现数据背后的规律，充分释放数字技术在生态环境治理效率提升、技术改进、手段优化等方面的叠加、聚合、倍增效应，能够为生态环境治理提供重要引擎，有助于达到高效、可持续的生态环境治理效果。推进绿色化发展，是建设数字生态文明的应有之义。通过优化国土空间布局，提升资源能源利用效率，加强环境保护和生态修复，重点解决发展过程中产生的环境污染和生态损害等问题，使资源、生产、消费等要素相匹配相适应，有利于实现高质量发展和高水平保护的同步推进。

任务 3.1 认识 Matplotlib

励志微语

坚强的信念能赢得强者的心,并使他们变得更坚强。

任务目标

- 理解 Matplotlib 概述。
- 掌握 pyplot 的 plot 函数。

知识链接

Matplotlib简介

3.1.1 Matplotlib 简介

Matplotlib 作为 Python 最流行的可视化模块之一,功能强大,用法简便。对于新手而言,其上手难度低,仅需要几行代码即可创建一个具备发表质量的图片,而且同时支持静态和动态图片。对于开发者而言,其丰富的子模块提供了对图片中各个细节的精确控制,可以实现高度定制的可视化效果。Matplotlib 最早是为了可视化癫痫病人的脑皮层电图相关的信号而研发的,因为在函数的设计上参考了 MATLAB,所以叫作 Matplotlib。

Matplotlib 也是 Python 中最常用的可视化工具之一,可以非常方便地创建海量的 2D 图表和一些基本的 3D 图表,可根据数据集(DataFrame,Series)自定义 x、y 轴,绘制图形(如线形图、柱状图、直方图、密度图、散布图等),能够解决大部分的需要。Matplotlib 中最基础的模块是 pyplot。

pyplot的plot函数

3.1.2 pyplot 的 plot 函数

Matplotlib 绘制曲线图时,我们会使用到 pyplot 模块的 plot 函数。plot 函数可以一次画一条曲线,也可以同时画多条曲线。本节将介绍该函数的用法。

函数表达式:plt. plot(x,y,format_string, * * kwargs)

说明:

- x:代表 x 轴的数据。
- y:代表 y 轴的数据。
- format_string:用于精致曲线显示格式的字符串。

- **kwargs：当想要画多条曲线时，可以填写第二条曲线的（x，y，format_string）参数。

举例说明代码如下：

```
import numpy as np
import matplotlib. pyplot as plt
a = np. arange(10)
plt. plot(a,a * 1. 5,a,a * 2. 5,a,a * 3. 5,a * 4. 5)
plt. show()
```

代码截图如图 3-1 所示，运行效果如图 3-2 所示。

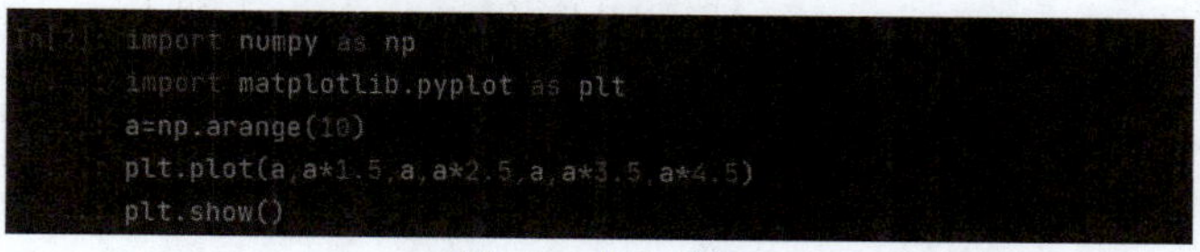

图 3-1　代码截图

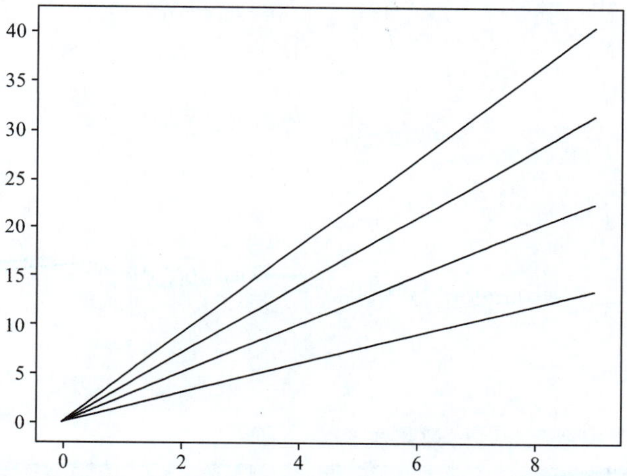

图 3-2　多条曲线效果图

format_string：可选由颜色字符、风格字符和标记字符组成。

①颜色字符

'b'：蓝色。

'g'：绿色。

'r'：红色。

'c'：青绿色。

'#008000'：RGB 某颜色。

'm'：洋红色 magenta。

'y'：黄色。

'k'：黑色。

'w'：白色。

'0.8'：灰度值字符。

②风格字符

'-'：实线。

'--'：破折线。

'-.'：点划线。

':':虚线。

'' '':无线条。

③标记字符

'.':点标记。

',':像素标记。

'o':实心圈标记。

'v'倒三角标记。

'^':上三角标记。

'>':右三角标记。

'<':左三角标记。

'1':下花三角标记。

'2':上花三角标记。

'3':左花三角标记。

'4':右花三角标记。

's':实心方形标记。

'p':实心五角标记。

'*':星型标记。

举例使用各字符代码部分如下：

```
import numpy as np
import matplotlib.pyplot as plt
a = np.arange(10)
plt.plot(a,a * 1.5,'go-',a,a * 2.5,'rx',a,a * 3.5,'*',a * 4.5,'b-.')
plt.show()
```

代码截图如图 3-3 所示。运行效果如图 3-4 所示。

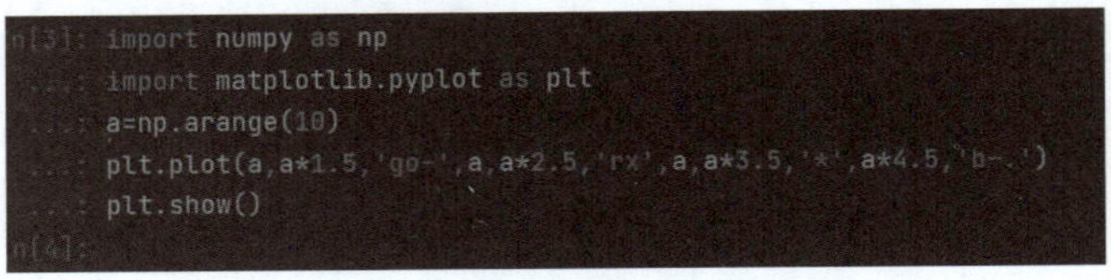

```
n[3]: import numpy as np
 ...: import matplotlib.pyplot as plt
 ...: a=np.arange(10)
 ...: plt.plot(a,a*1.5,'go-',a,a*2.5,'rx',a,a*3.5,'*',a*4.5,'b-.')
 ...: plt.show()
n[4]:
```

图 3-3　举例使用各字符代码截图

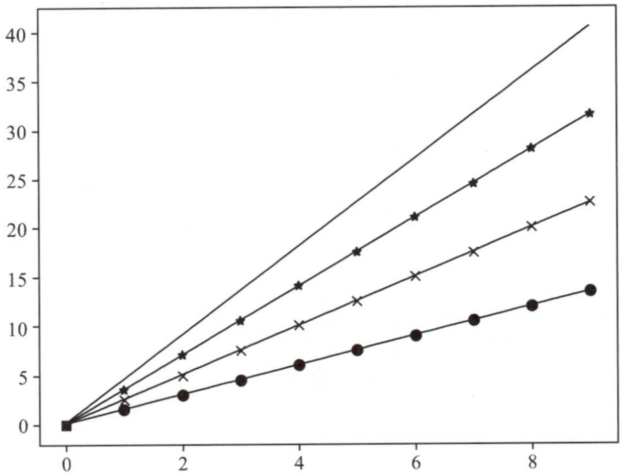

图 3-4　使用字符绘制多条曲线效果图

3.1.3 认识 Matplotlib——任务训练

任务名称	认识 Matplotlib	学时	1	页码	
学生姓名		学号		班级	
任务时间		地点	理实一体化教室	日期	
任务分组					
任务目的					

- **任务描述**

1. 利用 Matplotlib 画一个线图,并设置线的格式。
2. 利用 Matplotlib 编写一个程序,显示 y=x * x+18 这条抛物线。
3. 利用 Matplotlib 编写一个程序,除了显示 y=x * x+18 这条抛物线外,还要给出图表和坐标。
4. 轴加上标题。
5. 利用 Matplotlib 编写一个程序,该程序能在一行中并列显示两个子图,一个子图是 y=x * x,另一个子图是 y=x。
6. 利用 pyplot 的 plot 函数绘制一个单条或多条曲线图,并给 x,y 设定标识。
7. 利用 format_string 绘制一个美观的曲线图。

- **任务实施**

任务实施步骤

（续表）

• 任务评价

任务评价 评价指标	评价内容	分值	评价分数		
			自评	组内互评	教师评价
职业素养 （40%）	信息检索能力	10			
	参与状态	10			
	团队合作、纪律	20			
专业能力 （60%）	专业知识掌握	20			
	操作规范性	15			
	操作熟练度	15			
	完成质量	10			
总评	自评（20%）+ 互评（20%）+ 师评（60%）	总分		指导教师 （签名）：	

任务 3.2　基本图形的绘制

励志微语

思维决定行动，行动决定结果。

任务目标

- 掌握绘制基本图形——饼图和直方图。
- 掌握绘制基本图形——条形图和散点图。

知识链接

3.2.1　基本图形的绘制——饼图和直方图

基本图形绘制——饼图和直方图

1. 饼图

饼图是一个划分为几个扇形的圆形统计图表，用于描述量、频率或百分比之间的相对关系。在 Matplotlib 中，可以通过 plt. pie 来实现，其中的参数如下：

①x：饼图的比例序列。

②labels：饼图上每个分块的名称文字。

③explode：设置某几个分块是否要分离饼图。

④autopct：设置比例文字的展示方式。例如，保留几个小数等。

⑤shadow：是否显示阴影。

⑥textprops：文本的属性（如颜色、大小等）。

返回值：

①patches：饼图上每个分块的对象。

②texts：分块的名字文本对象。

③autotexts：分块的比例文字对象。

举例饼图，代码部分如下：

```
import numpy as np
import matplotlib. pyplot as plt
from pandas import Series,DataFrame
import pandas as pd
from matplotlib. pyplot import rcParams
s = Series(data = np. random. randint(10,40,size = 5),index = list('ABCDE'),name = '饼图示例')
```

```
rcParams['font.sans-serif'] = 'kaiti'
rcParams['font.size'] = 20
plt.figure(figsize=(8,6))
s.plot(kind = 'pie',fontsize = 15,autopct = '%.1f%%',shadow = True,explode = [0.1,0,0,0,0])
```

运行结果如图 3-5 所示。

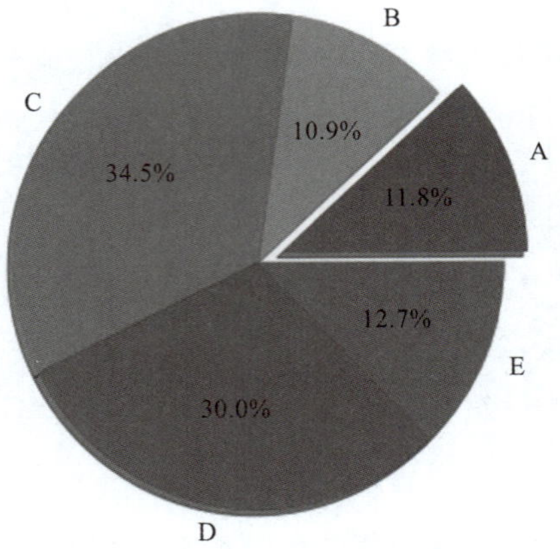

图 3-5　饼图示例

解释各语句：

①rcParams['font.sans-serif'] = 'kaiti'

解决中文显示不出。

②rcParams['font.size'] = 20

解决饼图标题字体太小。

③plt.figure(figsize = (8,6))

解决饼图整体太小。

④s.plot(kind = 'pie', fontsize = 15, autopct = '%.1f%%', shadow = True, explode =[0.1,0,0,0,0])

fontsize 设置饼图标签字体；autopc 显示饼图所占比例；shadow 绘制阴影；explode 突出某一块。

2. 直方图

直方图(Histogram)，又称质量分布图，是一种统计报告图，由一系列高度不等的纵向条纹或线段表示数据分布的情况。一般用横轴表示数据类型，纵轴表示分布情况。

直方图是数值数据分布的精确图形表示。这是一个连续变量(定量变量)的概率分布的估计，并且被卡尔·皮尔逊(Karl Pearson)首先引入，是一种条形图。为了构建直方图，第一步是将值的范围分段，即将整个值的范围分成一系列间隔，然后计算每个间隔中有多少值。这些值通常被指定为连续的、不重叠的变量间隔，间隔必须相邻，并且通常是(但不是必须的)相等的大小。

直方图也可以被归一化以显示"相对"频率。然后，它显示了属于几个类别中的每个案例的比例，其高度等于 1。

简单来说，直方图间隔必须相邻，默认是频数作为纵坐标，当然也可以将其转化为频率。

举例直方图，代码部分如下：

```
import pandas as pd
import numpy as np
from pandas import Series,DataFrame
import matplotlib.pyplot as plt
%matplotlib inline
s = Series(np.random.randint(0,100,size = 50))
s.plot(kind = 'hist',range = [0,100],bins = 5,density = True)
```

运行结果如图 3-6 所示。

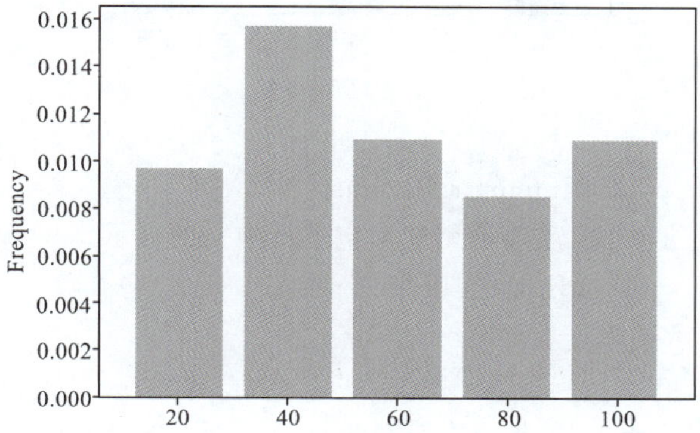

图 3-6　举例直方图

解释各语句：

s.plot(kind = 'hist',range = [0,100],bins= 5,density = True)

density 表示归一化，即将默认的频数分布转换为频率分布。旧版本是使用 normed=True，比较新的版本使用这个参数可能会爆出废弃警告，提示需要使用 density。

基本图形绘制——条形图和散点图

3.2.2　基本图形的绘制——条形图和散点图

1. 条形图

条形图(Bar Chart)是用宽度相同的条形的高度或长短来表示数据多少的图形。条形图可以横置或纵置，纵置时也称为柱形图(Column Chart)。此外，条形图有简单条形图、复式条形图等形式。

简单来说，条形图的宽度一般是相同的，条形的高度或长短表示数据的多少，这也是条形图和直方图的本质区别。

条形图的示例代码如下：

```
import numpy as np
from pandas import DataFrame
from matplotlib.pyplot import rcParams
rcParams['font.sans-serif'] = 'kaiti'
df = DataFrame(data = np.random.randint(50,100,size = (3,3)),
            index = ['张三','李四','王五'],
            columns = ['Python','En','Math']
            )
df.plot(kind = 'bar',fontsize = 20)
```

运行效果如图 3-7 所示。

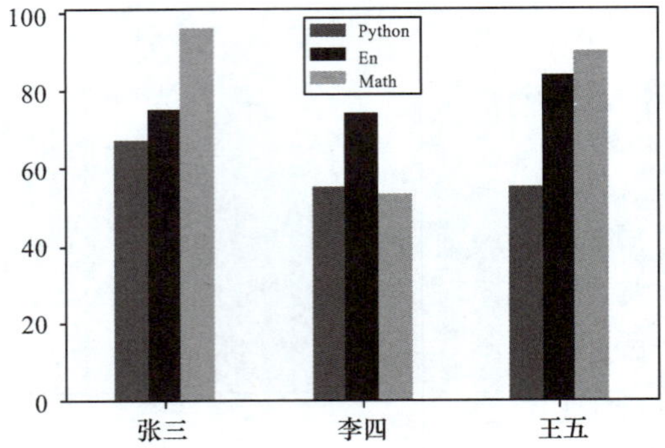

图 3-7　举例条形图

解释各语句：

①from matplotlib. pyplot import rcParams

由于 x 轴上刻度值是中文，需要使用这个包进行中文的显示。

②rcParams['font. sans-serif'] = 'kaiti'

显示中文，kaiti 表示楷体。

2. 散点图

散点图是指在回归分析中，数据点在直角坐标系平面上的分布图，散点图表示因变量随自变量而变化的大致趋势，据此可以选择合适的函数对数据点进行拟合。

用两组数据构成多个坐标点，考查坐标点的分布，判断两变量之间是否存在某种关联或总结坐标点的分布模式。散点图将序列显示为一组点。值由点在图表中的位置表示。类别由图表中的不同标记表示。散点图通常用于比较跨类别的聚合数据。

简单来说，可以给定自变量 x 和因变量 y，通过散点图表示自变量和因变量的大致趋势，选择一个合适的函数对这些数据点进行拟合。

举例散点图，代码如下：

```
import numpy as np
import matplotlib. pyplot as plt
%matplotlib inline
from matplotlib. pyplot import rcParams
x = np. linspace(1,5,num = 10)
y = np. sin(x) + x
rcParams['font. sanf-serif'] = 'kaiti'
plt. figure(figsize=(8,6))
plt. scatter(x,y,marker = '1',c = np. random. rand(10),s = 72)
plt. title('散点图示例',fontsize = 20)
plt. xlabel('x',fontsize = 20)
plt. ylabel('y',fontsize = 20)
plt. xticks(fontsize = 20)
plt. yticks(fontsize = 20)
plt. legend(['散点图图例'],fontsize = 15,loc = 0)
plt. show()
```

运行效果如图 3-8 所示。

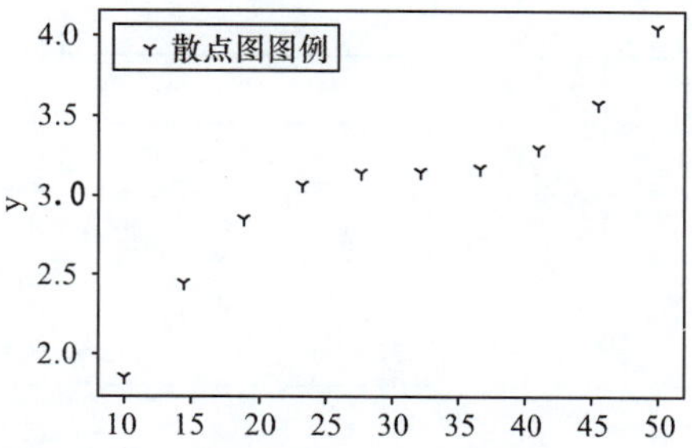

图 3-8　举例散点图

解释各语句：

①plt.figure(figsize = (8,6))

设置画布大小。

②plt.scatter(x,y,marker = '1',c = np.random.rand(10),s = 72)

画散点图。marker：点的样式；c：颜色；s：散点的大小，默认是 36。

marker 样式有很多，见表 3-1。

表 3-1　marker 样式

marker	type	含义
“.”	point	点
“,”	pixel	像素
“o”	circle	圆
“v”	triangle_down	下三角
“^”	triangle_up	上三角
“<”	triangle_left	左三角
“>”	triangle_right	右三角
“8”	octagon	八角形
“s”	square	正方形
“p”	pentagon	五角星
“*”	star	星号

③plt.title('散点图示例',fontsize=20)

设置标题。

④plt.xlabel('x',fontsize = 20)

plt.ylabel('y',fontsize = 20)

plt.xticks(fontsize = 20)

plt.yticks(fontsize = 20)

设置 x、y 轴标签。

设置 x、y 轴刻度字体大小。

⑤plt.legend(['散点图图例'],fontsize = 15,loc = 0)

设置散点图图例。fontsize：图例字体大小；loc：位置，0 表示最佳位置。

3.2.3 基本图形的绘制——任务训练

任务名称	基本图形的绘制	学时	1	页码	
学生姓名		学号		班级	
任务时间		地点	理实一体化教室	日期	
任务分组					
任务目的					

- **任务描述**

1. 饼图、直方图、条形图、散点图各参数的含义。
2. 绘制一个简单的饼图并显示百分比。
3. 绘制一个简单的直方图，将数据转换为频率。
4. 绘制一个简单的水平条形图，并显示其数据。
5. 绘制一个折线图，在一张图上显示多条数据，并给图中点加上数据标签。
6. 绘制 x=(0,10)间 sin 的图像，设置线性为虚线。
7. 使用 marker 类型表绘制散点图，改变线形、颜色，以及边框粗细。

- **任务实施**

任务实施步骤

（续表）

- 任务评价

任务评价 评价指标	评价内容	分值	评价分数		
			自评	组内互评	教师评价
职业素养 （40%）	信息检索能力	10			
	参与状态	10			
	团队合作、纪律	20			
专业能力 （60%）	专业知识掌握	20			
	操作规范性	15			
	操作熟练度	15			
	完成质量	10			
总评	自评（20%）+ 互评（20%）+ 师评（60%）	总分		指导教师 （签名）：	

项目 4　Hadoop 平台及组件部署

思政课堂（趣学领航）

目标决定人生——没有目标就失去一切

有什么样的目标，就有什么样的人生。有人做了一个实验，把一只跳蚤放在广口瓶中，用透明的盖子盖上。跳蚤在瓶子里不停地跳动，并撞到了盖子。经过多次尝试后，跳蚤不再跳到足以撞到盖子的高度了。实验人员拿掉盖子，虽然跳蚤继续在跳，但不会跳出广口瓶以外。因为跳蚤已经调节了自己跳的高度，而且适应这种情况，不再改变。

人也是一样：有什么样的目标，就有什么样的人生。没有远大目标就像船儿没有行驶的方向，失去了方向最终会在狂风骇浪中迷失自我。所以，每个人都要有人生的目标，要知道自己应该做什么，不能安于现状，萎靡不振，缺少奋斗和进取的精神，人生将没有意义。尽管许多人都明白自己该做些什么，但是目标的局限性束缚了他的才能。安于现状则缺少了奋斗和进取的精神。

任务 4.1　Hadoop 平台及搭建步骤

励志微语　积一时之跬步，臻千里之遥程。

4.1.1　Hadoop 生态介绍

任务目标

- 理解 Hadoop 的概述。
- 理解 Hadoop 的发展。
- 了解 Hadoop 的特点及生态核心。

Hadoop生态介绍

知识链接

1. Hadoop 概述

大数据的兴起，带动了行业对于大数据人才的需求，尤其技术开发人才，可以说是妥妥的高新技术岗位，薪资待遇好，行业前景好，是很多人都看好的发展机会。而入行大数据，掌握 Hadoop 技术框架是基本技能要求。

首先，来了解一下什么是 Hadoop。Hadoop 是一个由 Apache 基金会开发的分布式系统基础架构，可以使用户在不了解分布式底层细节的情况下开发分布式程序，充分利用集群的威力进行高速运算和存储。

那么什么又是分布式系统架构呢？

分布式系统架构，顾名思义，就是将多软件架构设计分散开来，运行在多个服务器上。当今，分布式系统架构思维充斥着互联网企业的每个角落。

分布式就好比是一个蜂巢的结构，由各个不同的节点组成。每个节点都有不同的功能，且布置在不同的服务器上，各节点之间相互连接、相互请求，从而实现整个系统的功能。

2. Hadoop 的发展

Hadoop 最早起源于 Lucene 下的 Nutch。Nutch 的设计目标是构建一个大型的全网搜索引擎，包括网页抓取、索引、查询等功能。但随着抓取网页数量的增加，遇到了严重的可扩展性问题——如何解决数十亿网页的存储和索引问题。

2003 年、2004 年谷歌发表的三篇论文为该问题提供了可行的解决方案。

①分布式文件系统(GFS)，可用于处理海量网页的存储。

②分布式计算框架 MapReduce，可用于处理海量网页的索引计算问题。

③分布式结构化数据存储系统 Bigtable，用来处理海量结构化数据。

Doug Cutting 基于这三篇论文完成了相应的开源实现 HDFS 和 MapReduce，并从 Nutch 中剥离成为独立项目 Hadoop。2008 年 1 月，Hadoop 成为 Apache 顶级项目(同年，Cloudera 公司成立)，迎来了它的快速发展期。

3. Hadoop 的特点

- 高可靠性。Hadoop 按位存储和处理数据的能力值得人们信赖。
- 高扩展性。Hadoop 是在可用的计算机簇间分配数据并计算任务的，这些集簇可以方便地扩展到数以千计的节点中。
- 高效性。Hadoop 能够在节点之间动态地移动数据，并保证各个节点的动态平衡，因此处理速度非常快。
- 高容错性。Hadoop 能够自动保存数据的多个副本，并且能够自动将失败的任务重新分配。

4. Hadoop 生态的核心

- HDFS——分布式文件系统。
- YARN——资源管理调度系统。
- MapReduce——分布式运算框架。

首先，HDFS 是一个分布式的文件系统。其设计的核心思想是分散均匀存储＋备份冗余存储。HDFS会把一个大文件按照blocksize(块大小)的要求拆分成多个block(块),并以多副本的方式存储在HDFS集群中的多台服务器的本地硬盘上,通过统一的命名空间来定位文件,由很多服务器联合起来实现其功能。

其次,YARN是一个分布式的资源管理和作业调度框架,负责将自己管理的系统资源分配给在集群中运行的应用程序,并调度在不同集群节点上执行的任务。YARN的设计是主从结构。

4.1.2 Hadoop生态介绍——任务训练

任务名称	Hadoop生态介绍	学时	1	页码	
学生姓名		学号		班级	
任务时间		地点	理实一体化教室	日期	
任务分组					
任务目的					

- **任务描述**

  1. 什么是Hadoop?

  2. Hadoop有什么特点?

- **任务实施**

  任务实施步骤

（续表）

· 任务评价

任务评价评价指标	评价内容	分值	评价分数		
			自评	组内互评	教师评价
职业素养（40%）	信息检索能力	10			
	参与状态	10			
	团队合作、纪律	20			
专业能力（60%）	专业知识掌握	20			
	操作规范性	15			
	操作熟练度	15			
	完成质量	10			
总评	自评（20%）+互评（20%）+师评（60%）	总分		指导教师（签名）：	

4.1.3　搭建 Hadoop 的前期准备

励志微语

天下事有难易乎？为之，则难者亦易矣；不为，则易者亦难矣。

任务目标

- 搭建 Hadoop 的前期准备。
- 配置 Java 环境变量。

Hadoop部署前期准备

知识链接

Hadoop 是一个能够对大量数据进行分布式处理的软件框架。Hadoop 以一种可靠、高效、可伸缩的方式进行数据处理。Hadoop 是可靠的，因为其假设计算元素和存储会失败，因此它维护多个工作数据副本，确保能够针对失败的节点重新分布处理。Hadoop 是高效的，因为它以并行的方式工作，通过并行处理加快处理速度。Hadoop 还是可伸缩的，能够处理 PB 级数据。此外，Hadoop 依赖于社区服务，因此其成本比较低，任何人都可以使用。

1. 学习 Hadoop 需要的实验环境

- 硬件：硬盘单节点 50 GB，1 GB 内存，单核。
- 操作系统：CentOS 6.4 64 bit。
- JDK：jdk。
- hadoop：hadoop-2.6.0。

2. 搭建 Hadoop 的前期规划（表 4-1）

表 4-1　　搭建 Hadoop 的前期规划

主机名	IP	HDFS	YARN
Master	待定	NameNode DataNode	NodeManager ResourceManager
Slave01	待定	DataNode SecondaryNameNode	NodeManager
Slave02	待定	DataNode	NodeManager

前期规划图：

（1）网络配置

首先在 VMware 中新建 1 台 4 GB 内存（后期会进行修改）、20 GB 硬盘空间的 Ubuntu 虚拟机。新建完成后进行下面操作。

①配置静态 IP

```
vi /etc/sysconfig/network-scripts/ifcfg-ens33
```

编辑静态 IP 如图 4-1 所示。

```
[root@localhost ~]# vi /etc/sysconfig/network-scripts/ifcfg-ens33
```

图 4-1　编辑静态 IP

修改结果如图 4-2 所示。

```
PROXY_METHOD="none"
BROWSER_ONLY="no"
BOOTPROTO="static"   将IP改为静态
DEFROUTE="yes"
IPV4_FAILURE_FATAL="no"
IPV6INIT="yes"
IPV6_AUTOCONF="yes"
IPV6_DEFROUTE="yes"
IPV6_FAILURE_FATAL="no"
IPV6_ADDR_GEN_MODE="stable-privacy"
NAME="ens33"
UUID="375d45ef-bd50-41c9-9994-793a6e7d6d2e"
DEVICE="ens33"
ONBOOT="yes"
IPADDR=192.168.132.170   ip地址
NETMASK=255.255.255.0    子网掩码
GATEWAY=192.168.132.1    网关
DNS1=192.168.132.1       DNS域名解析，连接外网
~
```

图 4-2　修改网络配置

②重置网络

```
service network restart
```

运行结果如图 4-3 所示。

```
[root@localhost ~]# service network restart
Restarting network (via systemctl):                        [  OK  ]
[root@localhost ~]#
```

图 4-3　重置网络

③克隆 2 台虚拟机，重复上述步骤

提示：3 台主机的 IP 须不一致。

(2)修改 3 台主机的主机名

```
hostnamectl set-hostname 主机名
bash 刷新
```

修改主机名如图 4-4 所示。

```
CentOS Linux 7 (Core)
Kernel 3.10.0-1160.el7.x86_64 on an x86_64

localhost login: root
Password:
Last login: Tue Mar  8 15:30:09 on tty1
[root@localhost ~]# hostnamectl set-hostname master
[root@localhost ~]# bash
[root@master ~]#
```

图 4-4　修改主机名

(3)主机 IP 映射

```
vi /etc/hosts
```

编辑这个文件,在里面写入主机名映射,修改格式如下:

在文件最后写入:

```
192.168.132.170 master
192.168.132.171 slave01
192.168.132.172 slave02
```

IP 后面是这个 IP 的主机名,每台主机的主机名映射需要写入 3 台主机的 IP 和主机名。修改结果如图 4-5 所示。

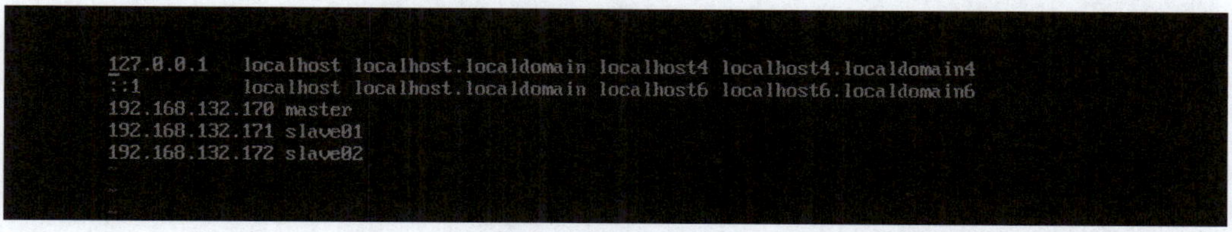

图 4-5　修改主机映射

(4)关闭防火墙

```
Systemctl stop firewalld
Systemctl disable firewalld
Setenforce 0
```

运行结果如图 4-6 所示。

图 4-6　关闭防火墙

(5)配置 SSH 免密登录

ssh-keygen

每台主机输完该命令之后按 5 下回车键,会出来一个方框,接着输入下面命令:

```
ssh-copy-id master
ssh-copy-id slave01
ssh-copy-id slave02
```

意思是把该密钥分给每台主机。

输入完命令之后会有一个对话框,对话框最后有一个"(yes/no):",这里输入"yes"。

然后紧接着会有一个"password",这里输入主机登录密码输入,输入时是看不到输入的内容的,输入完成之后直接按回车键即可,如图 4-7 所示。

```
[root@master ~]# ssh-keygen
Generating public/private rsa key pair.
Enter file in which to save the key (/root/.ssh/id_rsa):
/root/.ssh/id_rsa already exists.
Overwrite (y/n)? y
Enter passphrase (empty for no passphrase):
Enter same passphrase again:
Your identification has been saved in /root/.ssh/id_rsa.
Your public key has been saved in /root/.ssh/id_rsa.pub.
The key fingerprint is:
SHA256:axE71ucofHo87h8s7M80HWFnJLOgEoOR6G/gKEVyKf0 root@master
The key's randomart image is:
+---[RSA 2048]----+
| . . ..+o   . o .|
|o = . o  o . . = |
| = o    o .   + o|
|  . E    =   . + |
| . o o  S . . .  |
|. . . oo = = . . |
| .    . =.= * .  |
|       . =++ o   |
|         .++++   |
+----[SHA256]-----+
[root@master ~]# ssh-copy-id master
/bin/ssh-copy-id: INFO: Source of key(s) to be installed: "/root/.ssh/id_rsa.pub"
/bin/ssh-copy-id: INFO: attempting to log in with the new key(s), to filter out any that are already
 installed
/bin/ssh-copy-id: INFO: 1 key(s) remain to be installed -- if you are prompted now it is to install
the new keys
root@master's password:

Number of key(s) added: 1

Now try logging into the machine, with:   "ssh 'master'"
and check to make sure that only the key(s) you wanted were added.
```

图 4-7　配置 SSH 免密

（6）配置 Java 环境

第 1 台主机上传 jdk 安装包。

在 Xshell 中使用 Xftp 软件，选中要上传的 jdk 文件，拖到右边界面即可。

上传完成之后解压到指定目录：

```
tar -zxv jdk-8u201-linux-x64. tar -C /usr/local/src
```

解压到/usr/local/src 这个目录下。

运行结果如图 4-8 所示。

```
[root@master ~]# tar -zxvf jdk-8u201-linux-x64.tar -C /usr/local/src
```

图 4-8　解压 jdk 安装包

进入这个目录修改文件名。

```
cd /usr/local/src          #进入目录
mv jdk1. 8. 0_201 jdk      #把文件名改成 jdk
```

运行结果如图 4-9 所示。

```
[root@master ~]# cd /usr/local/src
[root@master src]# ll
总用量 0
drwxr-xr-x. 7 10 143 245 12月 16 2018 jdk1.8.0_201
[root@master src]# mv jdk1.8.0_201/ jdk
[root@master src]# ll
总用量 0
drwxr-xr-x. 7 10 143 245 12月 16 2018 jdk
```

图 4-9 修改文件名

将 jdk 发送给其余 2 台主机：

```
scp -r jdk/ slave01:/usr/local/src
scp -r jdk/ slave02:/usr/local/src
```

运行结果如图 4-10 所示。

```
[root@master src]# scp -r jdk/ slave01:/usr/local/src;scp -r jdk/ slave02:/usr/local/src
```

图 4-10 发送其余主机

配置 3 台主机 jdk 的环境变量：

```
vi /etc/profile          #打开这文件
```

在文件最后面写入：

```
export JAVA_HOME=/usr/local/src/jdk
export PATH=$PATH:$JAVA_HOME/bin
```

配置结果如图 4-11 所示。

```
unset -f pathmunge
export JAVA_HOME=/usr/local/src/jdk
export PATH=$PATH:$JAVA_HOME/bin
```

图 4-11 配置 Java 环境变量

刷新环境变量：

```
source /etc/profile
```

结果如图 4-12 所示。

```
[root@master ~]# vi /etc/profile
[root@master ~]# source /etc/profile
[root@master src]# ll
```

图 4-12 刷新环境变量

检查是否配置成功：

```
java -version
```

检查结果如图 4-13 所示。

```
[root@master ~]# java -version
java version "1.8.0_201"
Java(TM) SE Runtime Environment (build 1.8.0_201-b09)
Java HotSpot(TM) 64-Bit Server VM (build 25.201-b09, mixed mode)
```

图 4-13 查看是否配置成功

4.1.4 搭建 Hadoop 的前期准备——任务训练

任务名称	搭建 Hadoop 的前期准备	学时	1	页码	
学生姓名		学号		班级	
任务时间		地点	理实一体化教室	日期	
任务分组					
任务目的					

- **任务描述**

1. 搭建 Hadoop 的前期准备。
2. 配置 Java 环境变量。

- **任务实施**

任务实施步骤

（续表）

• 任务评价

任务评价 评价指标	评价内容	分值	评价分数		
			自评	组内互评	教师评价
职业素养 （40%）	信息检索能力	10			
	参与状态	10			
	团队合作、纪律	20			
专业能力 （60%）	专业知识掌握	20			
	操作规范性	15			
	操作熟练度	15			
	完成质量	10			
总评	自评（20%）+ 互评（20%）+ 师评（60%）	总分		指导教师 （签名）：	

4.1.5 Hadoop 组件 HDFS 的配置

励志微语

青春是用来奋斗的，不是用来挥霍的。

任务目标

- 学习 HDFS 的配置。
- 配置 HDFS 组件。

Hadoop组件HDFS的配置

知识链接

1. HDFS 概述

HDFS(Hadoop Distributed File System)为大数据平台其他所有组件提供了最基本的存储功能。

特征：高容错、高可靠、可扩展、高吞吐率等，为大数据存储和处理提供了强大的底层存储架构。

HDFS 是一个主/从(master/slave)体系结构，从最终用户的角度来看，它就像传统的文件系统，可通过目录路径对文件执行 CRUD 操作。由于其分布式存储的性质，HDFS 集群拥有一个 NameNode 和一些 DataNode。NameNode 管理文件系统的元数据，DataNode 存储实际的数据。

HDFS 开放文件系统的命名空间，以便用户以文件形式存储数据，秉承“一次写入、多次读取”的原则。客户端通过 NameNode 和 DataNode 的交互访问文件系统，联系 NameNode 以获取文件的元数据，而真正的文件 I/O 操作是直接和 DataNode 进行交互的。

HDFS 提供高吞吐率应用程序数据访问功能，适合带有大型数据集的应用程序，以下是一些常用的应用场景：

a. 数据密集型并行计算：数据量极大，但是计算相对简单的并行处理，如大规模 Web 信息搜索等。

b. 计算密集型并行计算：数据量相对不是很大，但是计算较为复杂的并行计算，如 3D 建模与渲染、气象预报和科学计算等。

c. 数据密集与计算密集混合型的并行计算，如 3D 电影的渲染等。

2. HDFS 部署

主要步骤如下：

(1)给第一台主机上传 Hadoop 安装包

在 Xshell 中使用 Xftp 软件，选中要上传的 Hadoop 文件，拖到右边界面。

上传完成之后解压到指定目录：

```
tar -zxvf hadoop-2.6.0.tar.gz -C /usr/local/src
```

代码运行如图 4-14 所示。

图 4-14　解压 Hadoop 到指定目录

进入该目录修改文件名：

```
cd /usr/local/src
mv hadoop-2.6.0 hadoop
```

修改结果如图 4-15 所示。

图 4-15　修改 Hadoop 文件名

(2)修改第一台主机的 Hadoop 配置

```
vi /usr/local/src/hadoop/etc/hadoop/hadoop-env.sh
```

将 jdk 的路径修改如图 4-16 所示。

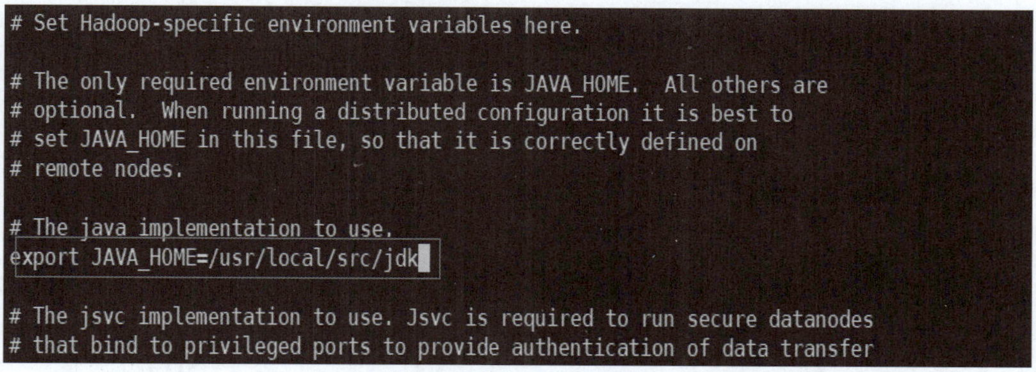

图 4-16　修改 Hadoop 配置

指定 HDFS 主节点：

```
vi /usr/local/src/hadoop/etc/hadoop/core-site.xml
```

＃在<configuration>和</configuration>中间插入一行，写入如下内容：

```
<property>
<!--定义 Hadoop 文件类型-->
    <name>fs.defaultFS</name>
    <value>hdfs://master:9000</value>
</property>
<property>
<!--存储 Hadoop 的临时目录-->
    <name>hadoop.tmp.dir</name>
```

```
    <value>/usr/local/src/hadoop/tmp/</value>
</property>
```

修改完成后保存退出，如图 4-17 所示。

```
<configuration>
<property>
<!--定义hadoop文件类型-->
        <name>fs.defaultFS</name>
        <value>hdfs://master:9000</value>
</property>
<property>

<!--存储hadoop的临时目录-->
        <name>hadoop.tmp.dir</name>
        <value>/usr/local/src/hadoop/tmp/</value>
</property>
</configuration>
```

图 4-17　指定 HDFS 主节点

修改 hdfs. site. xml 文件：

```
vim hdfs-site. xml
```

在<configuration>和</configuration>中间插入一行，写入如下内容：

```
<!--文件切片的副本个数-->
<property>
    <name>dfs. replication</name>
    <value>3</value>
</property>
<!--访问 secondarynamenode 的地址-->
<property>
    <name>dfs. namenode. secondary. http-address</name>
<value>slave01:50090</value></property>
<!--namenode 的访问地址-->
<property>
    <name>dfs. namenode. http-address</name>
    <value>master:50070</value>
</property>
<!--设置 HDFS 的文件权限，设置暂时关闭-->
<property>
    <name>dfs. permissions. enabled</name>
    <value>false</value>
</property>
<!--指定 namenode 元数据的存放位置-->
<property>
    <name>dfs. namenode. name. dir</name>
```

```
        <value>/usr/local/src/hadoop/data/name</value>
    </property>
    <!--指定 dataname 元数据的存放位置-->
    <property>
        <name>dfs.datanode.data.dir</name>
        <value>/usr/local/src/hadoop/data/data</value>
    </property>
```

如图 4-18 所示。

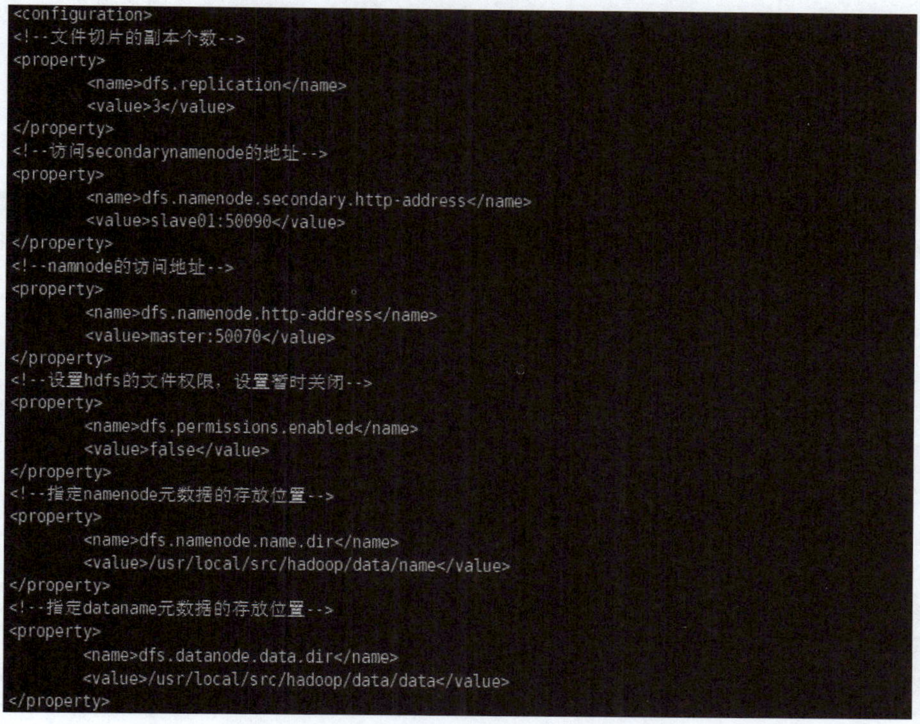

```
<configuration>
<!--文件切片的副本个数-->
<property>
        <name>dfs.replication</name>
        <value>3</value>
</property>
<!--访问secondarynamenode的地址-->
<property>
        <name>dfs.namenode.secondary.http-address</name>
        <value>slave01:50090</value>
</property>
<!--namnode的访问地址-->
<property>
        <name>dfs.namenode.http-address</name>
        <value>master:50070</value>
</property>
<!--设置hdfs的文件权限，设置暂时关闭-->
<property>
        <name>dfs.permissions.enabled</name>
        <value>false</value>
</property>
<!--指定namenode元数据的存放位置-->
<property>
        <name>dfs.namenode.name.dir</name>
        <value>/usr/local/src/hadoop/data/name</value>
</property>
<!--指定dataname元数据的存放位置-->
<property>
        <name>dfs.datanode.data.dir</name>
        <value>/usr/local/src/hadoop/data/data</value>
</property>
```

图 4-18　修改 hdfs. site. xml 文件

配置 slaves 文件：

```
vi /usr/local/src/hadoop/etc/hadoop/slaves
```

如图 4-19 所示。

```
master
slave01
slave02
~
```

图 4-19　配置 slaves 文件

把第一台修改好配置的 Hadoop 文件发送给其余 2 台主机：

```
cd /usr/local/src/ # 切换目录
scp -r hadoop/ slave01:/usr/local/src/ # 发送给第一台
scp -r hadoop/ slave02:/usr/local/src/ # 发送给第 2 台
```

如图 4-20 所示。

```
[root@master ~]# cd /usr/local/src
[root@master src]# scp -r hadoop/ slave01:/usr/local/src/;scp -r hadoop/ slave02:/usr/local/src
```

图 4-20　发送给其余机器

修改 3 台主机环境变量：

```
vim /etc/profile # 在该文件最后插入一行，写入如下内容：
export HADOOP_HOME=/usr/local/src/hadoop
export PATH=$PATH:$HADOOP_HOME/bin
export PATH=$PATH:$HADOOP_HOME/sbin
```

修改完成后保存并退出，如图 4-21 所示。

```
export JAVA_HOME=/usr/local/src/jdk
export PATH=$PATH:$JAVA_HOME/bin
export HADOOP_HOME=/usr/local/src/hadoop
export PATH=$PATH:$HADOOP_HOME/bin
export PATH=$PATH:$HADOOP_HOME/sbin
```

图 4-21　修改环境变量

刷新 3 台主机环境变量：

```
source /etc/profile
```

如图 4-22 所示。

```
[root@master src]# vi /etc/profile
[root@master src]# source /etc/profile
[root@master src]# ll
```

图 4-22　刷新环境变量

初始化 NameNode，如图 4-23 所示。

```
[root@master src]# hdfs namenode -format
22/03/08 19:59:26 INFO namenode.NameNode: STARTUP_MSG:
/************************************************************
STARTUP_MSG: Starting NameNode
STARTUP_MSG:   host = master/192.168.13.141
STARTUP_MSG:   args = [-format]
STARTUP_MSG:   version = 2.6.0
STARTUP_MSG:   classpath = /usr/local/src/hadoop/etc/hadoop:/usr/local/src/hadoop/share/hadoop/co
c/hadoop/share/hadoop/common/lib/jackson-core-asl-1.9.13.jar:/usr/local/src/hadoop/share/hadoop/c
```

图 4-23　初始化 NameNode

启动 HDFS，如图 4-24 所示。

```
[root@master src]# start-dfs.sh
Starting namenodes on [master]
master: starting namenode, logging to /usr/local/src/hadoop/logs/hadoop-root-namenode-master.out
slave01: starting datanode, logging to /usr/local/src/hadoop/logs/hadoop-root-datanode-slave01.out
slave02: starting datanode, logging to /usr/local/src/hadoop/logs/hadoop-root-datanode-slave02.out
master: starting datanode, logging to /usr/local/src/hadoop/logs/hadoop-root-datanode-master.out
Starting secondary namenodes [slave01]
slave01: starting secondarynamenode, logging to /usr/local/src/hadoop/logs/hadoop-root-secondarynamenode-slave01.out
```

图 4-24　启动 HDFS

查看进程，如图 4-25 所示。

```
[root@master data]# jps
9936 QuorumPeerMain
13498 DataNode
13406 NameNode
13710 Jps
```

```
[root@slave01 data]# jps
11174 SecondaryNameNode
11082 DataNode
9787 QuorumPeerMain
11214 Jps
```

```
[root@slave02 data]# jps
10744 DataNode
10811 Jps
9791 QuorumPeerMain
```

图 4-25　查看进程

3. 搭建 HDFS 的注意事项

（1）防火墙需要处于关闭状态。

（2）3 台机器需要 SSH 免密。

（3）配置环境变量需要刷新环境变量。

（4）需要对 NameNode 进行初始化。

4.1.6　Hadoop 组件 HDFS 的配置——任务训练

任务名称	Hadoop 组件 HDFS 的配置	学时	1	页码	
学生姓名		学号		班级	
任务时间		地点	理实一体化教室	日期	
任务分组					
任务目的					

- **任务描述**

搭建 HDFS。

- **任务实施**

任务实施步骤

（续表）

• 任务评价

<table>
<tr><td rowspan="2">任务评价
评价指标</td><td rowspan="2">评价内容</td><td rowspan="2">分值</td><td colspan="3">评价分数</td></tr>
<tr><td>自评</td><td>组内互评</td><td>教师评价</td></tr>
<tr><td rowspan="3">职业素养
（40％）</td><td>信息检索能力</td><td>10</td><td></td><td></td><td></td></tr>
<tr><td>参与状态</td><td>10</td><td></td><td></td><td></td></tr>
<tr><td>团队合作、纪律</td><td>20</td><td></td><td></td><td></td></tr>
<tr><td rowspan="4">专业能力
（60％）</td><td>专业知识掌握</td><td>20</td><td></td><td></td><td></td></tr>
<tr><td>操作规范性</td><td>15</td><td></td><td></td><td></td></tr>
<tr><td>操作熟练度</td><td>15</td><td></td><td></td><td></td></tr>
<tr><td>完成质量</td><td>10</td><td></td><td></td><td></td></tr>
<tr><td>总评</td><td>自评（20％）＋
互评（20％）＋
师评（60％）</td><td>总分</td><td></td><td>指导教师
（签名）：</td><td></td></tr>
</table>

4.1.7　Hadoop 组件 YARN 的配置

励志微语　发愤忘食，乐以忘忧，不知老之将至云尔。

任务目标

- 学习 YARN 的配置。
- 配置 YARN 组件。

Hadoop组件YARN的配置

知识链接

1. YARN 的概念

Apache Hadoop YARN(Yet Another Resource Negotiator，另一种资源协调者)是一种新的 Hadoop 资源管理器，是一个通用资源管理系统和调度平台，可为上层应用提供统一的资源管理和调度，其引入为集群在利用率、资源统一管理和数据共享等方面带来了巨大好处。

可以把 YARN 理解为一个分布式的操作系统平台。YARN 并不清楚用户提交的程序的运行机制，YARN 只提供运算资源的调度(用户程序向 YARN 申请资源，YARN 就负责分配资源)，YARN 中的主管角色叫 ResourceManager，YARN 中具体提供运算资源的角色叫 NodeManager，YARN 与运行的用户程序完全解耦，意味着 YARN 上可以运行各种类型的分布式运算程序，如 mapreduce、storm、spark、tez、spark、storm 等运算框架都可以整合在 YARN 上运行，只要它们各自的框架中有符合 YARN 规范的资源请求机制即可。YARN 成为一个通用的资源调度平台，企业中以前存在的各种运算集群都可以整合在一个物理集群上，提高资源利用率，方便数据共享。

2. YARN 的部署

(1)修改 yarn-env. sh 文件

```
vi /usr/local/src/hadoop/etc/hadoop/yarn-env. sh# 修改该文件中的第 23 行
```

修改为：

```
export JAVA_HOME=/usr/local/src/jdk。
```

修改完成后保存并退出，如图 4-26 所示。

图 4-26　修改 yarn-env. sh 文件

(2)修改 Hadoop 中的 mapred-site. xml 文件

修改文件名：

```
mv /usr/local/src/hadoop/etc/hadoop/mapred-site.xml.template /usr/local/src/hadoop/etc/hadoop/mapred-site.xml
```

修改文件：

```
vi /usr/local/src/hadoop/etc/hadoop/mapred-site.xml
```

在<configuration>和</configuration>中间插入一行,写入如下内容：

```
<!--指定 mapreduce 的运行框架-->
<property>
<name>mapreduce.framework.name</name>
<value>yarn</value>
</property>
<!--设置历史任务的主机和端口-->
<property>
    <name>mapreduce.jobhistory.address</name>
    <value>master:10020</value>
</property>
<!--设置网页访问历史任务的主机和端口-->
<property>
    <name>mapreduce.jobhistory.webapp.address</name>
    <value>master:19888</value>
</property>
```

如图 4-27 所示。

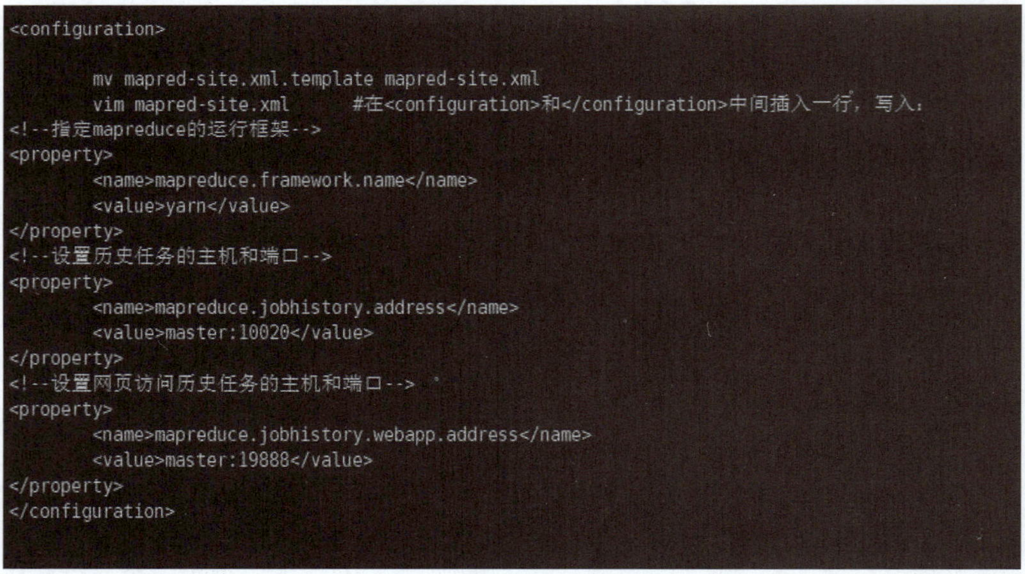

```
<configuration>

        mv mapred-site.xml.template mapred-site.xml
        vim mapred-site.xml       #在<configuration>和</configuration>中间插入一行, 写入:
<!--指定mapreduce的运行框架-->
<property>
        <name>mapreduce.framework.name</name>
        <value>yarn</value>
</property>
<!--设置历史任务的主机和端口-->
<property>
        <name>mapreduce.jobhistory.address</name>
        <value>master:10020</value>
</property>
<!--设置网页访问历史任务的主机和端口-->
<property>
        <name>mapreduce.jobhistory.webapp.address</name>
        <value>master:19888</value>
</property>
</configuration>
```

图 4-27　mapred-site. xml 文件

(3)修改 yarn-site. xml

```
vi /usr/local/src/hadoop/etc/hadoop/yarn-site.xml
```

在<configuration>和</configuration>中间插入一行,写入如下内容：

```
<!--指定 mapreduce 的 shuffle 过程-->
<property>
    <name>yarn.nodemanager.aux-services</name>
    <value>mapreduce_shuffle</value>
</property>
<!--配置 yarn 主节点的位置-->
<property>
    <name>yarn.resourcemanager.hostname</name>
    <value>master</value>
</property>
<!--开启日志聚合的功能-->
<property>
    <name>yarn.log-aggregation-enable</name>
    <value>true</value>
</property>
```

修改完成后保存并退出，如图 4-28 所示。

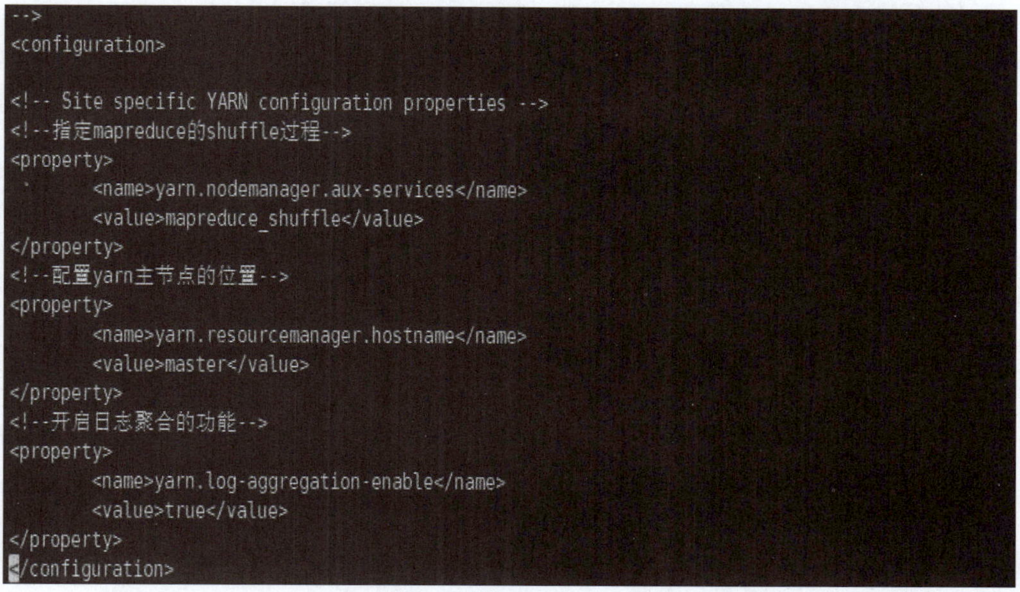

```
-->
<configuration>

<!-- Site specific YARN configuration properties -->
<!--指定mapreduce的shuffle过程-->
<property>
        <name>yarn.nodemanager.aux-services</name>
        <value>mapreduce_shuffle</value>
</property>
<!--配置yarn主节点的位置-->
<property>
        <name>yarn.resourcemanager.hostname</name>
        <value>master</value>
</property>
<!--开启日志聚合的功能-->
<property>
        <name>yarn.log-aggregation-enable</name>
        <value>true</value>
</property>
</configuration>
```

图 4-28　修改 yarn-site.xml

(4)启动 YARN，如图 4-29 所示。

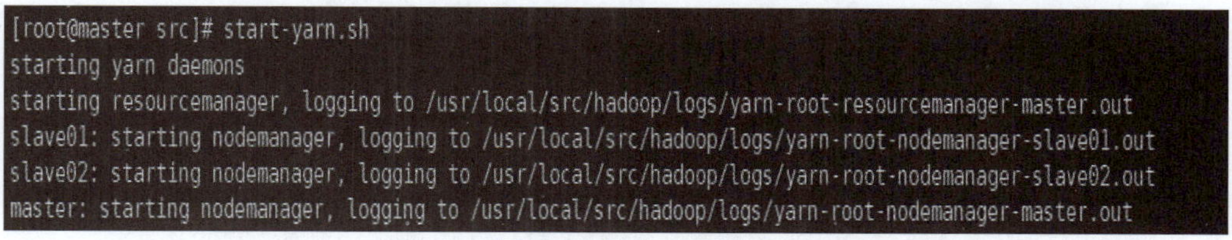

```
[root@master src]# start-yarn.sh
starting yarn daemons
starting resourcemanager, logging to /usr/local/src/hadoop/logs/yarn-root-resourcemanager-master.out
slave01: starting nodemanager, logging to /usr/local/src/hadoop/logs/yarn-root-nodemanager-slave01.out
slave02: starting nodemanager, logging to /usr/local/src/hadoop/logs/yarn-root-nodemanager-slave02.out
master: starting nodemanager, logging to /usr/local/src/hadoop/logs/yarn-root-nodemanager-master.out
```

图 4-29　启动 YARN

(5)查看进程，如图 4-30 所示。

```
[root@master src]# jps
9936 QuorumPeerMain
14225 Jps
13498 DataNode
13931 NodeManager
13406 NameNode
13822 ResourceManager
[root@master src]# ll
```

```
[root@slave01 ~]# jps
11174 SecondaryNameNode
11430 NodeManager
11082 DataNode
9787 QuorumPeerMain
11549 Jps
[root@slave01 ~]# ll
```

```
[root@slave02 ~]# jps
11091 Jps
10744 DataNode
10973 NodeManager
9791 QuorumPeerMain
```

图 4-30　查看进程

4.1.8　Hadoop 组件 YARN 的配置——任务训练

任务名称	Hadoop 组件 YARN 的配置	学时	1	页码	
学生姓名		学号		班级	
任务时间		地点	理实一体化教室	日期	
任务分组					
任务目的					

- **任务描述**

搭建 YARN。

- **任务实施**

任务实施步骤

（续表）

- 任务评价

任务评价 评价指标	评价内容	分值	评价分数		
			自评	组内互评	教师评价
职业素养 （40%）	信息检索能力	10			
	参与状态	10			
	团队合作、纪律	20			
专业能力 （60%）	专业知识掌握	20			
	操作规范性	15			
	操作熟练度	15			
	完成质量	10			
总评	自评（20%）+ 互评（20%）+ 师评（60%）	总分		指导教师 （签名）：	

任务 4.2　Hive 组件及搭建步骤

思政课堂(趣学领航)

数字化赋能国家治理是时代潮流

当前，互联网、大数据、云计算、人工智能、区块链等技术不断发展，深刻改变人们的生产生活方式，也对国家治理产生重大影响。党的二十大报告作出加快建设数字中国的重要部署。将数字技术广泛应用于国家治理，是建设数字中国的应有之义和必然要求，对推进国家治理体系和治理能力现代化具有重要意义。

党的二十大报告作出加快建设数字中国的重要部署。建设数字中国是数字时代推进中国式现代化的重要引擎，是构筑国家竞争新优势的有力支撑。今年印发的《数字中国建设整体布局规划》提出："以数字化驱动生产生活和治理方式变革，为以中国式现代化全面推进中华民族伟大复兴注入强大动力。"将数字技术广泛应用于国家治理，是建设数字中国的应有之义和必然要求，对推进国家治理体系和治理能力现代化具有重要意义。我们要深刻认识数字化给国家治理带来的机遇，把握数字化赋能国家治理的主要方面，创新治理理念和方式，推动治理流程再造和模式优化，不断提升国家治理效能。

习近平总书记指出："当今时代，数字技术作为世界科技革命和产业变革的先导力量，日益融入经济社会发展各领域全过程，深刻改变着生产方式、生活方式和社会治理方式。"随着互联网、大数据、云计算、人工智能、区块链等有关数据采集、存储、分析、应用的关键技术不断发展，全球数字化进程在 21 世纪进一步提速，正在深刻改变国家治理的理念、规则、制度与方式。以数字化推动国家治理体系完善和治理能力提升，是抓住数字化时代机遇，适应社会生产生活方式和治理方式变革，推进国家治理现代化的必然选择。

4.2.1　Hive 组件及搭建步骤

励志微语　生命之灯因热情而点燃，生命之舟因拼搏而前行。

任务目标

- 理解 Hive 概述。
- 掌握 Hive 的组件。
- 掌握 Hive 的搭建步骤。

Hive组件及搭建步骤

知识链接

1. 理解 Hive 概述

Hive 是基于 Hadoop 的一个数据仓库工具，用来进行数据提取、转化和加载，这是一种可以存储、查询和分析存储在 Hadoop 中的大规模数据的机制。Hive 数据仓库工具能将结构化的数据文件映射为一张数据库表，并提供 SQL 查询功能，能将 SQL 语句转变成 MapReduce 任务来执行。

Hive 的优点是学习成本低，可以通过类似 SQL 语句实现快速 MapReduce 统计，使 MapReduce 变得更加简单，而不必开发专门的 MapReduce 应用程序。而且，Hive 十分适合数据仓库的统计分析。

2. 掌握 Hive 的组件

（1）用户接口：包括 CLI、JDBC/ODBC 和 WebGUI。其中，CLI（command line interface）为 shell 命令行；JDBC/ODBC 是 Hive 的 Java 实现，与传统数据库 JDBC 类似；WebGUI 是通过浏览器访问 Hive。

（2）元数据存储：通常是存储在关系数据库（如 MySQL/Derby 等）中。Hive 将元数据存储在数据库中。Hive 中的元数据包括表的名字、表的列和分区及其属性、表的属性（是否为外部表等）、表的数据所在目录等。

（3）解释器、编译器、优化器、执行器：完成 HQL 查询语句从词法分析、语法分析、编译、优化以及查询计划的生成。生成的查询计划存储在 HDFS 中，并在随后由 MapReduce 调用执行。

3. 掌握 Hive 的搭建步骤

前提：Hadoop 已部署。

（1）清理环境，删除自带环境。

（2）查询自带 mariadb 和 MySQL。

```
rpm -qa | grep -i mariadb
rpm -qa | grep -i mysql
```

（3）使用 yum remove xxx 来删除查询出来的配置：

```
yum remove mariadb-libs-5.5.60-1.el7_5.x86_64
```

运行结果如图 4-31 所示。

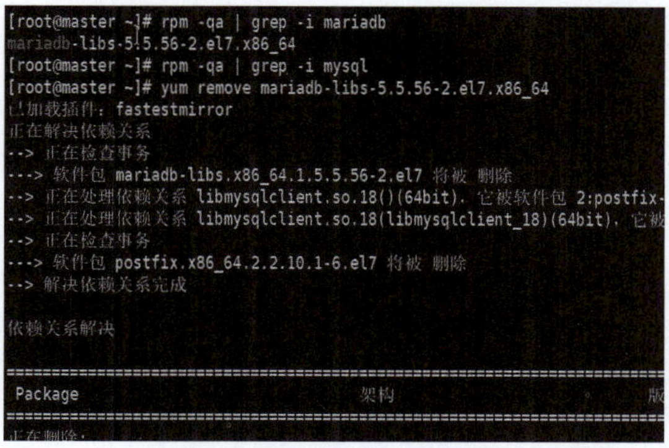

图 4-31　清除自带环境

4.2.2 Hive 组件及搭建步骤——任务训练

任务名称	Hive 组件及搭建步骤	学时	1	页码	
学生姓名		学号		班级	
任务时间		地点	理实一体化教室	日期	
任务分组					
任务目的					

- **任务描述**

  1. 什么是 Hive。

  2. Hive 有什么特点？

- **任务实施**

  任务实施步骤

（续表）

• 任务评价

任务评价评价指标	评价内容	分值	评价分数		
			自评	组内互评	教师评价
职业素养（40%）	信息检索能力	10			
	参与状态	10			
	团队合作、纪律	20			
专业能力（60%）	专业知识掌握	20			
	操作规范性	15			
	操作熟练度	15			
	完成质量	10			
总评	自评（20%）+互评（20%）+师评（60%）	总分		指导教师（签名）：	

4.2.3 Hive 搭建之 MySQL 安装

励志微语

努力学习是一种态度和精神，只有在学习中才能不断突破自己的局限，实现自己的价值和梦想。

任务目标

- 理解什么是 MySQL。
- 理解 Hive 搭建之 MySQL 的安装。

Hive搭建之MySQL安装

知识链接

1. 什么是 MySQL

通常意义上，数据库也就是数据的集合，具体到计算机上数据库可以是存储器上一些文件的集合或者一些内存数据的集合。

我们通常说的 MySQL 数据库及 SQL Server 数据库等其实是数据库管理系统，它们可以存储数据，并提供查询和更新数据库中的数据等功能。根据数据库如何存储数据和如何操作数据的实现机制不同，这些数据库之间既有区别又有共同点。

MySQL 数据库是开放源代码的关系型数据库。目前，它可以提供的功能有：支持 SQL 语言、子查询、存储过程、触发器、视图、索引、事务、锁、外键约束和影像复制等。在后期，本书会详细讲解这些功能。

同 Oracle 和 SQL Server 等大型数据库系统一样，MySQL 也是客户/服务器系统并且是单进程多线程架构的数据库。

MySQL 区别于其他数据库系统的一个重要特点是支持插入式存储引擎。

2. 理解 Hive 搭建之 MySQL 安装

（1）先用 xftp 传送这四个文件

MySQL 安装配置：

```
rpm -ivh mysql-community-common-5.7.30-1.el7.x86_64.rpm
rpm -ivh mysql-community-libs-5.7.30-1.el7.x86_64.rpm
rpm -ivh mysql-community-client-5.7.30-1.el7.x86_64.rpm
rpm -ivh mysql-community-server-5.7.30-1.el7.x86_64.rpm  --force --nodeps
```

如无法安装 Server，则后面加入“--force --nodeps”，如图 4-32 所示。

（2）启动 MySQL

命令：

```
systemctl start mysqld
```

获取 MySQL 默认密码：

```
cd /var/log
grep 'password' ./mysqld.log
```

密码为空格之后的 ttZxVN/l=4hw，用默认密码登录 MySQL。

修改 MySQL 密码：

```
set password=password('@xHs123xhs');
```

运行结果如图 4-33 所示。

```
[root@master ~]# rpm -ivh mysql-community-common-5.7.30-1.el7.x86_64.rpm
警告：mysql-community-common-5.7.30-1.el7.x86_64.rpm: 头V3 DSA/SHA1 Signature, 密钥
准备中...                          ################################# [100%]
正在升级/安装...
   1:mysql-community-common-5.7.30-1.e################################# [100%]
[root@master ~]# rpm -ivh mysql-community-libs-5.7.30-1.el7.x86_64.rpm
警告：mysql-community-libs-5.7.30-1.el7.x86_64.rpm: 头V3 DSA/SHA1 Signature, 密钥
准备中...                          ################################# [100%]
正在升级/安装...
   1:mysql-community-libs-5.7.30-1.el7################################# [100%]
[root@master ~]# rpm -ivh mysql-community-client-5.7.28-1.el7.x86_64.rpm
警告：mysql-community-client-5.7.28-1.el7.x86_64.rpm: 头V3 DSA/SHA1 Signature, 密钥
准备中...                          ################################# [100%]
正在升级/安装...
   1:mysql-community-client-5.7.28-1.e################################# [100%]
[root@master ~]# rpm -ivh mysql-community-server-5.7.28-1.el7.x86_64.rpm  --force
警告：mysql-community-server-5.7.28-1.el7.x86_64.rpm: 头V3 DSA/SHA1 Signature, 密钥
准备中...                          ################################# [100%]
正在升级/安装...
   1:mysql-community-server-5.7.28-1.e################################# [100%]
```

图 4-32　MySQL 安装配置

```
Type 'help;' or '\h' for help. Type '\c' to clear the current input statement.

mysql> set password=password('@xHs123xhs');
```

图 4-33　修改 MySQL 密码

修改完退出，用自己的密码登录 MySQL。

（3）删除默认数据库“mysql”的“user”表下的多余用户

```
use mysql;
select user,host from user;
delete from user where user='mysql.session';
delete from user where user='mysql.sys';
```

运行结果如图 4-34 所示。

```
Database changed
mysql> select user,host from user;
+---------------+-----------+
| user          | host      |
+---------------+-----------+
| mysql.session | localhost |
| mysql.sys     | localhost |
| root          | localhost |
+---------------+-----------+
3 rows in set (0.00 sec)

mysql> delete from user where user='mysql.session';
Query OK, 1 row affected (0.01 sec)

mysql> delete from user where user='mysql.sys';
Query OK, 1 row affected (0.00 sec)
```

图 4-34　删除多余用户

（4）开启数据库所有主机都可登录

```
update user set host=('%') where user='root';
```

权限刷新：

```
flush privileges;
```

运行结果如图 4-35 所示。

```
mysql> update user set host=('%') where user='root';
Query OK, 1 row affected (0.00 sec)
Rows matched: 1  Changed: 1  Warnings: 0

mysql> flush privileges;
Query OK, 0 rows affected (0.00 sec)
```

图 4-35　开启数据库所有主机都可登录

4.2.4 Hive 搭建之 MySQL 安装——任务训练

任务名称	Hive 搭建之 MySQL 安装	学时	1	页码	
学生姓名		学号		班级	
任务时间		地点	理实一体化教室	日期	
任务分组					
任务目的					

- **任务描述**

1. 上传 MySQL 文件并安装配置。
2. 启动服务，修改密码。
3. 删除默认数据库“mysql”的“user 表”下的多余用户。
4. 开启数据库，让所有主机都可以登录。

- **任务实施**

任务实施步骤

（续表）

• 任务评价

<table>
<tr><td rowspan="2">任务评价
评价指标</td><td rowspan="2">评价内容</td><td rowspan="2">分值</td><td colspan="3">评价分数</td></tr>
<tr><td>自评</td><td>组内互评</td><td>教师评价</td></tr>
<tr><td rowspan="3">职业素养
（40%）</td><td>信息检索能力</td><td>10</td><td></td><td></td><td></td></tr>
<tr><td>参与状态</td><td>10</td><td></td><td></td><td></td></tr>
<tr><td>团队合作、纪律</td><td>20</td><td></td><td></td><td></td></tr>
<tr><td rowspan="4">专业能力
（60%）</td><td>专业知识掌握</td><td>20</td><td></td><td></td><td></td></tr>
<tr><td>操作规范性</td><td>15</td><td></td><td></td><td></td></tr>
<tr><td>操作熟练度</td><td>15</td><td></td><td></td><td></td></tr>
<tr><td>完成质量</td><td>10</td><td></td><td></td><td></td></tr>
<tr><td>总评</td><td>自评（20%）＋
互评（20%）＋
师评（60%）</td><td>总分</td><td></td><td>指导教师
（签名）：</td><td></td></tr>
</table>

4.2.5 Hive 组件配置

励志微语

在困难面前，不要害怕挑战，要像太阳一样，用光芒照亮前行的路。

任务目标

- 掌握 Hive 各组件配置。

Hive组件配置

知识链接

1. 上传、解压压缩包

```
mysql-connector-java-5.1.46.jar
apache-hive-1.2.1-bin.tar.gz
tar -zxvf apache-hive-1.2.1-bin.tar.gz -C /usr/local/src
```

2. 添加环境变量(vi /etc/profile)

```
export HIVE_HOME=/usr/local/src/hive
export PATH=$PATH:$HIVE_HOME/bin
```

改完环境变量一定要 source /etc/profile 更新，如图 4-36 所示。

```
export HIVE_HOME=/usr/local/src/hive
export PATH=$PATH:$HIVE_HOME/bin
```

图 4-36　使用 source 更新环境变量

3. 配置 hive-site.xml 文件

(1)方法一

修改文件名，如图 4-37 所示。

```
[root@master ~]# cd /usr/local/src
[root@master src]# ll
总用量 0
drwxr-xr-x.  8 root  root   159 3月   9 09:27 apache-hive-1.2.1-bin
drwxr-xr-x. 12 20000 20000  184 3月   8 23:15 hadoop
drwxr-xr-x.  7    10    143 245 12月 16 2018 jdk
[root@master src]# mv apache-hive-1.2.1-bin hive
[root@master src]# ll
总用量 0
drwxr-xr-x. 12 20000 20000  184 3月   8 23:15 hadoop
drwxr-xr-x.  8 root  root   159 3月   9 09:27 hive
drwxr-xr-x.  7    10    143 245 12月 16 2018 jdk
```

图 4-37　修改文件名

修改配置文件名称：

首先进入 conf 文件(cd /usr/local/src/hive/conf)，将 ${HIVE_HOME}/conf/hive-default.xml.template 文件重命名为 hive-site.xml，如图 4-38 所示。

```
mv hive-default.xml.template hive-site.xml
```

配置 hive-site.xml：

进入 hive-site.xml 文件进行修改配置，使用"/"查找需要修改的配置，如图 4-39 所示。

```
[root@master ~]# cd /usr/local/src/hive/conf
[root@master conf]# mv hive-default.xml.template hive-site.xml
[root@master conf]# ll
总用量 188
-rw-rw-r--. 1 root root   1139 4月  30 2015 beeline-log4j.properties.template
-rw-rw-r--. 1 root root   2378 4月  30 2015 hive-env.sh.template
-rw-rw-r--. 1 root root   2662 4月  30 2015 hive-exec-log4j.properties.template
-rw-rw-r--. 1 root root   3050 4月  30 2015 hive-log4j.properties.template
-rw-rw-r--. 1 root root 168431 6月  19 2015 hive-site.xml
-rw-rw-r--. 1 root root   1593 4月  30 2015 ivysettings.xml
[root@master conf]#
[root@master conf]#
```

图 4-38　修改配置文件名称

```
<?xml version="1.0" encoding="UTF-8" standalone="no"?>
<?xml-stylesheet type="text/xsl" href="configuration.xsl"?><!--
   Licensed to the Apache Software Foundation (ASF) under one or more
   contributor license agreements.  See the NOTICE file distributed with
   this work for additional information regarding copyright ownership.
   The ASF licenses this file to You under the Apache License, Version 2.0
   (the "License"); you may not use this file except in compliance with
   the License.  You may obtain a copy of the License at

       http://www.apache.org/licenses/LICENSE-2.0

   Unless required by applicable law or agreed to in writing, software
   distributed under the License is distributed on an "AS IS" BASIS,
   WITHOUT WARRANTIES OR CONDITIONS OF ANY KIND, either express or implied.
   See the License for the specific language governing permissions and
   limitations under the License.
--><configuration>
  <!-- WARNING!!! This file is auto generated for documentation purposes ONLY! -->
  <!-- WARNING!!! Any changes you make to this file will be ignored by Hive.   -->
  <!-- WARNING!!! You must make your changes in hive-site.xml instead.         -->
  <!-- Hive Execution Parameters -->
  <property>
```

图 4-39　配置 hive-site. xml

查找 system:java. io. tmpdir 字符串(共四个,分别在 52、56、1182、2721 行),删除查找出来的＜values＞的上级标签＜property＞所包含的所有标签。

继续查找如下字符串(①-④),在查找出来的结果字符串的下面的＜value＞标签内写入对应的配置。

①javax. jdo. option. ConnectionURL

```
jdbc:mysql://master:3306/hive?createDatabaseIfNotExist=true&amp;useSSL=false
##配置 java 连接 jdbc 链接
```

②javax. jdo. option. ConnectionDriverName

```
com. mysql. jdbc. Driver
##配置连接数据库的驱动
```

③javax. jdo. option. ConnectionUserName

```
root
##配置数据库用户名
```

④javax. jdo. option. ConnectionPassword

```
@xHs123xhs
##配置数据库密码
```

修改完后保存退出。

初始化 Hive:

schematool -dbType mysql -initSchema,如图 4-40 所示。

```
[root@master conf]# vi hive-site.xml
[root@master conf]# schematool -dbType mysql -initSchema
Metastore connection URL:        jdbc:mysql://master:3306/hive?createDatabaseIfNotExist
Metastore Connection Driver :    com.mysql.jdbc.Driver
Metastore connection User:       root
org.apache.hadoop.hive.metastore.HiveMetaException: Failed to load driver
*** schemaTool failed ***
```

图 4-40　初始化 Hive

将上传的 MySQL 的 jar 放入 Hive 的 lib 目录下：

```
cp~/mysql-connector-java-5.1.46.jar /usr/local/src/hive/lib/
```

将 Hive 下的 lib 目录下的 jline-2.12.jar 文件 cp 到/usr/local/src/hadoop/share/hadoop/yarn/lib 目录下：

```
cp /usr/local/src/hive/lib/jline-2.12.jar /usr/local/src/hadoop/share/hadoop/yarn/lib
```

将/usr/local/src/hadoop/share/hadoop/yarn/lib/下的 jline-0.9.94.jar 删除：

```
rm -f /usr/local/src/hadoop/share/hadoop/yarn/lib/jline-0.9.94.jar
```

进入 bin 目录下：

```
cd /usr/local/src/hive/bin
```

启动 Hive，启动结果如图 4-41 所示。

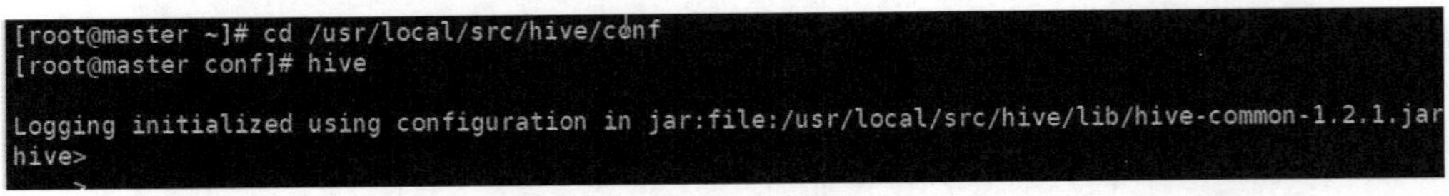

图 4-41　Hive 启动结果

(2)方法二

在 Hive 的 conf 目录下创建名为 hive-site.xml 的文件，并添加以下内容：

```
<configuration>
<!--Java 连接 jdbc 链接-->
<property>
    <name>javax.jdo.option.ConnectionURL</name>
    <value>
jdbc:mysql://master:3306/hive?createDatabaseIfNotExist=true&amp;useSSL=false
</value>
</property>
<!--连接数据库的驱动-->
<property>
    <name>javax.jdo.option.ConnectionDriverName</name>
    <value>com.mysql.jdbc.Driver</value>
</property>
<!--数据库用户名-->
<property>
    <name>javax.jdo.option.ConnectionUserName</name>
    <value>root</value>
</property>
<!--数据库密码-->
<property>
    <name>javax.jdo.option.ConnectionPassword</name>
    <value>root</value>
</property>
</configuration>
```

将上传的 MySQL 的 jar 放入 Hive 的 lib 目录下：

```
cp~/mysql-connector-java-5.1.46.jar /usr/local/src/hive/lib/
```

将 Hive 下的 lib 目录下的 jline-2.12.jar 文件 cp 到/usr/local/src/hadoop/share/hadoop/yarn/lib 目录下：

```
cp /usr/local/src/hive/lib/jline-2.12.jar /usr/local/src/hadoop/share/hadoop/yarn/lib
```

将/usr/local/src/hadoop/share/hadoop/yarn/lib/下的 jline-0.9.94.jar 删除：

```
rm -f /usr/local/src/hadoop/share/hadoop/yarn/lib/jline-0.9.94.jar
```

先启动 Hadoop 和 MySQL，再启动 Hive：

```
hive --service metastore &
```

当 Hadoop 处于安全模式状态时，Hive 启动会有问题：

```
bin/hdfs dfsadmin -safemode enter 进入安全模式
bin/hdfs dfsadmin -safemode get 获取模式状态
bin/hdfs dfsadmin -safemode leave 强制离开安全模式
```

4.2.6 Hive 组件配置——任务训练

任务名称	Hive 组件配置	学时	1	页码	
学生姓名		学号		班级	
任务时间		地点	理实一体化教室	日期	
任务分组					
任务目的					

- **任务描述**

Hive 组件搭建配置。

- **任务实施**

任务实施步骤

（续表）

• 任务评价

<table>
<tr><td rowspan="2">任务评价
评价指标</td><td rowspan="2">评价内容</td><td rowspan="2">分值</td><td colspan="3">评价分数</td></tr>
<tr><td>自评</td><td>组内互评</td><td>教师评价</td></tr>
<tr><td rowspan="3">职业素养
（40%）</td><td>信息检索能力</td><td>10</td><td></td><td></td><td></td></tr>
<tr><td>参与状态</td><td>10</td><td></td><td></td><td></td></tr>
<tr><td>团队合作、纪律</td><td>20</td><td></td><td></td><td></td></tr>
<tr><td rowspan="4">专业能力
（60%）</td><td>专业知识掌握</td><td>20</td><td></td><td></td><td></td></tr>
<tr><td>操作规范性</td><td>15</td><td></td><td></td><td></td></tr>
<tr><td>操作熟练度</td><td>15</td><td></td><td></td><td></td></tr>
<tr><td>完成质量</td><td>10</td><td></td><td></td><td></td></tr>
<tr><td>总评</td><td>自评（20%）+
互评（20%）+
师评（60%）</td><td>总分</td><td></td><td>指导教师
（签名）：</td><td></td></tr>
</table>

项目 5　Spark 组件部署

思政课堂（趣学领航）

只要你愿意，随时都能重新开始

人非圣贤，孰能无过。即使一切能重来，我们可能还是会犯某些错，还是会后悔。心理学家阿德勒认为：人可以不断重新设定新的目标，在每个当下重新做选择。不管过去有什么遭遇都无所谓，未来我们想做什么事，想变成怎样的人，都可以从现在设定目标与步骤去达成。

美国前总统富兰克林，被美国人多次评为最佳总统。据他在自传中写道：为了改变缺失，他定下了 13 条德行目录，每个礼拜选择一条来改进，运用渐进的方式，一条一条来实施，13 条德行目录，一一反省、调整、改正，一年里循环四次，直至完全修正。

是的，我们的人生无法“再一次”，我们能做的就是好好把握“这一次”。虽然我们可能无法如同富兰克林一样那么快速地修正自己的心态及言行，但只要有心想改变，一定能找到适合自己的方式。虽然过去的人生无法再来一次，也改不了，但我们不该就注定如此。现在就抛开过去曾发生的失误，归零之后再出发，勇敢面对及接受新的观点与想法，无论你想要什么样的人生，有成就的、豁达的、快乐自在的……只要你愿意，人生每分每秒都能重启，都能拥有无限美好。

任务 5.1　Spark 组件及搭建步骤

励志微语　在青春的岁月里，我们没有理由不拼搏。

任务目标

- 掌握 Spark 集群安装搭建。

知识链接

5.1.1 Spark Standalone 集群模式部署

Spark Standalone 集群模式部署

1. Spark 概述

Spark 是专为大规模数据处理而设计的快速通用的计算引擎。Spark 计算框架和 MapReduce 计算框架的区别是什么？MapReduce 计算框架的出现是为了解决离线计算问题，而 Spark 计算框架的出现解决了实时计算的问题，Spare 计算架构如图 5-1 所示。

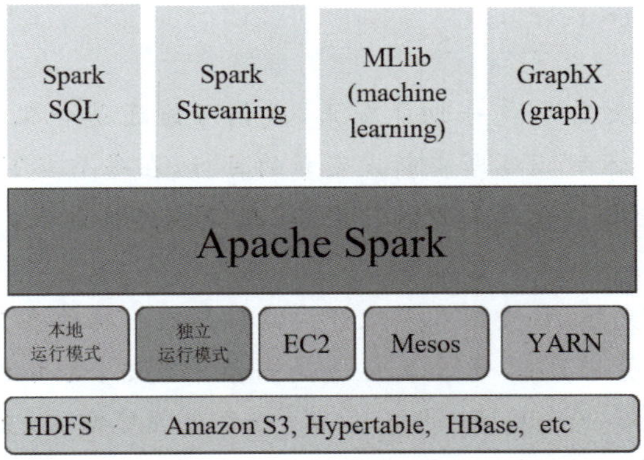

图 5-1　Spark 计算架构

（1）Spark 的定义

Spark 是基于内存计算的大数据并行计算框架。Spark 在某些工作负载方面表现得更加优越，可用来构建大型的、低延迟的数据分析应用程序。Spark 提供了一个全面、统一的框架用于管理各种有着不同性质（如文本数据、图表数据等）的数据集和数据源（批量数据或实时的流数据）的大数据处理的需求。

（2）Spark 的特点

①运行速度快

Spark 基于内存计算，速度要比磁盘计算快；Spark 框架内部有优化器，可以提高作业的执行效率。

②易用性

Spark 提供了 80 多个高级运算符，使用户可以快速构建不同的应用。

③支持多种资源管理器

Spark 支持 Hadoop YARN、Apache Mesos 及其自带的独立集群管理器，以及第三方库。

2. Spark Standalone 模式

简单模式或称独立模式，可以单独部署到一个集群，不依赖任何资源管理系统。

Standalone 模式需要将 Spark 复制到集群中的每个节点，然后分别启动每个节点即可。Spark Standalone 模式的集群由 Master 与 Worker 节点组成，程序通过与 Master 节点交互申请资源，Worker 节点启动 Executor 运行。

3. 集群规划

（1）准备 3 台虚拟机，节点分配见表 5-1。

表 5-1　　节点分配

节点	主机名
节点 1	master
节点 2	slave1
节点 3	slave2

（2）分别修改 3 台虚拟机主机名为 master、slave1、slave2。

使用 hostnamectl set-hostname ＋ “主机名”分别修改 3 台主机名，如图 5-2～图 5-4 所示。

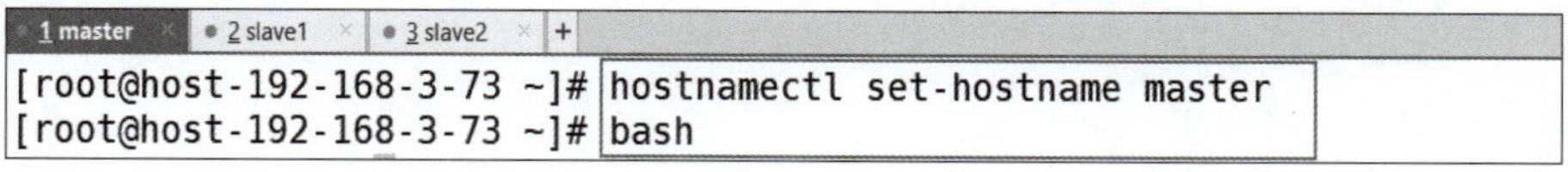

图 5-2　修改 master

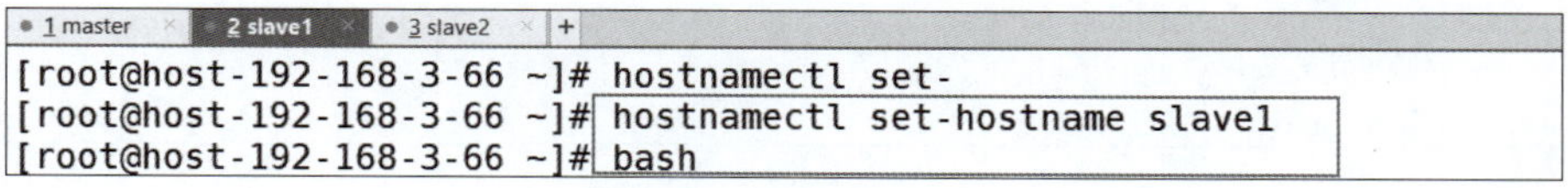

图 5-3　修改 slave1

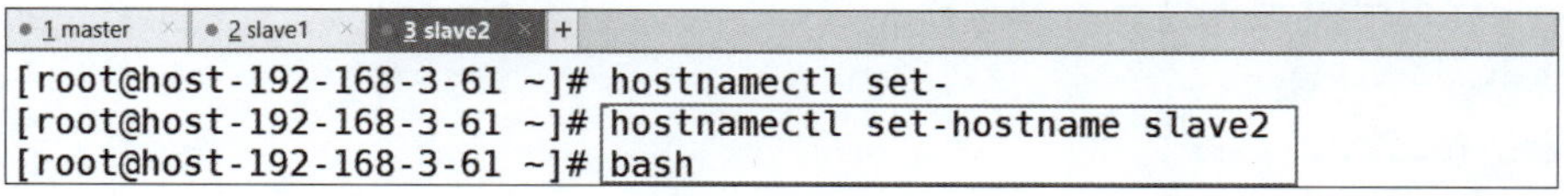

图 5-4　修改 slave2

（3）关闭防火墙，如图 5-5 所示。

```
systemctl stop firewalld        #使用命令将防火墙关闭
systemctl disable firewalld     #设置开机不自启
setenforce 0                    #关闭 SELinux 防火墙
```

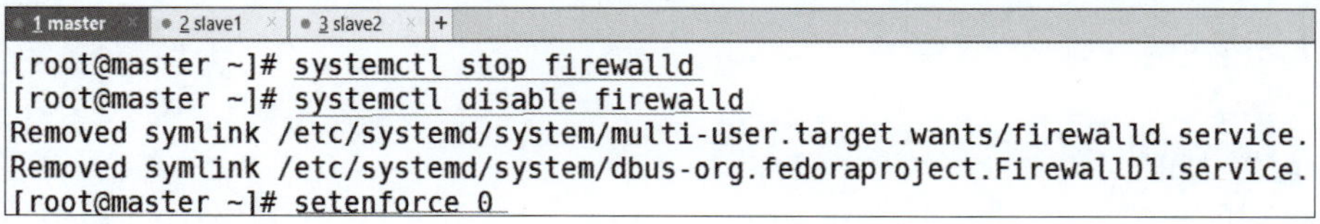

图 5-5　关闭防火墙

（4）配置主机映射

```
vi /etc/hosts
```

进入/etc/hosts 文件内，添加 IP 以及主机名(3 台虚拟机都需要)，如图 5-6 所示。

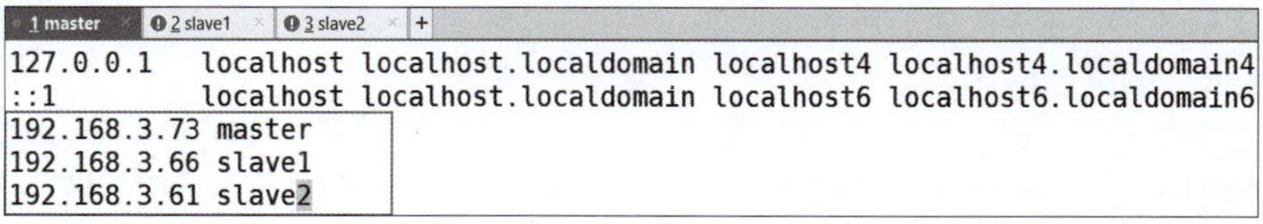

图 5-6　主机映射

(5)配置免密码登录

```
ssh-keygen -t rsa                    #输入后回车三下
```

①3 台虚拟机都需要进行生成密钥操作，如图 5-7 所示。

```
1 master    2 slave1    3 slave2    +
[root@master ~]# ssh-keygen -t rsa
Generating public/private rsa key pair.
Enter file in which to save the key (/root/.ssh/id_rsa):
Created directory '/root/.ssh'.
Enter passphrase (empty for no passphrase):
Enter same passphrase again:
Your identification has been saved in /root/.ssh/id_rsa.
Your public key has been saved in /root/.ssh/id_rsa.pub.
The key fingerprint is:
SHA256:GAXn8rLp+EWuVPwc5VKe5klP082bVN1E7TLOHQDw1Yg root@master
The key's randomart image is:
+---[RSA 2048]----+
|       ..o...o.o o|
|        +  .E.o o.|
|       o .  .o ...|
|        *   = .oo+|
|       o S o *o.+=|
|        B o * +o+o|
|       + o o o +.o|
|      + o       ..o|
|     ..+        o |
+----[SHA256]-----+
```

图 5-7　生成密钥

②3 台虚拟机分别进行密钥分发：

```
ssh-copy-id master
```

确定链接，输入 yes。

输入登录密码。

```
ssh-copy-idslave1
```

确定链接，输入 yes。

输入登录密码。

```
ssh-copy-idslave2
```

确定链接，输入 yes。

输入登录密码。

(6)配置 JDK 环境

①在主节点 master 上，找到 jdk 的 Jar 包进行解压至指定目录下，如图 5-8 所示。

-z：压缩和解压缩“tar. gz”。

-x：对 tar 包做解压包操作。

-v：显示解压包的具体过程。

-f：指定要解压的 tar 包的包名。

-C：指定解压包位置。

```
1 master    2 slave1    3 slave2    +
[root@master chinaskills]# tar -zxvf jdk-8u162-linux-x64.tar.gz -C /usr/local/src/
```

图 5-8　解压 jdk

②进入指定解压目录/usr/local/src 下，并对其重命名，如图 5-9 所示。

```
[root@master chinaskills]# cd /usr/local/src/
[root@master src]# mv jdk1.8.0_162/ jdk
```

图 5-9　重命名 jdk

③配置 jdk 环境变量，使其变量生效。

进入 /root/. bash_profile 文件下，如图 5-10 所示。

```
[root@master src]# vi /root/.bash_profile
```

图 5-10　进入/root/. bash_profile 文件下

进行如下添加配置，如图 5-11 所示。

```
PATH=$PATH:$HOME/bin

export PATH
export JAVA_HOME=/usr/local/src/jdk
export PATH=$PATH:$JAVA_HOME/bin
```

图 5-11　环境变量配置

④master 分发环境变量和 jdk 的 Jar 包给 slave1 和 slave2，如图 5-12 所示。

分发环境变量，使用 scp 命令将/root/. bash_profile 文件发送给两个从节点。

```
[root@master src]# scp -r /root/.bash_profile slave1:/root/
.bash_profile
[root@master src]# scp -r /root/.bash_profile slave2:/root/
.bash_profile
```

图 5-12　环境变量的分发

分发 jdk 的 Jar 包，使用 scp 命令将 jdk 分发给从节点中的指定目录/usr/local/src/下，如图 5-13 所示。

```
[root@master src]# scp -r jdk/ slave1:/usr/local/src/
```

```
[root@master src]# scp -r jdk/ slave2:/usr/local/src/
```

图 5-13　分发 jdk

使用命令让 3 台虚拟机环境变量生效，如图 5-14 所示。

```
source /root/. bash_profile    #3 台虚拟机都需要执行
```

```
[root@master src]# source /root/.bash_profile
```

图 5-14　3 台虚拟机环境变量生效

(7)将 Spark 包上传并解压到指定目录/usr/local/src/下，如图 5-15 所示。

```
[root@master chinaskills]# tar -zxvf spark-2.1.1-bin-hadoop2.7.tgz -C /usr/local/src/
```

图 5-15　解压 Spark 包

(8)对解压后的 Spark 包重命名，先进入解压目录中，对 Spark 的 Jar 包使用 mv 进行改名，改名是为了让 Jar 包简洁，更方便使用，如图 5-16 所示。

```
[root@master chinaskills]# cd /usr/local/src/
[root@master src]# mv spark-2.1.1-bin-hadoop2.7/ spark
```

图 5-16　Spark 重命名

(9)对 Spark 进行配置，找到文件 spark-env. sh. template 和 slaves. template，如图 5-17 所示。

```
[root@master src]# cd spark/conf/
[root@master conf]# ll
总用量 32
-rw-r--r--. 1 500 500  987 4月  26 2017 docker.properties.template
-rw-r--r--. 1 500 500 1105 4月  26 2017 fairscheduler.xml.template
-rw-r--r--. 1 500 500 2025 4月  26 2017 log4j.properties.template
-rw-r--r--. 1 500 500 7313 4月  26 2017 metrics.properties.template
-rw-r--r--. 1 500 500  865 4月  26 2017 slaves.template
-rw-r--r--. 1 500 500 1292 4月  26 2017 spark-defaults.conf.template
-rwxr-xr-x. 1 500 500 3960 4月  26 2017 spark-env.sh.template
```

图 5-17　指定文件

①对这两个文件进行重命名，结果如图 5-18 所示。

```
[root@master conf]# mv spark-env.sh.template spark-env.sh
[root@master conf]# mv slaves.template slaves
[root@master conf]# ll
总用量 32
-rw-r--r--. 1 500 500  987 4月  26 2017 docker.properties.template
-rw-r--r--. 1 500 500 1105 4月  26 2017 fairscheduler.xml.template
-rw-r--r--. 1 500 500 2025 4月  26 2017 log4j.properties.template
-rw-r--r--. 1 500 500 7313 4月  26 2017 metrics.properties.template
-rw-r--r--. 1 500 500  865 4月  26 2017 slaves
-rw-r--r--. 1 500 500 1292 4月  26 2017 spark-defaults.conf.template
-rwxr-xr-x. 1 500 500 3960 4月  26 2017 spark-env.sh
```

图 5-18　文件重命名

②对 spark-env. sh 文件进行配置。

```
vi spark-env. sh
```

在文件底部空白处添加如图 5-19 所示配置。

```
export JAVA_HOME=/usr/local/src/jdk
export SPARK_MASTER_HOST=master
export SPARK_MASTER_PORT=7077
```

图 5-19　添加配置

③对 slaves 文件进行配置。

```
vi slaves
```

进入 slaves 文件并添加两个从节点主机名，如图 5-20 所示。

```
# A Spark Worker will be started on each of the machines listed below.
slave1
slave2
```

图 5-20　节点配置

(10)分发 Spark,使两个从节点同步以上配置,如图 5-21 所示。

图 5-21　分发 Spark

(11)启动 Spark Standalone 集群,如图 5-22 所示。

①进入 Spark 目录下的 sbin 目录下执行。

②在 sbin 目录下执行:

启动集群　　　　　./start-all.sh

启动 worker　　　　./start-slave.sh

启动 master　　　　./start-master.sh

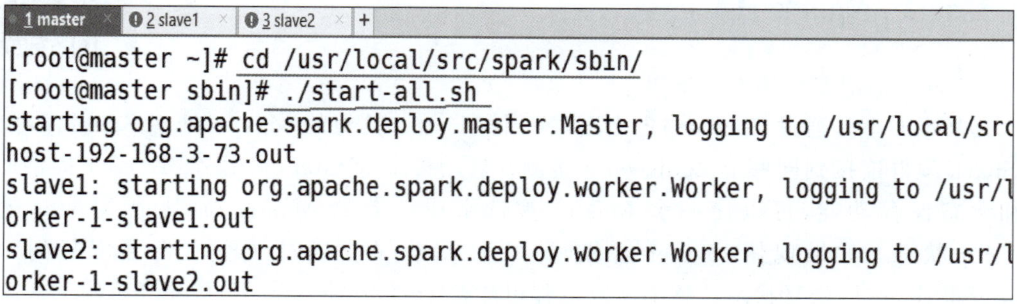

图 5-22　启动 Spark

③查看 Spark 启动进程,如果启动成功,主机点出现 Master 进程,从节点出现 Worker 进程,如图 5-23 所示。

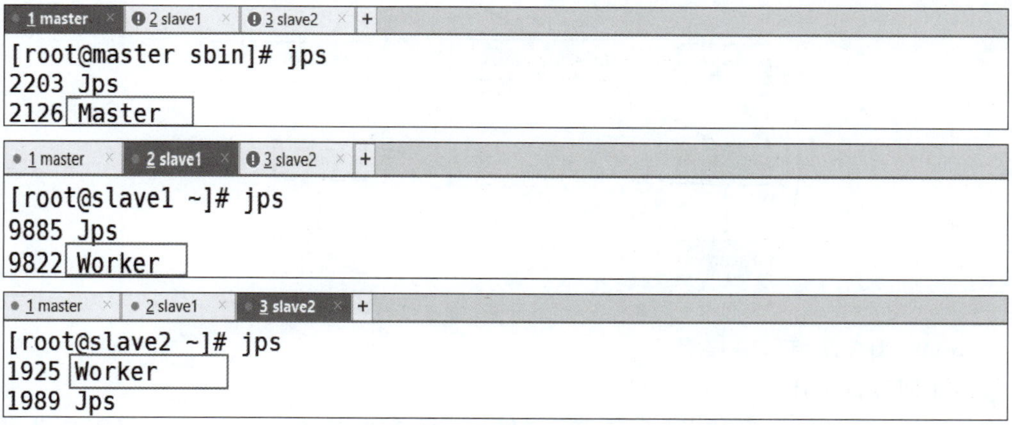

图 5-23　查看进程

④访问 Web 界面

使用主节点 IP 地址接端口号 8080 访问 WebUI,如图 5-24 所示。

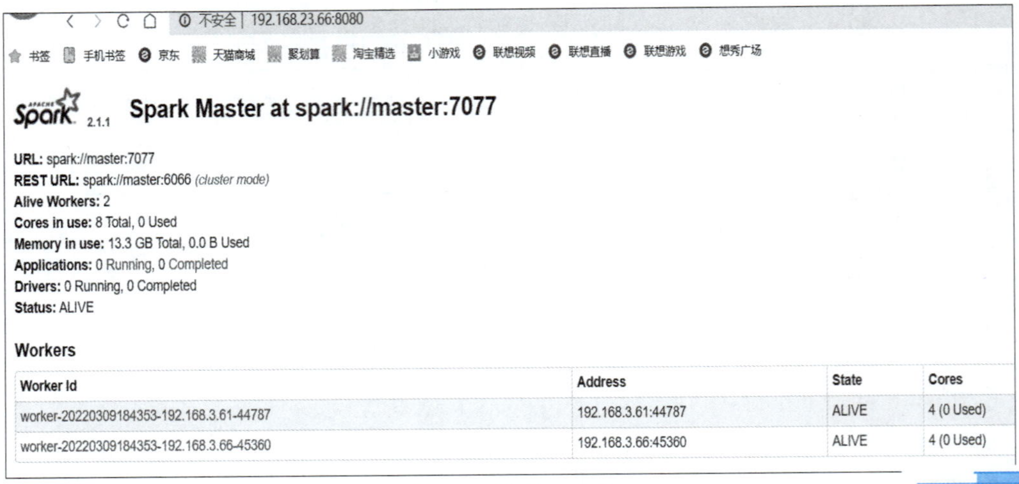

图 5-24　访问 WebUI

5.1.2　Spark HA 部署

Spark HA部署

1. Spark 构建高可用 HA 架构

其基本原理是通过 ZooKeeper 来选举一个 Master，其他的 Master 处于 Standby 状态。将 Spark 集群连接到同一个 ZooKeeper 实例并启动多个 Master，利用 ZooKeeper 提供的选举和状态保存功能，可以使一个 Master 被选举成活着的 Master，而其他 Master 处于 Standby 状态。如果现任 Master 宕机，另一个 Master 会通过选举产生并恢复到旧的 Master 状态，然后恢复状态。整个恢复过程可能要 1～2 分钟。Spark 构建高可用 HA 架构如图 5-25 所示。

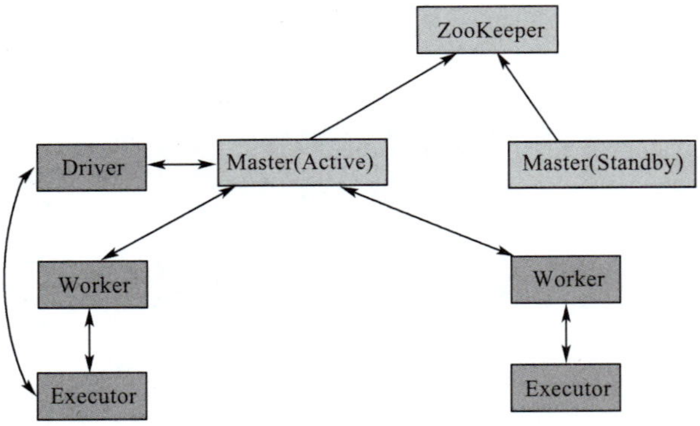

图 5-25　Spark 构建高可用 HA 架构

2. Spark HA 集群安装搭建

(1)前期准备工作

因为 Spark HA 集群依赖 ZooKeeper 集群，所以在搭建 Spark HA 前需要先搭建 ZooKeeper 集群。

①搭建 ZooKeeper 集群，准备好安装包进行解压，并存放在指定目录下，如图 5-26 所示。

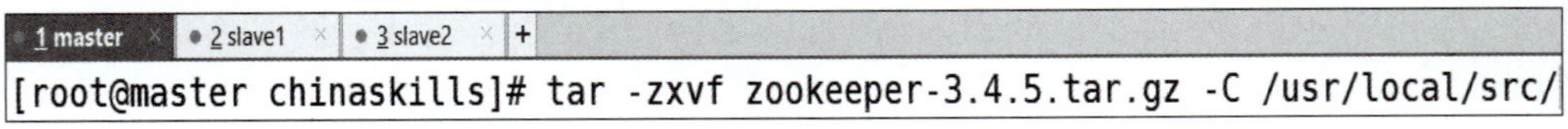

图 5-26　解压 ZooKeeper

②将 ZooKeeper 进行重命名，如图 5-27 所示。

```
[root@master chinaskills]# cd /usr/local/src/
[root@master src]# mv zookeeper-3.4.5/ zookeeper
```

图 5-27 重命名

③配置 ZooKeeper 环境变量。

```
vi /root/.bash_profile
```

进入/root/.bash_profile 文件下添加配置，如图 5-28 所示。

```
PATH=$PATH:$HOME/bin

export PATH
export JAVA_HOME=/usr/local/src/jdk
export PATH=$PATH:$JAVA_HOME/bin
export ZK_HOME=/usr/local/src/zookeeper
export PATH=$PATH:$ZK_HOME/bin
```

图 5-28 环境变量配置

④配置 ZooKeeper。

进入 conf 目录下，对 zoo_sample.cfg 重命名，如图 5-29 所示。

```
[root@master ~]# cd /usr/local/src/zookeeper/conf/
[root@master conf]# mv zoo_sample.cfg zoo.cfg
```

图 5-29 文件重命名

编辑 zoo.cfg 文件，修改添加以下配置，如图 5-30 所示。

```
vi zoo.cfg
```

```
# sending a request and getting an acknowledgement
syncLimit=5
# the directory where the snapshot is stored.
# do not use /tmp for storage, /tmp here is just
# example sakes.
dataDir=/usr/local/src/zookeeper/zk_data
# the port at which the clients will connect
clientPort=2181
#
# Be sure to read the maintenance section of the
# administrator guide before turning on autopurge.
#
# http://zookeeper.apache.org/doc/current/zookeeperAdmin.html#sc_mainten
#
# The number of snapshots to retain in dataDir
#autopurge.snapRetainCount=3
# Purge task interval in hours
# Set to "0" to disable auto purge feature
#autopurge.purgeInterval=1
server.1=master:2888:3888
server.2=slave1:2888:3888
server.3=slave2:2888:3888
```

图 5-30 zoo.cfg 文件配置

在/usr/local/src/zookeeper 下创建 zk_data 目录，如图 5-31 所示。

```
1 master  2 slave1  3 slave2  +
[root@master conf]# cd /usr/local/src/zookeeper/
[root@master zookeeper]# mkdir zk data
```

图 5-31　指定创建

⑤将环境变量和 ZooKeeper 包分发给从节点。

分发环境变量并使其生效，如图 5-32 所示。

```
1 master  2 slave1  3 slave2  +
[root@master zookeeper]# scp -r /root/.bash_profile slave1:/root/
.bash_profile
[root@master zookeeper]# scp -r /root/.bash_profile slave2:/root/
.bash_profile
```

图 5-32　分发环境变量

3 台虚拟机都需要执行 source /root/. bash_profile 命令生效。

分发 ZooKeeper 包给从节点，如图 5-33 所示。

```
1 master  2 slave1  3 slave2  +
[root@master src]# scp -r zookeeper/ slave1:/usr/local/src/
```

```
1 master  2 slave1  3 slave2  +
[root@master src]# scp -r zookeeper/ slave2:/usr/local/src/
```

图 5-33　分发 ZooKeeper 包

在/usr/local/src/zookeeper/zk_data 下创建每台机器的 ID。master 对应 1，slave1 对应 2，slave2 对应 3，如图 5-34 所示。

```
1 master  2 slave1  3 slave2  +
[root@master src]# cd /usr/local/src/zookeeper/zk_data/
[root@master zk_data]# echo 1>myid
```

```
1 master  2 slave1  3 slave2  +
[root@slave1 ~]# cd /usr/local/src/zookeeper/zk_data/
[root@slave1 zk_data]# echo 2>myid
```

```
1 master  2 slave1  3 slave2  +
[root@slave2 ~]# cd /usr/local/src/zookeeper/zk_data/
[root@slave2 zk_data]# echo 3>myid
```

图 5-34　创建 id

⑥启动 ZooKeeper 服务

因为配置了环境变量，所以在任何目录下都可以执行 zookeeper/bin 下的命令。使用 zkServer. sh start 命令启动 ZooKeeper 服务，使用 zkServer. sh status 命令查看服务的主从，1 台服务是 leader，2 台服务是 follower，如图 5-35 所示。

```
1 master    2 slave1    3 slave2    +
[root@master zk_data]# zkServer.sh start
[root@master zk_data]# zkServer.sh start
JMX enabled by default
Using config: /usr/local/src/zookeeper/bin/../conf/zoo.cfg
Starting zookeeper ... STARTED
[root@master zk_data]# zkServer.sh status
JMX enabled by default
Using config: /usr/local/src/zookeeper/bin/../conf/zoo.cfg
Mode: follower
```

```
1 master    2 slave1    3 slave2    +
[root@slave1 zk_data]# zkServer.sh start
[root@slave1 zk_data]# zkServer.sh start
JMX enabled by default
Using config: /usr/local/src/zookeeper/bin/../conf/zoo.cfg
Starting zookeeper ... STARTED
[root@slave1 zk_data]# zkServer.sh status
JMX enabled by default
Using config: /usr/local/src/zookeeper/bin/../conf/zoo.cfg
Mode: leader
```

```
1 master    2 slave1    3 slave2    +
[root@slave2 zk_data]# zkServer.sh start
[root@slave2 zk_data]# zkServer.sh start
JMX enabled by default
Using config: /usr/local/src/zookeeper/bin/../conf/zoo.cfg
Starting zookeeper ... STARTED
[root@slave2 zk_data]# zkServer.sh status
JMX enabled by default
Using config: /usr/local/src/zookeeper/bin/../conf/zoo.cfg
Mode: follower
```

图 5-35　启动并查看

(2)修改 Spark 配置文件

进入/usr/local/src/spark/conf 目录下。

编辑 spark-env. sh 文件：

```
vi spark-env. sh
```

注释或删除以下两行代码：

```
export SPARK_MASTER_HOST=master
export SPARK_MASTER_PORT=7077
```

添加以下代码，如图 5-36 所示。

```
export JAVA_HOME=/usr/local/src/jdk
export SPARK_DAEMON_JAVA_OPTS="-Dspark.deploy.recoveryMode=ZOOKEEPER -Dspark.deploy.zookeeper.url=master,
slave1,slave2 -Dspark.deploy.zookeeper.dir=/spark"
```

图 5-36　修改文件

(3)将 Spark 重新分发给从节点,使 3 台虚拟机中 Spark 配置一致,如图 5-37 所示。

```
1 master | 2 slave1 | 3 slave2 | +
[root@master src]# scp -r spark/ slave1:/usr/local/src/
```

```
1 master | 2 slave1 | 3 slave2 | +
[root@master src]# scp -r spark/ slave2:/usr/local/src/
```

图 5-37　scp 分发 Spark

(4)到/usr/local/src/spark/sbin 目录下启动 Spark HA,如图 5-38 所示。

start-all. sh:启动集群

stop-all. sh:关闭集群

```
1 master | 2 slave1 | 3 slave2 | +
[root@master src]# cd /usr/local/src/spark/sbin/
[root@master sbin]# ./start-all.sh
```

图 5-38　启动 Spark HA

查看进程是否启动,启动后有一个 Master 进程和两个 Worker 进程,如图 5-39 所示。

```
1 master | 2 slave1 | 3 slave2 | +
[root@master sbin]# jps
10481 Master
10570 Jps
10300 QuorumPeerMain
```

```
1 master | 2 slave1 | 3 slave2 | +
[root@slave1 zk_data]# jps
10065 QuorumPeerMain
10321 Jps
10262 Worker
```

```
1 master | 2 slave1 | 3 slave2 | +
[root@slave2 zk_data]# jps
10055 QuorumPeerMain
10296 Jps
10237 Worker
```

图 5-39　jps 查看进程

(5)访问 Web 界面

使用主节点 IP 地址接端口号 8080 访问 WebUI,如图 5-40 所示。

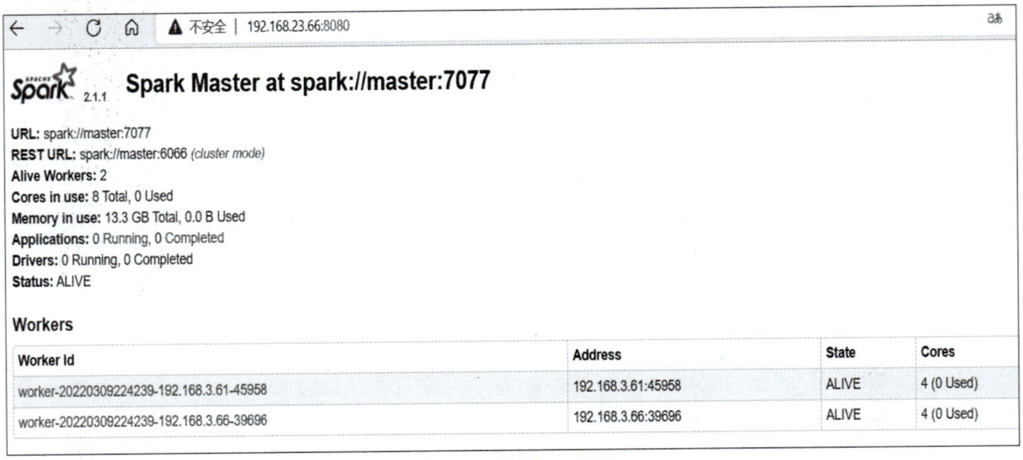

图 5-40　访问 WebUI

5.1.3　Spark 组件及搭建步骤——任务训练

任务名称	Spark 集群搭建	学时	1	页码	
学生姓名		学号		班级	
任务时间		地点		日期	
任务分组					
任务目的					

- **任务描述**

Spark 集群搭建

- **任务实施**

任务实施步骤

（续表）

• 任务评价

任务评价 评价指标	评价内容	分值	评价分数		
			自评	组内互评	教师评价
职业素养 （40%）	信息检索能力	10			
	参与状态	10			
	团队合作、纪律	20			
专业能力 （60%）	专业知识掌握	20			
	操作规范性	15			
	操作熟练度	15			
	完成质量	10			
总评	自评（20%）+ 互评（20%）+ 师评（60%）	总分		指导教师 （签名）：	

任务 5.2　ZooKeeper 组件及搭建步骤

5.2.1　认识 ZooKeeper

ZooKeeper基本介绍

励志微语

学如逆水行舟，不进则退。

任务目标

- 掌握 ZooKeeper 的搭建。

知识链接

1. ZooKeeper 简介

ZooKeeper 是一个集中的服务，用于维护配置信息、命名、提供分布式同步和组服务。所有这些类型的服务都以某种形式被分布式应用程序使用。每次它们被实现时，都会有大量的工作来修复不可避免的错误和竞争条件。由于这些实现服务的困难，应用程序最初通常会略过这些服务，这使得它们在出现更改时变得脆弱，并且难以管理。即使正确地执行了这些服务，在部署应用程序时，这些服务的不同实现也会导致管理复杂性。

ZooKeeper 由雅虎研究院开发，是 Google Chubby 的开源实现，后来托管到 Apache，于 2010 年 11 月正式成为 Apache 的顶级项目。

大数据生态系统里有很多组件都是从某些动物或者昆虫名而命名的，如 Hadoop 是大象，Hive 就是蜂巢，ZooKeeper 即管理员，顾名思义就是管理大数据生态系统各组件的管理员。

2. 应用场景

ZooKeeper 是一个经典的分布式数据一致性解决方案，致力于为分布式应用提供一个高性能、高可用且具有严格顺序访问控制能力的分布式协调存储服务。

（1）维护配置信息

Java 编程经常会遇到配置项，如数据库的 url、Schema、user 和 password 等。通常将这些配置项放置在配置文件中，再将配置文件放置在服务器上。当需要更改配置项时，需要去服务器上修改对应的配置文件。

但是随着分布式系统的兴起，由于许多服务都需要使用到该配置文件，因此必须保证该配置服务的高可用性（High Availability）和各台服务器上配置数据的一致性。

通常会将配置文件部署在一个集群上，然而一个集群动辄上千台服务器，此时如果一台服务器逐个修改配置文件将是非常烦琐且危险的操作，因此就需要一种服务，能够高效、快速且可靠地完成配置项的更改等操作，并能够保证各配置项在每台服务器上的数据一致。

ZooKeeper 就可以提供这样一种服务，其使用 Zab 这种一致性协议来保证一致性。现在有很多开源项目使用 ZooKeeper 来维护配置。例如在 HBase 中，客户端就是连接一个 ZooKeeper，获得必要的 HBase 集群的配置信息，然后才可以进一步操作。还有在开源的消息队列 Kafka 中，也用 ZooKeeper 来维护 brokers 的信息。在 Alibaba 开源的 SOA 框架 Dubbo 中也广泛地使用 ZooKeeper 管理一些配置来实现服务治理。

(2)分布式锁服务

一个集群是一个分布式系统，由多台服务器组成。为了提高并发度和可靠性，多台服务器上运行着同一种服务。当多个服务在运行时就需要协调各服务的进度，有时需要保证当某个服务在进行某个操作时，其他的服务都不能进行该操作，即对该操作进行加锁，如果当前机器挂掉后，释放锁并 fail over 到其他的机器继续执行该服务。

(3)集群管理

一个集群有时会因为各种软硬件故障或者网络故障，出现某些服务器挂掉被移除集群，而某些服务器加入集群中的情况，ZooKeeper 会将这些服务器加入/移出的情况通知给集群中其他正常工作的服务器，以及时调整存储和计算等任务的分配和执行等。此外 ZooKeeper 还会对故障的服务器做出诊断并尝试修复。

(4)生产分布式唯一 ID

在过去的单库单表型系统中，通常可以使用数据库字段自带的 auto_increment 属性来自动为每条记录生成一个唯一的 ID。但是分库分表后，就无法依靠数据库的 auto_ increment 属性来唯一标识一条记录了。此时可以用 ZooKeeper 在分布式环境下生成全局唯一 ID。做法如下：每次要生成一个新 ID 时，创建一个持久顺序节点，创建操作返回的节点序号，即新 ID，然后把比自己节点小的删除即可。

3. ZooKeeper 设计目标

(1)高性能

ZooKeeper 将全量数据存储在内存中，并直接服务于客户端的所有非事务请求，尤其用于以读为主的应用场景。

(2)高可用

ZooKeeper 一般以集群的方式对外提供服务，一般 3～5 台机器就可以组成一个可用的 ZooKeeper 集群，每台机器都会在内存中维护当前的服务器状态，并且每台机器之间都相互保持着通信。只要集群中超过一半的机器能够正常工作，那么整个集群就能够正常对外服务。

(3)严格顺序访问

对于来自客户端的每个更新请求，ZooKeeper 都会分配一个全局唯一的递增编号，这个编号反映了所有事务操作的先后顺序。

5.2.2　搭建 ZooKeeper

ZooKeeper组件搭建配置

1. 准备服务器

(1)查看 IP 并记住，进入 vi /etc/sysconfig/network-scripts/ifcfg-ens33 文件，修改静态 IP。注意：如果不改静态 IP，那么 IP 是会随时变化的，就会存在这种情况：我们第一次能启动，第二次就会出现错误，因为 IP 已经变了，那么配置文件就失效了。查看本机 IP 地址，如图 5-41 所示。

```
[root@master ~]# ip addr
1: lo: <LOOPBACK,UP,LOWER_UP> mtu 65536 qdisc noqueue state UNKNOWN group default qlen 1000
    link/loopback 00:00:00:00:00:00 brd 00:00:00:00:00:00
    inet 127.0.0.1/8 scope host lo
       valid_lft forever preferred_lft forever
    inet6 ::1/128 scope host
       valid_lft forever preferred_lft forever
2: ens33: <BROADCAST,MULTICAST,UP,LOWER_UP> mtu 1500 qdisc pfifo_fast state UP group default qlen 10
00
    link/ether 00:0c:29:41:7d:30 brd ff:ff:ff:ff:ff:ff
    inet 192.168.13.141/24 brd 192.168.13.255 scope global noprefixroute ens33
       valid_lft forever preferred_lft forever
    inet6 fe80::975f:66d1:ee3e:413a/64 scope link noprefixroute
       valid_lft forever preferred_lft forever
[root@master ~]# vi /etc/sysconfig/network-scripts/ifcfg-ens33
```

图 5-41　查看本机 IP 地址

(2)进入文件并修改如下：

BOOTPROTO 后面跟的参数改成 static；

IPADDR="自己要确定的 ip"

GATEWAY="网关"

NETMASK="子网掩码"

DNS1="DNS"

修改网关文件，如图 5-42 所示。

```
TYPE=Ethernet
PROXY_METHOD=none
BROWSER_ONLY=no
BOOTPROTO=static
DEFROUTE=yes
IPV4_FAILURE_FATAL=no
IPV6INIT=yes
IPV6_AUTOCONF=yes
IPV6_DEFROUTE=yes
IPV6_FAILURE_FATAL=no
IPV6_ADDR_GEN_MODE=stable-privacy
NAME=ens33
UUID=28ceccef-b5a2-4a10-bc32-4ee487cceeea
DEVICE=ens33
ONBOOT=yes
IPADDR="192.168.13.141"
GATEWAY="192.168.13.2"
NETMASK="255.255.255.0"
DNS1="192.168.13.2"
```

图 5-42　修改网关文件

(3)保存并退出后重启。

重启命令：reboot

(4)再克隆 2 台当前虚拟机,都需要改为静态 IP,每台虚拟机的 IP 是不一样的。

(5)远程连接。

(6)修改 3 台主机名,如图 5-43 所示。

```
hostnamectl set-hostname "主机名"
bash(修改完必须刷新)
```

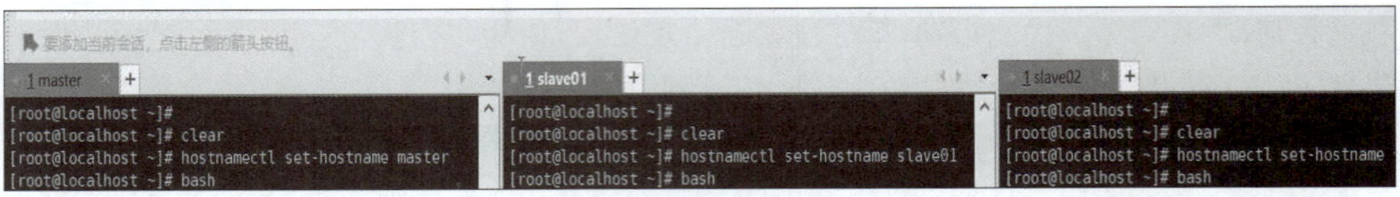

图 5-43　修改主机名

2. 关闭 3 台防火墙

关闭防火墙,如图 5-44 所示。

```
systemctl stop firewalld
systemctl disable firewalld
setenforce 0
```

图 5-44　关闭防火墙

3. 使用 xftp 上传并安装 jdk

上传 jdk 安装包,如图 5-45 所示。

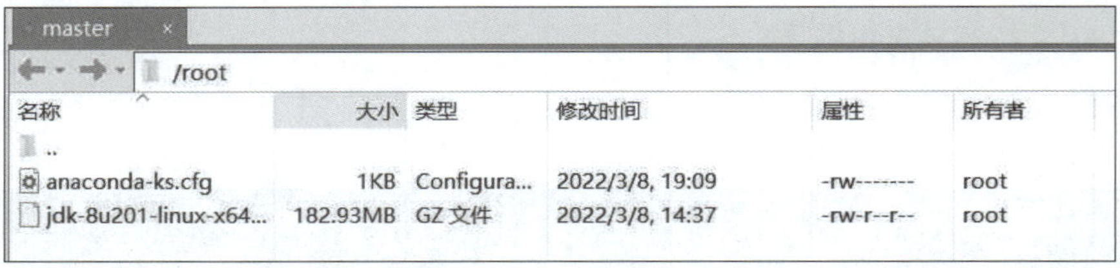

图 5-45　上传安装包

(1)此处本教材用的是 xshell 远程连接虚拟机,所以要另外下载 xftp 上传安装包。

(2)上传后解压 jdk 文件,并解压到指定目录下。移到指定目录下以后,为 jdk 重命名。然后用 scp 命令发送给另外 2 台服务器。解压文件,如图 5-46 所示。

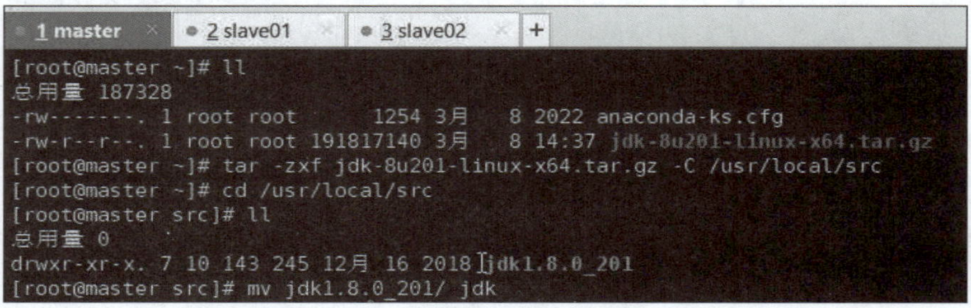

图 5-46　解压文件

```
tar zxf "文件名" -C "指定目录"
cd "指定目录"
```

```
mv "文件名" "修改的文件名"
scp -r "文件名" "主机名":"指定目录"
```

scp 命令如图 5-47 所示。

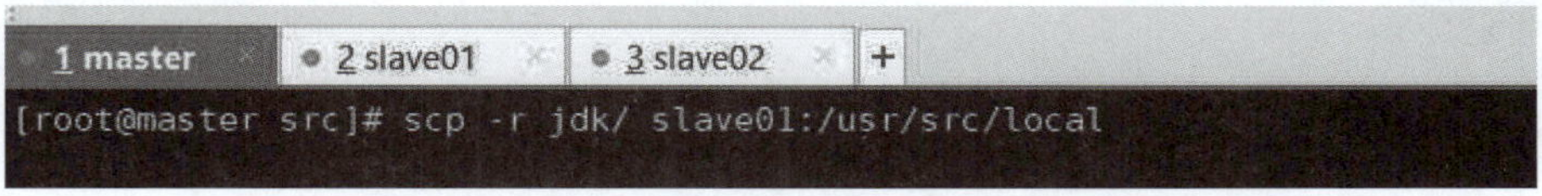

图 5-47　scp 命令

(3)3 台服务器配置 jdk 环境变量。配置环境变量,如图 5-48 所示。

进入 vi /etc/profile 文件,在文件的最后面写上:

```
export JAVA_HOME=/usr/local/src/jdk
export PATH= $PATH: $JAVA_HOME/bin
```

保存并退出后,一定要刷新环境变量:

```
source /etc/profile
```

之后输入 jps 查看。

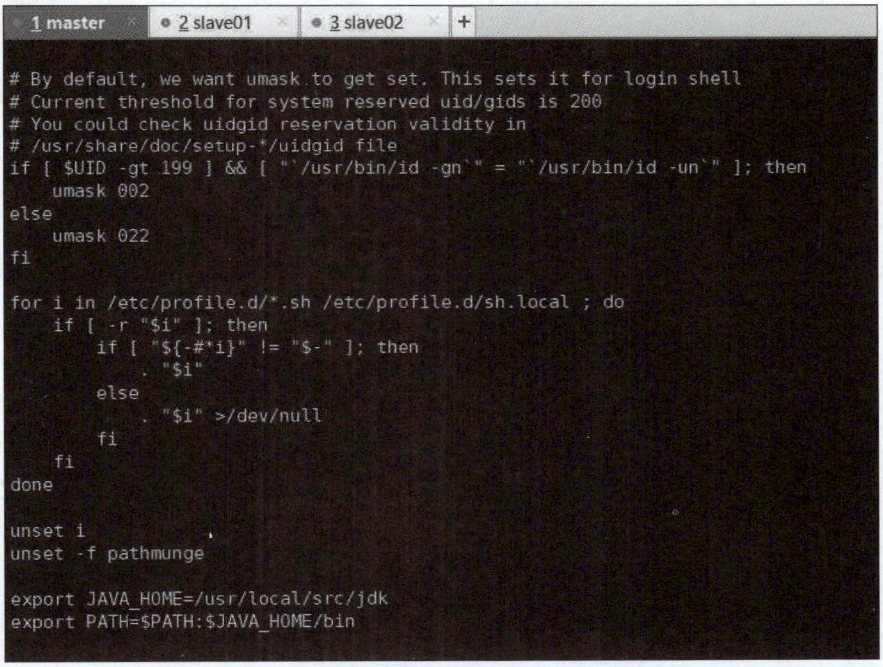

图 5-48　配置环境变量

4. 使用 xftp 上传 ZooKeeper

上传 ZooKeeper,如图 5-49 所示。

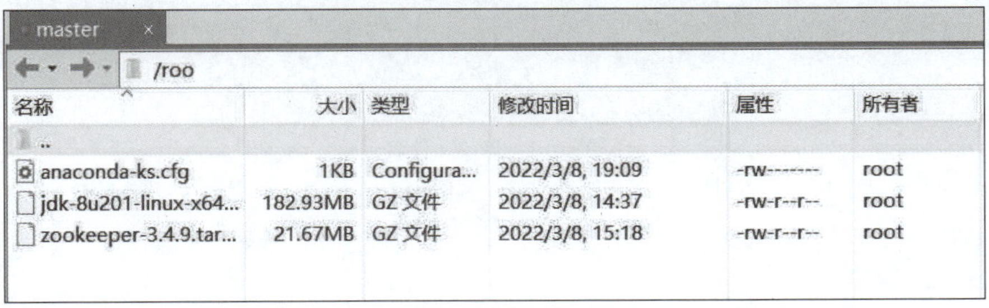

图 5-49　上传 ZooKeeper

（1）上传后解压 ZooKeeper 文件到指定目录下。转到指定目录下以后，为 ZooKeeper 重命名。完成后用 scp 命令发送给另外 2 台服务器。解压 ZooKeeper，如图 5-50 所示。

```
tar zxf "文件名" -C "指定目录"
cd "指定目录"
mv "文件名" "修改的文件名"
scp -r "文件名" "主机名":"指定目录"
```

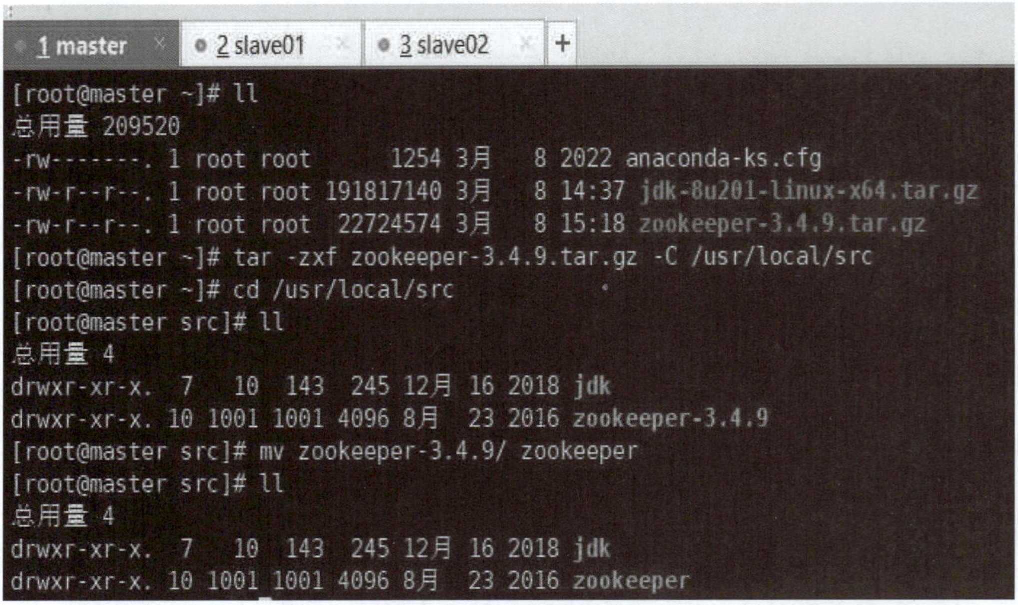

```
1 master   2 slave01   3 slave02   +
[root@master ~]# ll
总用量 209520
-rw-------. 1 root root      1254 3月   8 2022 anaconda-ks.cfg
-rw-r--r--. 1 root root 191817140 3月   8 14:37 jdk-8u201-linux-x64.tar.gz
-rw-r--r--. 1 root root  22724574 3月   8 15:18 zookeeper-3.4.9.tar.gz
[root@master ~]# tar -zxf zookeeper-3.4.9.tar.gz -C /usr/local/src
[root@master ~]# cd /usr/local/src
[root@master src]# ll
总用量 4
drwxr-xr-x.  7   10  143  245 12月 16 2018 jdk
drwxr-xr-x. 10 1001 1001 4096 8月  23 2016 zookeeper-3.4.9
[root@master src]# mv zookeeper-3.4.9/ zookeeper
[root@master src]# ll
总用量 4
drwxr-xr-x.  7   10  143  245 12月 16 2018 jdk
drwxr-xr-x. 10 1001 1001 4096 8月  23 2016 zookeeper
```

图 5-50　解压 ZooKeeper

（2）3 台服务器进入 ZooKeeper 目录的 conf 目录下为 zoo_sample. cfg 重命名，改成 zoo. cfg。修改文件名如图 5-51 所示。

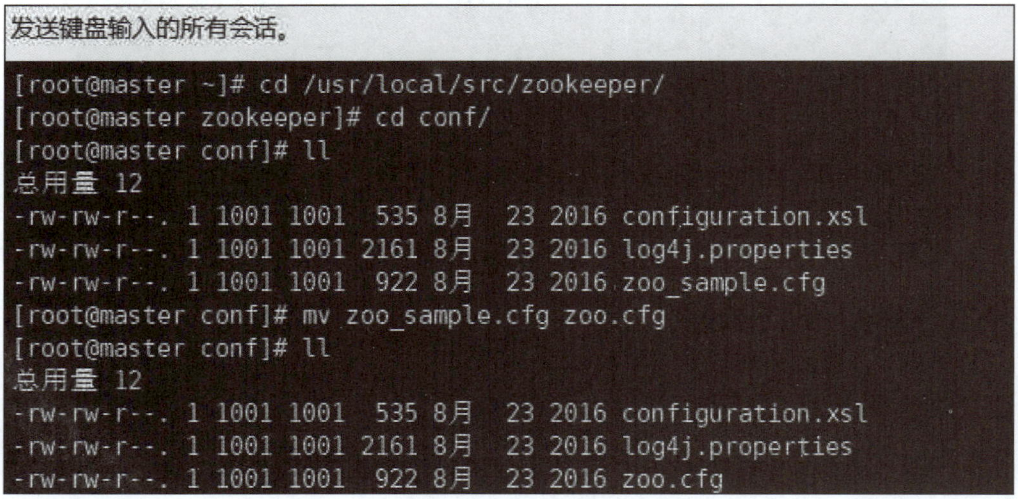

```
发送键盘输入的所有会话。
[root@master ~]# cd /usr/local/src/zookeeper/
[root@master zookeeper]# cd conf/
[root@master conf]# ll
总用量 12
-rw-rw-r--. 1 1001 1001  535 8月  23 2016 configuration.xsl
-rw-rw-r--. 1 1001 1001 2161 8月  23 2016 log4j.properties
-rw-rw-r--. 1 1001 1001  922 8月  23 2016 zoo_sample.cfg
[root@master conf]# mv zoo_sample.cfg zoo.cfg
[root@master conf]# ll
总用量 12
-rw-rw-r--. 1 1001 1001  535 8月  23 2016 configuration.xsl
-rw-rw-r--. 1 1001 1001 2161 8月  23 2016 log4j.properties
-rw-rw-r--. 1 1001 1001  922 8月  23 2016 zoo.cfg
```

图 5-51　修改文件名

（3）3 台服务器进入 ZooKeeper 目录，创建 zk_data 文件，进入 zk_data 创建 myid 文件并写上 1，第 2 台写上 2，第 3 台写上 3。创建文件，如图 5-52 所示。

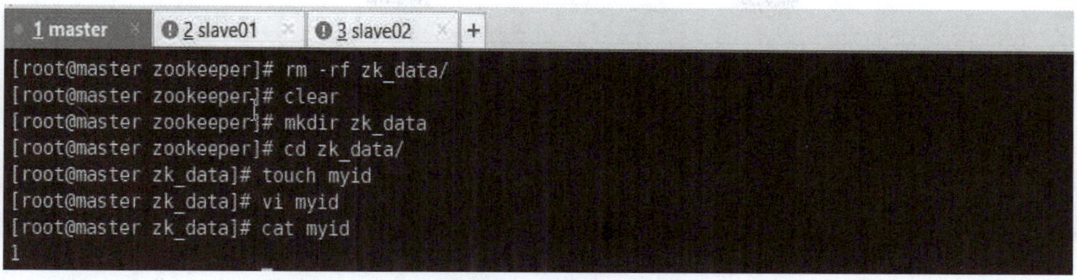

图 5-52　创建文件

（4）修改 zoo. cfg 文件。修改文件如图 5-53 所示。

```
dataDir="zk_data 文件的路径"
server. 1 = 主机 1:2888:3888
server. 2 = 主机 2:2888:3888
server. 3 = 主机 3:2888:3888
```

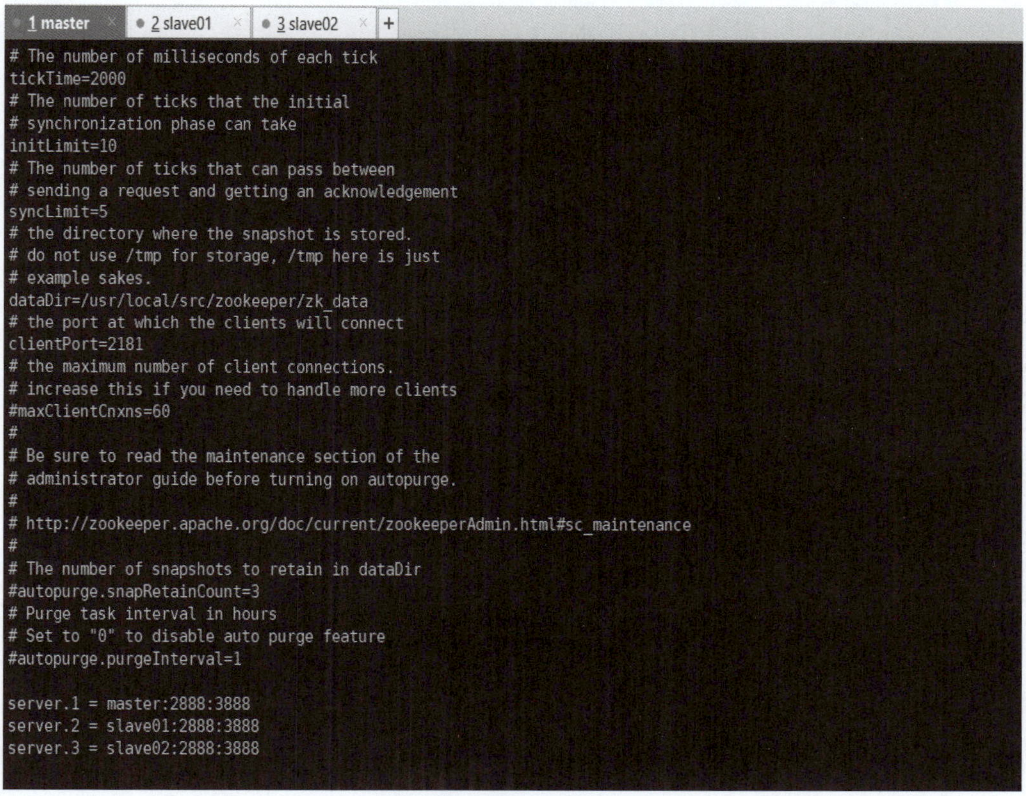

图 5-53　修改文件

5. 集群启动测试。

启动如图 5-54 所示。

进入 bin 目录去启动，启动后查看，出现了 2 台服务器 follower 和 leader，则表示成功了。

```
./zkServer. sh start
./zkServer. sh status
./zkServer. sh stop
```

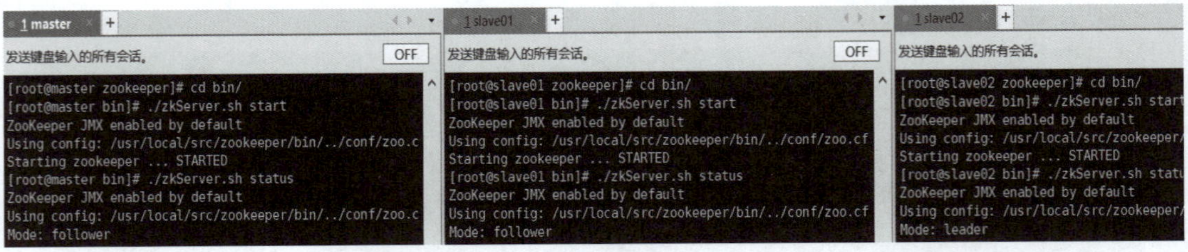

图 5-54 启动

5.2.3 ZooKeeper 组件及搭建步骤——任务训练

任务名称	ZooKeeper 的搭建	学时	1	页码	
学生姓名		学号		班级	
任务时间		地点		日期	
任务分组					
任务目的					

- **任务描述**

ZooKeeper 的搭建。

- **任务实施**

任务实施步骤

（续表）

- 任务评价

任务评价 评价指标	评价内容	分值	评价分数		
			自评	组内互评	教师评价
职业素养 （40%）	信息检索能力	10			
	参与状态	10			
	团队合作、纪律	20			
专业能力 （60%）	专业知识掌握	20			
	操作规范性	15			
	操作熟练度	15			
	完成质量	10			
总评	自评（20%）+ 互评（20%）+ 师评（60%）	总分		指导教师 （签名）：	

项目 6　数据采集

思政课堂（趣学领航）

古人是怎么进行数据采集的？

在古代，数据采集并不像现代这样通过电子设备和软件自动进行，而是依赖于人工记录、整理和分析。古代文章，尤其是历史文献、史书等，是古代数据采集的重要来源。这些文章不仅记录了当时的社会状况、历史事件、文化风俗，还包含了大量的统计数据、人物传记、地理信息等，为后世提供了宝贵的研究资料。

《史记》《汉书》等著作，详细记载了各个朝代的政治、经济、军事、文化等各个方面的情况。这些记录中包含了大量的数据，如人口数量、土地面积、赋税收入、军队规模等，都是古代政府或学者通过各种方式(如户籍调查、田亩丈量、税收统计等)采集得到的。

地方志是古代中国特有的一种地方历史文献，记录了一个地区的自然地理、人文历史、风土人情等。在编纂过程中，编纂者会进行实地考察，收集当地的碑刻、文献、口述资料等，这些数据对于研究古代地方社会、经济、文化等具有重要意义。

《齐民要术》《农政全书》等农学著作，以及《货殖列传》等经济史文献，不仅描述了农业生产技术、商品流通状况，还包含了大量的经济数据，如作物产量、市场价格、贸易路线等，这些数据反映了古代社会的经济状况和发展水平。

任务 6.1　数据采集技术概述

数据采集技术概述

励志微语　迷茫时读书，难过时运动，低谷时沉淀，独处时自省。

任务目标

- 了解数据采集的概念和常见数据来源。

1. 背景

据《中国互联网发展报告(2021)》披露,2020年我国新增骨干直联点与新型互联网交换中心试点建设工作取得了积极的进展,新型互联网中心与新技术、新业务融合发展趋势明显,宽带接入网络能力快速提升,基础电信、企业的移动互联网设施,特别是5G网络建设步伐加快,IPv6规模部署广度不断推进,活跃用户持续上升,IPv6的优势尚须进一步发挥。互联网的基础设施蓬勃发展,带来了海量的、持续的各类数据资源。数据是大数据产业的基石,没有数据的大数据产业,就像车没有燃油,无法行驶。海量的数据,无法再采用人工采集的方式进行收集了,需要采用与数据规模匹配的数据采集技术。

工业和信息化部2021年11月30日发布《"十四五"大数据产业发展规划》,规划提出:"支持工业企业加快设备数字化改造,推动研发、生产、经营、运维等全过程数据采集,推动工业设备互联互通,打造完整贯通的数据链,建立健全数据资源管理体系。面向原材料、装备制造、消费品、电子信息等重点行业,实施工业大数据价值提升行动,聚焦行业特点和应用需求,深度开发工业研发设计、生产制造、经营管理等应用场景,引导企业运用大数据技术创新行业解决方案,发展专业化大数据应用服务。加强工业大数据技术标准、应用规范、交易规则、评测体系建设,破除工业大数据深度应用中的技术壁垒、行业壁垒,支撑数据驱动的制造业数字化转型新模式快速普及。"

数据采集又称数据获取,是利用一种程序或硬件装置,从系统外部采集数据,经过数据清洗、过滤等处理,最终持久化到存储系统中的一种过程。

如果数据采集是石油开采,而大数据产业的成果是汽油,那么不开采石油,就无法得到汽油等衍生品。当然,石油开采过程并不容易,同样,数据采集的过程也面临困难。

以大数据、物联网、人工智能、5G为核心特征的数字化浪潮正席卷全球,随着网络和信息技术的不断普及,人类产生的数据量正在呈指数级增长。大约每两年翻一番,这意味着人类在最近两年产生的数据量相当于之前产生的全部数据量。面对如此海量的数据,与之相关的采集、存储、分析等环节产生了一系列的问题。如何收集有效数据并且对其进行转换、分析、存储以及有效率地分析成为巨大的挑战。

同时,各行各业包括政府部门的信息化建设都是封闭式进行,海量数据被封在不同软件系统内,数据源多种多样,数据量大、更新快。因此,在数据采集的过程中,需要考虑跨系统、跨平台、跨区域等因素,将离散的数据,整合成有效的数据资源。

2. 数据采集的来源

大数据来源非常广泛,包括通过各种数据采集器、数据库、开源的数据发布、GPS信息、网络痕迹(如购物、搜索历史等)、传感器收集的数据,以及用户保存或上传的各类结构化或非结构化数据。

根据数据产生的主体,有如下数据来源。

(1)少量企业应用产生的数据,如关系型数据库中的数据和数据仓库中的数据等。

(2)大量人产生的数据,如推特、微博、通信软件、移动通信数据、电子商务在线交易日志数据、企业应用的相关评论数据等。

(3)巨量机器产生的数据,如应用服务器日志、各类传感器数据、图像和视频监控数据、二维码和条形码(条码)扫描数据等。

3. 常用的大数据获取途径

大数据的价值不在于存储数据本身,而在于如何挖掘数据,只有具备足够的数据源才可以挖掘出数据背后的价值,因此,获取大数据是非常重要的基础。就数据获取而言,大型互联网企业由于自身用户规模庞大，可以把自身用户产生的交易、社交、搜索等数据充分挖掘，拥有稳定安全的数据资源。对于其他大数据公司和大数据研究机构而言，目前获取大数据的方法有如下 5 种：

(1)系统日志采集

可以使用海量数据采集工具，用于系统日志采集，如 Hadoop 的 Chukwa、Cloudera 的 Flume、Facebook 的 Scribe 等，这些工具均采用分布式架构，能满足大数据的日志数据采集和传输需求。

(2)互联网数据采集

通过网络爬虫或网站公开 API 等方式从网站上获取数据信息，该方法可以把数据从网页中抽取出来，将其存储为统一的本地数据文件。它支持图片、音频、视频等文件或附件的采集，附件与正文可以自动关联。除了网站中包含的内容之外，还可以使用 DPI 或 DFI 等带宽管理技术实现对网络流量的采集。

(3)App 移动端数据采集

App 是一种获取用户移动端数据的有效方法。App 中的 SDK 插件可以将用户使用 App 的信息汇总给指定服务器，即便用户在没有访问时，也能获知用户终端的相关信息，包括安装应用的数量和类型等。单个 App 用户规模有限，数据量有限，但数十万 App 用户，获取的用户终端数据和部分行为数据也会达到数亿的量级。

(4)感知设备数据采集

感知设备指的是物联网底层设备。在物联网中，各类环境感知传感器负责获取相应的一些环境数据，如温度、湿度、光照等，这类数据可分为模拟量数据和数字量数据。这类数据也可以作为大数据分析的基础数据来源。

(5)与数据服务机构进行合作

数据服务机构通常具备规范的数据共享和交易渠道，人们可以在平台上快速、明确地获取自己所需要的数据。而对于企业生产经营数据或学科研究数据等保密性要求较高的数据，也可以通过与企业或研究机构合作，使用特定系统接口等相关方式采集数据。

4. 数据采集的类型

数据根据采集对象的不同，有着不同的数据类型。主要分为三大类：结构化数据、半结构化数据以及非结构化数据。

(1)结构化数据是指具有固定格式或者有限长度的数据，如数据库，元数据、传感器数据等。

(2)半结构化数据是指非关系模型的、有基本固定结构模式的数据，如日志文件、XML 文档、JSON 文档等。

(3)非结构化数据是指数据结构不规则或不完整，没有预定义的数据模型，如所有格式的办公文档、文本、图片、HTML、各类报表、图像和音频/视频信息等。

5. 采集形式

大数据的采集通常采用多个数据库来接收终端数据，包括智能硬件端、多种传感器端、网页端、移动 App 应用端等，并且可以使用数据库进行简单的处理工作。例如，电商平台使用传统的关系型数据库 MySQL 和 Oracle 来存储每笔事务数据，除此之外，Redis 和 MongoDB 这样的 NoSQL 数据库也常用于数据的采集。

常用的数据采集的方式主要包括以下几种：

(1)数据爬取：通过爬虫程序，从现有的互联网开放的目标网络资源中爬取相关信息，并存储到数据库中。大体上可以分为网址抓取和内容抓取。网址抓取是通过网址抓取规则的设定，快速抓取到所需的网址信息；内容抓取是通过分析网页源代码，设定内容抓取规则，精准抓取到网页中散乱分布的内容数据，能在多级多页等复杂页面中完成内容抓取。本书主要讲解此种形式的数据采集方法。

(2)数据导入：将指定的数据源导入数据库中，通常支持的数据源包括数据库(如 SQL Server、Oracle、MySQL、Access 等)、数据库文件、Excel 表格、XML 文档、文本文件等。

(3)物联网传感设备自动信息采集：物联网传感设备从功能上来说是由电源模块、采集模块和通信模块组成。传感器将收集到的电信号，通过线材传输给主控板，主控板进行信号解析、算法分析和数据量化后，将数据通过无线通信方式(GPRS)进行传输。在大数据的采集过程中，主要面对的挑战是并发数高，因为可能会对成千上万的数据同时进行访问和操作。

6. 采集流程介绍

不同的数据对象，其采集流程不尽相同，这里仅介绍网页内容采集流程及系统日志采集流程。

(1)网页内容采集流程

第 1 步：分析采集对象。当爬取一个网页内容时，我们需要针对一个网页，分析其网页结构，明确要采集的对象清单，采集清单相关法律法规评估，同时确定目标数据是否在同一个页面中。

第 2 步：构建采集请求。根据采集清单，通过 HTTP 协议向目标站点发起请求，也就是发送一个 Request，请求可以包含额外的 header 等信息，等待服务器响应。

第 3 步：获取响应内容。如果服务器能正常响应，将得到一个 Response 响应报文。Response 的内容便是所要获取的页面内容，类型可能是 HTML、JSON 字符串、二进制数据(如图片、视频)等类。

第 4 步：过滤解析内容。得到的内容可能是 HTML 文本，可以用正则表达式、BeautifulSoup、XPath 进行解析，可能是 JSON，可以直接转换为 JSON 对象解析，也可能是二进制数据，可以做保存或者进一步的处理。

第 5 步：存储采集数据。保存形式多样，可以存为文本，也可以保存到数据库，或者保存特定格式的文件。如果是海量数据，则可以存储到 HDFS 文件系统或者 HIVE 数据库中。

(2)系统日志采集流程

第 1 步：分析日志规模及实时性，选择适合的日志采集工具。

第 2 步：确定数据采集的输入端、输出端，即数据源在哪、数据格式是什么、是否要进行筛选过滤处理、最终要保存到哪里去。

第 3 步：配置日志采集器文件，明确需要采集的日志清单。

第 4 步：配置传输管道配置文件：输入源配置、过滤器配置、输出端配置。

第 5 步：将日志数据存储至数据库系统或者其他数据存储平台中。

任务 6.2　分析明确采集对象

励志微语　所有看似轻而易举的背后，都是竭尽全力的付出。生活中，没有哪一种成功是毫不费力的。

任务目标

- 掌握互联网数据采集的目标数据定位方法。
- 掌握 APP 移动端数据采集的目标数据获取方法。

针对互联网数据及 App 移动端数据采集，这两类数据是公开在互联网中的内容，正常通过任意浏览器或者对应的移动端应用即可访问。由于是对外公开的内容，只需要遵循一定的访问规则，便可对其进行采集。这两类数据不属于结构化数据，在采集过程中，需要从相对零散的数据中，分析目标采集对象的结构，筛选出目标数据元，进而提取到目标数据。但是采用人工记录方式必然不现实，可以采用编写爬虫程序，模拟人工访问的规则，即可实现数据采集。要编写爬虫程序，需要先分析目标采集对象的数据组织形式，以便后续的筛选和提取。

互联网数据采集和 App 移动端数据采集，两者由于各自的数据访问方式和组织形式不一样，分析方法也有所不同。下面分别对这两种类型数据的分析方法进行介绍。

1. 互联网数据

这里特指以网页形式呈现的互联网数据，要采集网页中的数据，首先需要了解一下网页打开流程。当用浏览器去打开一个网页时，对于用户来说，整个过程可能只用了 1 秒钟，而实际浏览器和服务器之间的交互流程具体发生了什么，对于掌握网页内容的数据采集方法是非常重要的。

这个过程主要涉及 5 个动作：

(1)输入网址。使用者在浏览器中输入要打开的网页网址，这个网址指向了网页所在的服务器，以及在服务器中存放的位置。

(2)浏览器发送请求。当输入网址后回车，浏览器将该网址封装成一个 HTTP 请求报文，并发送给服务器。

(3)服务器处理请求。当服务器收到由浏览器发送的 HTTP 请求报文后，根据请求的内容，做出相应的处理。

(4)服务器生成 HTML 文档。服务器经过处理后，将处理结果生成为 HTML 文档，以 HTTP 响应报文的方式，发送给浏览器。

(5)浏览器解析 HTML 文档。浏览器收到响应的 HTML 文档后，根据 HTML 代码，解析成对应的页面元素，如图片、文字、视频等。

2. HTML 文档对象模型

浏览器会把服务器响应的 HTML 文档解析成一个树型结构，如图 6-1 所示，并且在此基础上定义了访问和操作 HTML 文档的模型，我们称之为 HTML 文档对象模型，也叫 DOM 模型。在 DOM 模型中，每个分支和节点，都有对应页面中的元素。

一般会有 7 种类型的节点，这里介绍常用的 5 个类型的节点：

- DOM 结构树的根节点是一个文档节点，也叫 document 节点。
- 每个 HTML 标签是标签节点。
- HTML 标签内的文本是文本节点。
- 每个标签属性是属性节点。
- 注释是注释节点。

这里来看一个具体的例子，简单的 HTML 源码，如图 6-2 所示。

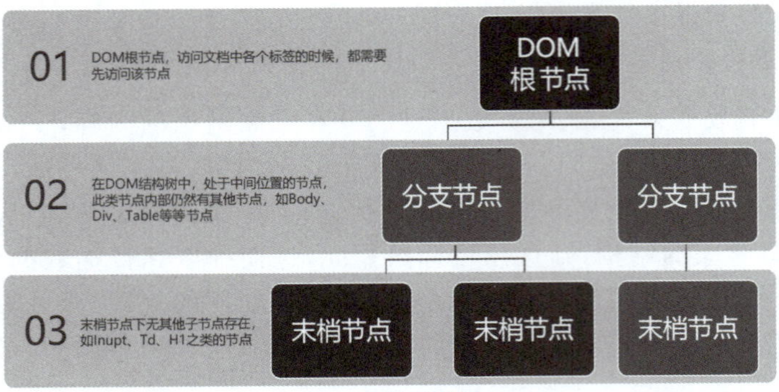

图 6-1　树型结构

```
<!DOCTYPE html>
<html lang="en">
<head>
    <meta charset="UTF-8">
    <title>网页源码分析</title>
</head>
<body>
<div>
    <h1>这是一个一级的标题</h1>
    <table>
        <tr>
            <td>第一列</td>
            <td>第二列</td>
        </tr>
    </table>
</div>
</body>
</html>
```

图 6-2　简单的 HTML 源码

从以上 HTML 源码可以看出，该 HTML 文档包含了一个一级标题、一个一行两列的表格，同时还有网页的标题及编码。

浏览器收到该文档后，会对该文档进行解析，并构建出如图 6-3 所示的 DOM 模型树。可以看出，从根节点出发，可以提取到任意的分支节点，且节点与节点之间的层级关系非常清晰。

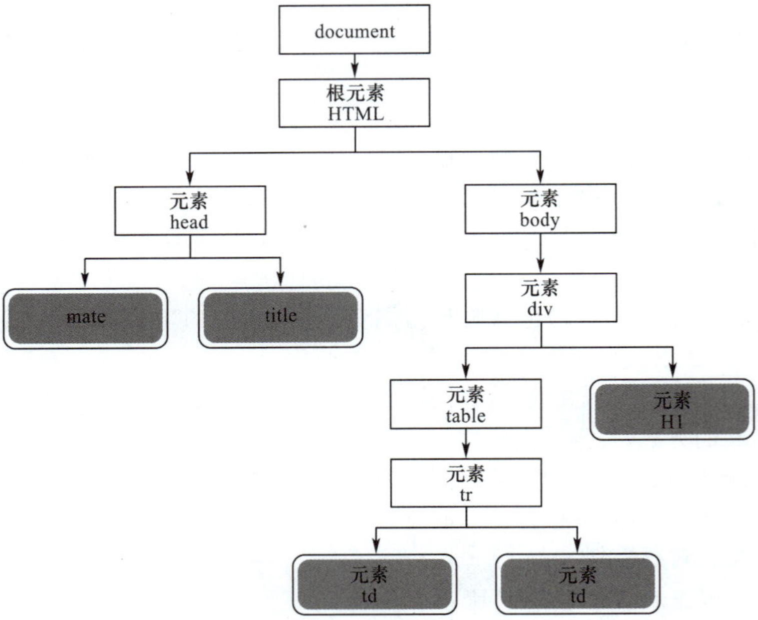

图 6-3　DOM 模型树

3. 分析网页的源码

当需要爬取某个网页的内容时，首先需要分析该网页的源码结构，因此需要拿到对应的 HTML 源码。那如何查看该网页的源码结构呢？

查看网页源码及结构

例如，当需要查看新浪网首页的源码时，可以这样操作：

第一步：浏览器打开新浪网址，这里建议使用谷歌浏览器。

第二步：打开开发者工具（按 F12）。

第三步：选择“ Elements”标签页，查看 HTML 文档。

第四步：在 HTML 文档中，移动鼠标，并观察网页变深色的区域。深色区域即对应了鼠标所在的 HTML 标签内容，如图 6-4 所示。

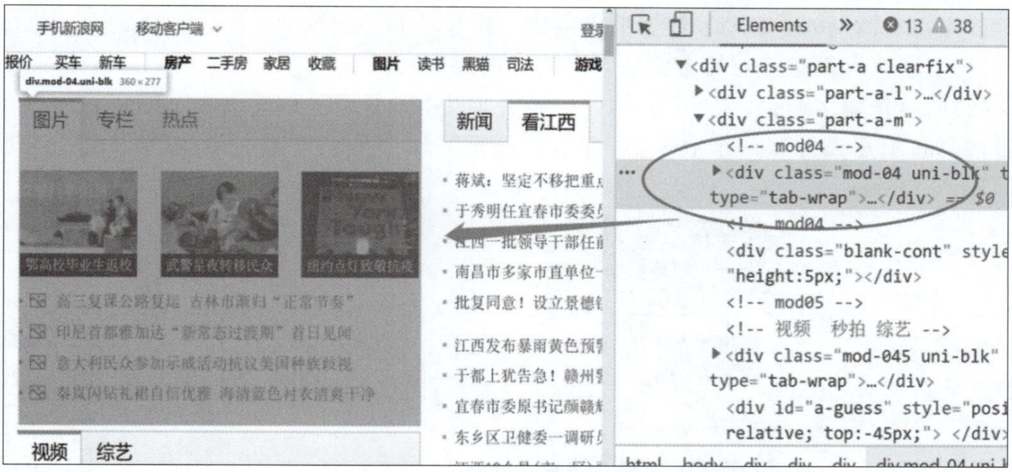

图 6-4 HTML 标签内容

另外，通过在网页中右击选中某个需要查看源码的元素，选择“检查”命令，可快速查看该元素对应的 HTML 源码，如图 6-5 所示。

图 6-5 选择“检查”命令

通过以上分析方式，可以快速定位需要采集的内容，进而可以通过 DOM 结构树提取相关内容。

4. 移动端 App 数据

通过网页源码的结构分析方法可以使用开发者工具查看并分析网页的源码。但是移动端 App 是一个封闭软件，无法直接看到网页内容的组织结构、源码内容，因此只能通过其他手段来分析移动端 App 的数据请求结构。

首先,来看看移动端 App 数据请求结构分析存在哪些问题。

(1)安装在移动端。意味着无法对其内容的编码直接查看。

(2)内容传输多样化。在 App 的同一个界面中,其不同的数据内容可能来自不同的服务器,例如,图片来源于一个服务器、文本来源于另外一个服务器,会员信息又是一个服务器,如图 6-6 所示。

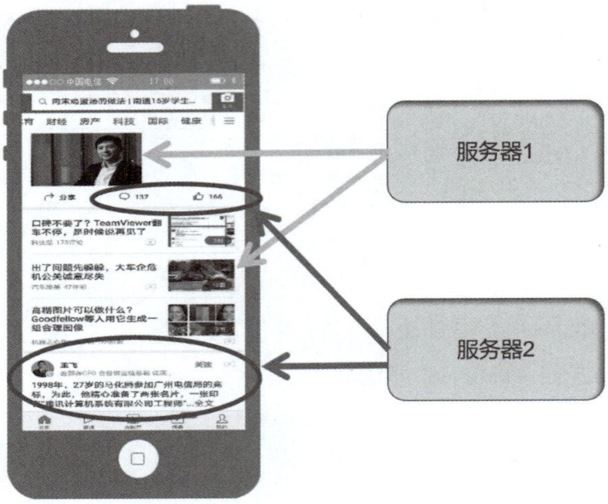

图 6-6 不同的数据内容来自不同的服务器

移动端App
数据请求结构

(3)数据流加密。部分 App 会对其数据流进行加密,这将导致当我们需要对其内容进行采集时,需要先对数据流进行解密处理,这在一定程度上增加了数据采集的难度。

5. App 组成

App 内容在软件界面中包含了各种元素,如视频、图片、用户账号数据、用户业务数据等。同一个动作可能会触发多个内容更新,但是大部分 App 会将不同的数据存放在不同的服务器中,以便提升响应效率。

与网页一样,移动端 App 也是通过 HTTP 或者 HTTPS 协议,将数据从服务器中响应到 App 中来完成的,响应内容可分为二进制流、HTML 文档、XML 文档、JSON 数据等。因此,采集移动端 App 的数据是通过读取 HTTP 或者 HTTPS 协议报文中的数据来实现的。

6. 分析与采集思路

对于移动端 App 的数据请求结构分析方法,这里提供了一般性的分析和采集思路,供大家学习。

第一,通过数据报文抓包软件,截获 App 的请求数据流,并对数据流进行解密处理,分析请求和响应数据报文,确定 App 界面数据与响应报文关系。

第二,由于 App 内容更新是通过 HTTP 或者 HTTPS 协议向服务器请求数据实现的,那么可以编写程序,模拟 HTTP 请求报文。

第三,针对不同的数据流,发起不同的请求报文。

第四,对解密后的各种响应数据流的报文内容进行解析和数据提取整合,得到目标采集数据。

这里推荐的分析组合工具是:

Fiddler 协议代理器,用于 HTTP 报文截获,使用安卓模拟器在电脑端运行移动端 App 软件,编写爬虫程序模拟 HTTP 请求和响应处理。

具体数据流截获分析与请求模拟的过程如下：

(1)在电脑端安装安卓模拟器，然后在安卓模拟器中，安装目标 App。目的是使得目标 App 的通信数据，可以通过电脑网卡收发，解决无法截获移动端 App 的问题。

(2)利用电脑端的抓包软件，截获目标 App 的 HTTP 请求与响应报文。例如，利用 Fiddler 代理安卓模拟器所有的数据流，即可抓取到目标 App 的通信数据。

(3)利用 Fiddler 抓取到的 HTTP 请求和响应数据流，分析该 App 的数据流，这个过程比较烦琐，需要从各类复杂的数据流中找出相应的与该 App 相关的每一对 HTTP 请求和响应报文，并分析出之间的报文关系和数据对应关系。

(4)编写 Python 程序，模拟发送由第三步分析出的请求报文，再通过响应报文结果解析数据，并提取出需要的数据。

(5)将提取的数据，保存至对应的存储系统中。

综合实训

移动端App的数据爬取

爬取手机端数据

任务描述：

使用 Requests 库与抓包工具(拦截查看网络数据包内容的软件)的结合实现一个 App 页面内容的爬取。能够通过 Fiddler 抓包工具配置及使用获取的 App 数据内容及相关信息，之后使用 Requests 库相关方法通过链接地址实现 App 内数据的爬取。

爬取思路如下：

(1)安装 Fiddler 抓包工具。

(2)使用 Fiddler 抓包工具进行网站分析。

(3)分析网站。

任务步骤

第一步：下载抓包工具。这里使用 Fiddler 抓包工具，点击下载按钮后，根据相关提示信息完成内容填写即可实现 Fiddler 下载，如图 6-7 所示。

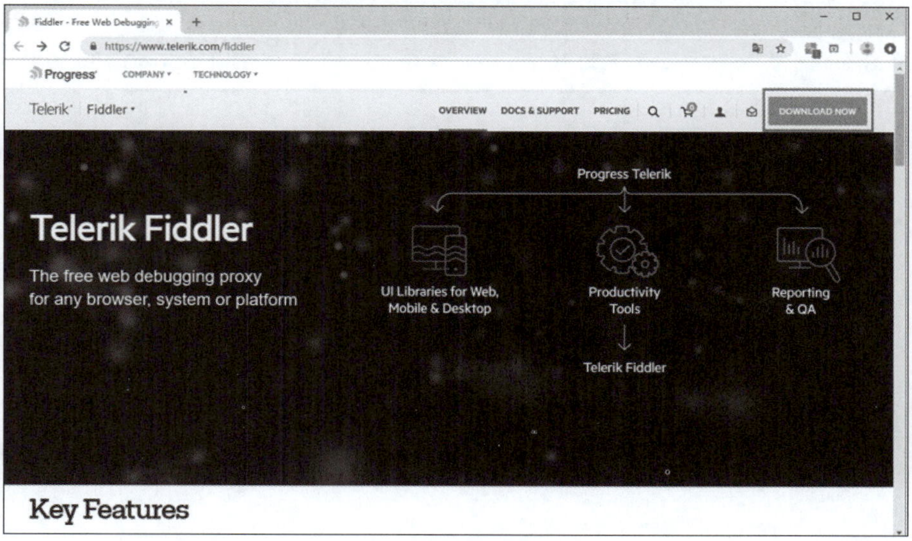

图 6-7　下载抓包工具

第二步：Fiddler 安装。双击下载好的软件安装包，之后单击“I Agree”→“Install”按钮即可安装 Fiddler 工具，如图 6-8 所示。

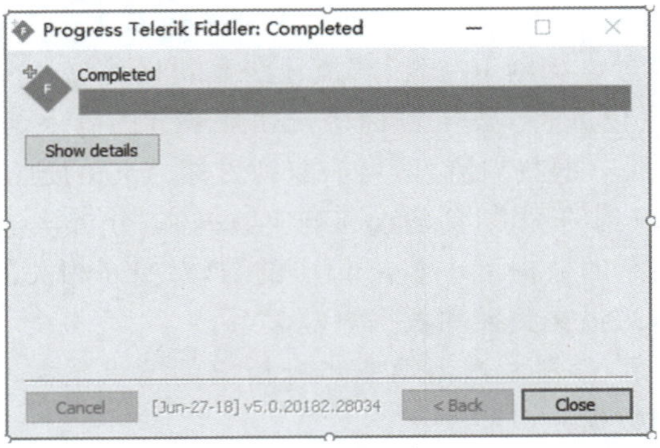

图 6-8　Fiddler 安装

第三步：Fiddler 工具配置。打开安装完成的 Fiddler 软件，主界面如图 6-9 所示。

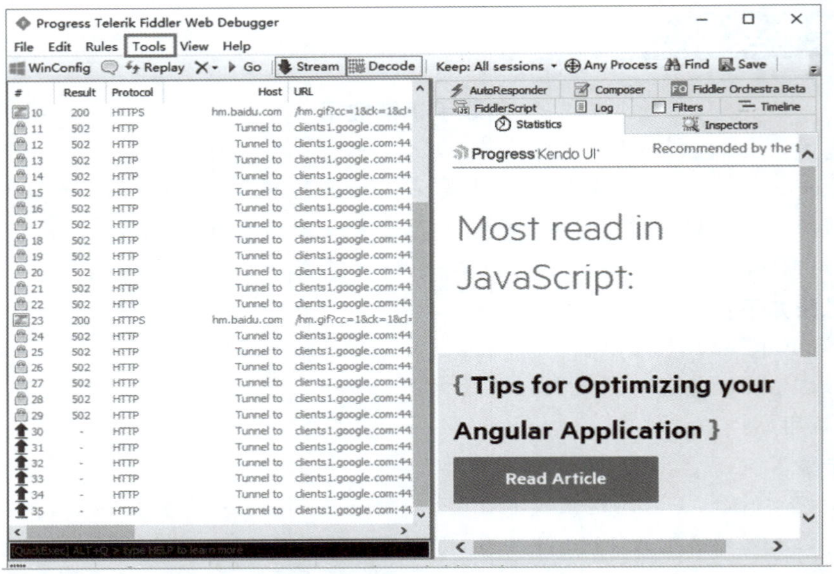

图 6-9　Fiddler 软件主界面

选择图 6-9 中“Tools”菜单下的“Options”命令进入工具配置界面，如图 6-10 所示。

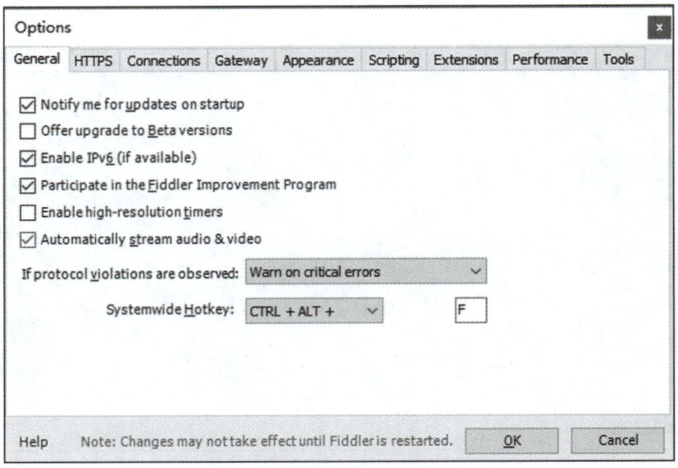

图 6-10　Fiddler 工具配置

选择图 6-10 中"Connections"选项卡，之后进行端口号的配置，如图 6-11 所示。

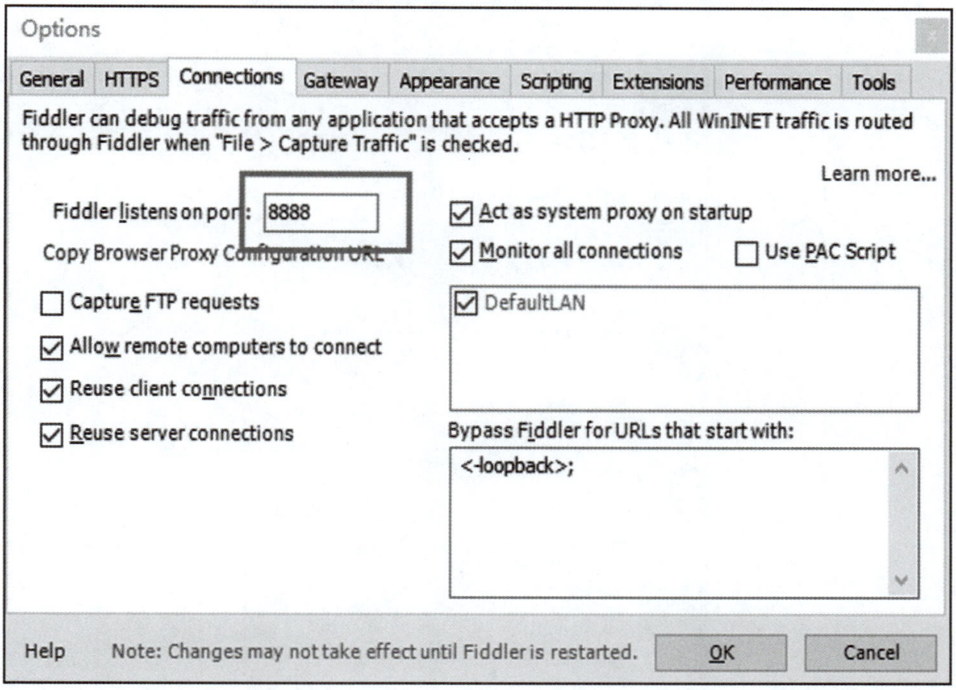

图 6-11　端口号的配置

第四步：手机配置。由于抓取的是手机 App 数据，因此需要在同一局域网内进行手机网络的配置（此处尽量使用安卓模拟器实现），进入手机 Wi-Fi 修改界面，设置手动代理并进行主机 IP 和端口号的配置，如图 6-12 所示。

图 6-12　主机 IP 和端口号的配置

第五步：App 页面分析。配置完成后，即可使用当前手机打开需要爬取的 App，这里使用的是美团 App，页面结构如图 6-13 所示。

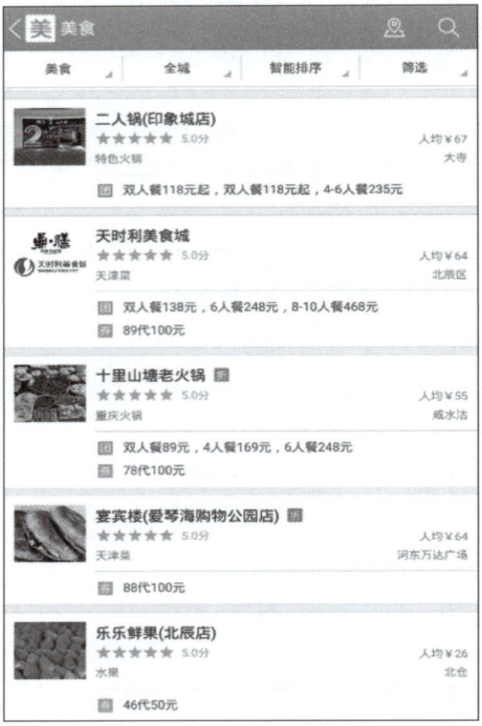

图 6-13　页面结构

第六步：查看 App 信息。找到需要抓取的页面后，在 Fiddler 抓包工具页面中会获取到当前 App 请求网络的路径，点击路径后即可查看当前 App 的相关信息，如图 6-14 所示。

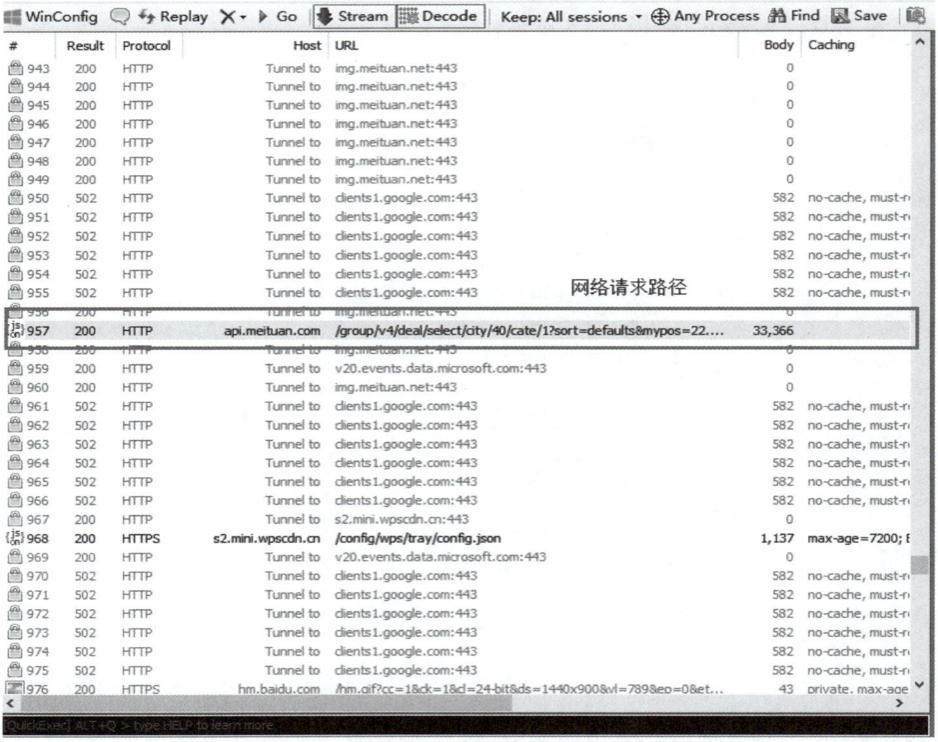

图 6-14　查看 App 信息

任务 6.3　构造采集请求

励志微语　容言，则日有所进；容事，则事无不成；容人，则人无不和。宽容待人，也会被世界温柔相待。

任务目标

- 理解 HTTP 协议工作机制。
- 掌握使用 Python 库构建 HTTP 请求报文的方法。

HTTP协议介绍

1. HTTP 协议介绍

众所周知，无论是网页应用还是移动端 App，作为客户端，在向服务器请求数据和服务器响应数据时，都是使用 HTTP 协议进行数据的请求和响应，因此需要对 HTTP 协议有清楚的认识。

什么是 HTTP 协议？

如图 6-15 所示，假设这个机器人是我们的浏览器或者客户端程序，这台电脑是服务器。

图 6-15　浏览器或者客户端程序与服务器

现在，机器人想要从服务器中获取一个网页或者一份数据，它会向服务器发送一个请求，该请求包含了服务器的地址及需要服务器应答的内容，我们称之为请求报文 Request，如图 6-16 所示。

图 6-16　请求报文 Request

服务器收到该请求后，经过处理生成了处理结果，并将结果以一个响应数据返回给机器人，我们称之为响应报文 Response，如图 6-17 所示。

图 6-17　响应报文 Response

这个过程即是 HTTP 协议的基本模式，称为请求响应模式。

HTTP 协议规定，请求从客户端发出，最后服务器端响应该请求并返回，如图 6-18 所示。

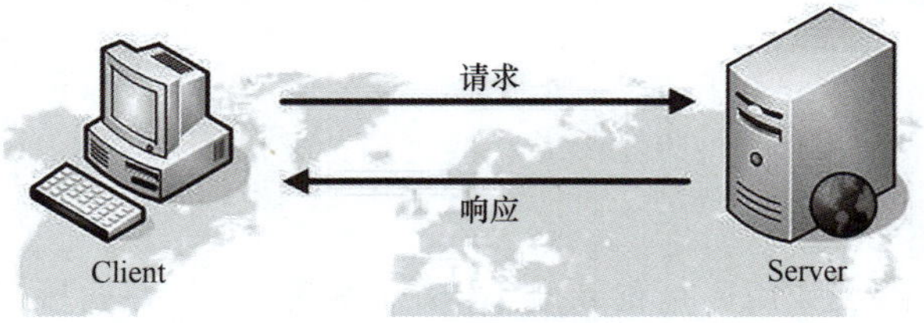

图 6-18　服务器端响应该请求并返回

因此，必须是先从客户端开始建立通信的，服务器端在没有接收到请求之前，不会发送响应。

HTTP 是 Hyper Text Transfer Protocol（超文本传输协议）的缩写，是用于从服务器传输超文本到本地浏览器的传送协议。

工作机制：

（1）建立 TCP 连接：点击链接即自动完成连接。

（2）客户端发送请求报文（Request）：客户端通过 URL 向 HTTP 服务端即 WEB 服务器发送一个 HTTP 协议的请求数据包。

（3）服务器响应报文（Response）：Web 服务器收到的请求后，根据请求内容，向客户端发送响应数据。

（4）结束 TCP 连接。

接下来学习一下 HTTP 协议的请求报文格式，如图 6-19 所示。

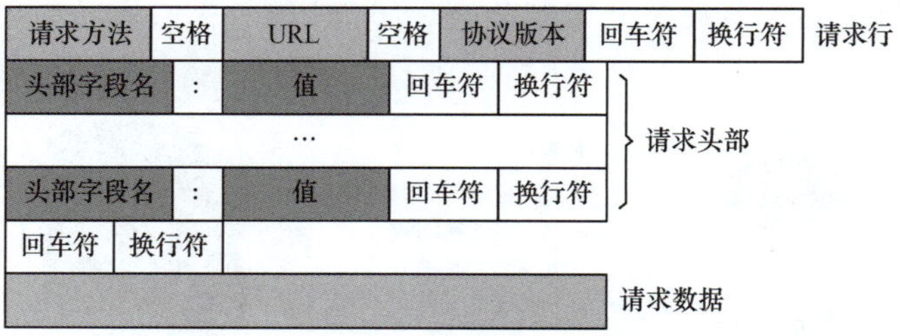

图 6-19　HTTP 协议的请求报文格式

请求报文由四部分组成：

第一部分：请求行，用来说明请求类型，要访问的资源以及所使用的 HTTP 版本号。注意，在请求行中，请求类型、资源 URI 以及版本号用空格隔开，最后以回车符和换行符结束，如图 6-20 所示，为真实的 HTTP 请求报文。

```
GET /style/ad.css HTTP/1.1
Host: www.jxyyxy.com
Connection: keep-alive
User-Agent: Mozilla/5.0 (Windows NT 10.0; Win64; x64) AppleWebKit/
537.36 (KHTML, like Gecko) Chrome/79.0.3945.117 Safari/537.36
Accept: text/css,*/*;q=0.1
Referer: http://www.jxyyxy.com/
Accept-Encoding: gzip, deflate
Accept-Language: zh-CN,zh;q=0.9
If-None-Match: "31b-53bd280661938-gzip"
If-Modified-Since: Tue, 06 Sep 2016 08:22:46 GMT
```

图 6-20　真实的 HTTP 请求报文

第二部分：请求头部，紧接着请求行（第一行）之后的部分，用来说明服务器要使用的附加信息，以“字段名：值”这种键值对的形式作为一个请求参数，以回车符和换行符结束，当有多个请求参数时，每个请求参数单独占据一行。

第三部分：空行，请求头部后面的空行是必需的，不可省略。

第四部分：请求数据也叫主体，可以添加任意的其他数据。一般需要附加到请求报文的数据，存放在此部分。

HTTP 协议的响应报文格式，如图 6-21 所示。

<table>
<tr><td>协议版本</td><td>空格</td><td>状态码</td><td>空格</td><td>状态码描述</td><td>回车和换行符</td><td>状态行</td></tr>
<tr><td>首部字段名</td><td>:</td><td>空格</td><td colspan="2">值</td><td>回车和换行符</td><td rowspan="3">首部行</td></tr>
<tr><td colspan="6"></td></tr>
<tr><td>首部字段名</td><td>:</td><td>空格</td><td colspan="2">值</td><td>回车和换行符</td></tr>
<tr><td colspan="6">回车和换行符</td><td>空行</td></tr>
<tr><td colspan="6">报文主体</td><td>主体</td></tr>
</table>

图 6-21　HTTP 协议的响应报文格式

与请求报文类似，响应报文也是由四部分组成，如图 6-22 所示。

```
HTTP/1.1 200 OK
Date: Thu, 11 Jun 2020 14:17:41 GMT
Content-Type: text/css
Content-Length: 369
X-Frame-Options: SAMEORIGIN
Last-Modified: Tue, 06 Sep 2016 08:22:46 GMT
ETag: "31b-53bd280661938-gzip"
Vary: Accept-Encoding
Content-Encoding: gzip
Cache-Control: max-age=3600
Expires: Thu, 11 Jun 2020 15:17:55 GMT
Content-Language: zh-CN
Accept-Ranges: bytes

...@charset "utf-8";
/* floatingAd */
.floatingAd .ad{z-index:100;background:none;position:absolute;display:none
.floatingAd a{color:#000000; display:inline-block;text-decoration:none;}
.floatingAd a img{border:0;}
.floatingAd .close{display:none;}
```

图 6-22　响应报文

第一部分：状态行，由 HTTP 协议版本号、状态码、状态消息三部分组成。示例图中的状态码为 200，状态消息是 OK，表示请求报文被服务器成功接收并响应。

在发起 HTTP 请求时，有时会遇到请求失败的情况，此时的状态码和状态消息是不一样的。例如，当请求的资源不存在，则状态码会变成 404。

第二部分：消息报头，用来说明客户端要使用的一些附加信息。

第三部分：空行，消息报头后面的空行是必需的。

第四部分：响应正文，服务器返回给客户端的数据信息，实际在网络数据采集过程中，需要提取的数据就是响应报文中的响应正文中的内容。

2. 构建采集请求

构建采集请求

首先，来回顾一下浏览器访问资源的过程，如图 6-23 所示。

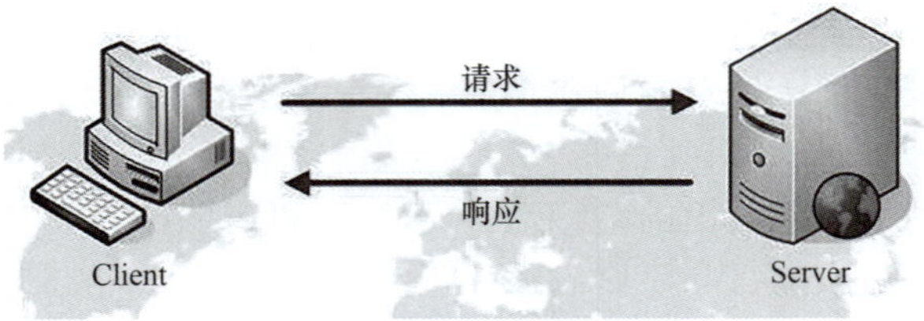

图 6-23　浏览器访问资源的过程

(1)用户点击链接，浏览器自动生成 HTTP 请求报文。

(2)服务器收到请求报文，根据报文的内容，回复 HTTP 响应报文。

(3)浏览器收到服务器的响应报文，进行解析提取。

这个过程是由浏览器和服务器通过 HTTP 协议进行协商完成的。而作为服务器来说，其并不知道发起该 HTTP 请求报文的是何种设备或者程序，服务器只关注于对该请求报文的处理和响应。

因此，如果可以将图中的浏览器或者其他客户端换成我们自己编写的程序，模拟浏览器向服务器发送相同的 HTTP 请求报文，此时服务器并不知道此请求是由我们自己编写的程序发起的，依然会正常接收并处理，最后回复正确的响应报文。

所以，程序模拟访问资源的过程如图 6-24 所示。

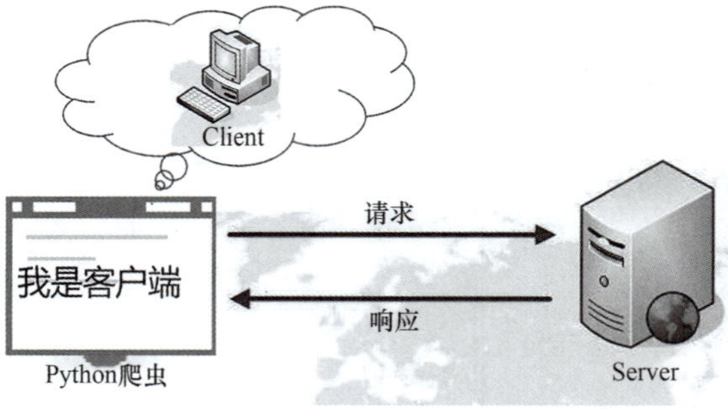

图 6-24　程序模拟访问资源的过程

(1)程序构建 HTTP 请求报文，模拟向服务器发送 HTTP 请求。

(2)服务器收到请求报文，根据报文内容，回复 HTTP 响应报文。

(3)程序收到服务器的响应报文，解析并提取报文。

所以，我们可以通过此方法实现对网络数据的自动化采集。

理论上，任何编程语言都可以实现构造 HTTP 报文并向服务器模拟发送 HTTP 请求报文和接收 HTTP 响应报文，但是不同的开发语言的优缺点不一样，那么该如何选择合适的开发语言呢？

- C/C++：高效率，快速，适合通用搜索引擎做全网爬取，如百度搜索引擎。但其缺点明显，由于现有第三方代码支持较少，原生代码开发难度大，涉及 HTTP 协议构造、通信处理、数据解析等都需要代码开发，且总体代码量庞大。

- Perl、Java、Ruby：简单，易学，良好的文本处理能方便网页内容的提取，但效率不高，适合对少量网站的聚焦爬取。
- .NET：平台支持不好，仅可以在 Windows 系统平台运行，不适用于 Linux 系统。
- Python：在 HTTP 协议模拟方面的框架已经比较成熟，且平台无限制，实际应用也最为广泛。因此，更多地会采用 Python 语言作为网络数据采集的开发语言。

这里对 Python 语言关于 HTTP 请求构建的库进行简单讲解。

操作 URL 的 Python 模块主要有两个：urllib 库和 requests 库。urllib 库，这个属于自有库，无须手动安装；requests 库，这个属于第三方库，需要手动安装。

另外，市场中还有其他的丰富且出色的第三方爬虫框架，也可以实现 HTTP 协议模拟，如 Scrapy 框架就是一个非常优秀的框架。

这里主要介绍 urllib 和 requests 这两个库的基本使用。

3. urllib 库

urllib 是 Python 标准库中用于网络请求的库，包含四个模块：urllib. request 请求模块、urllib. error 异常处理模块、urllib. parse url 解析模块以及 urllib. robotparser robots. txt 解析模块。

(1)发起请求

模拟浏览器发起一个 HTTP 请求需要用到 urllib. request 模块。urllib. request 的作用不仅仅是发起请求，还能获取请求的返回结果。发起请求，调用 urlopen()方法即可。

首先了解一下 urlopen()的参数：

```
urllib.request.urlopen( url,
                        data=None,
                        [timeout,]*,
                        cafile=None,
                        capath=None,
                        context=None
                      )
```

- data 是 bytes 类型的内容，可通过 bytes()方法转为化字节流，它也是可选参数。使用 data 参数，请求方式变成以 POST 方式提交表单。使用标准格式是 application/x-www-form-urlencoded。
- timeout 参数用于设置请求超时时间，单位是秒。
- cafile 和 capath 代表 CA 证书和 CA 证书的路径，如果使用 HTTPS 则需要用到。
- context 参数必须是 ssl. SSLContext 类型，用来指定 SSL 设置。
- 该方法也可以单独传入 urllib. request. Request 对象。
- 该方法返回结果是一个 http. client. HTTPResponse 对象。

```
import urllib.request

url = "http://www.sina.com.cn"
response = urllib.request.urlopen(url)
html = response.read()             #获取到页面的源代码
print(html.decode('utf-8'))        #转化为 utf-8 编码
```

(2)设置请求超时

有些请求可能因为网络原因无法得到响应。因此,我们可以手动设置超时时间。当请求超时时,可以采取进一步措施,如选择直接丢弃该请求或者再请求一次。

```
import urllib.request

url = "http://www.sina.com.cn"
response = urllib.request.urlopen(url,timeout=1)
print(response.read().decode('utf-8'))
```

(3)使用 data 参数提交数据

在请求某些网页时需要携带一些数据,此时就需要使用到 data 参数。

```
import urllib.parse
import urllib.request
url = "http://www.baidu.com/"
params = {
  'name':'TTT',
  'author':'Miracle'
}

data = bytes(urllib.parse.urlencode(params),encoding='utf8')
response = urllib.request.urlopen(url,data=data)
print(response.read().decode('utf-8'))
```

params 需要被转码成字节流,而 params 是一个字典,需要调用 urllib.parse.urlencode()方法将字典转化为字符串,再调用 bytes()方法转为字节流,最后调用 urlopen()方法发起请求,请求是模拟用 POST 方式提交表单数据。

这时就需要用 urlencode()方法进行编码转换,urlencode 的参数是词典,可以将 key-value 这样的键值对转换成我们想要的格式。

(4)使用 Request

由上可知利用 urlopen()方法可以发起简单的请求。但这几个简单的参数并不足以构建一个完整的请求,如果请求中需要加入 headers(请求头)、指定请求方式等信息,可以利用更强大的 Request 类来构建一个请求。按照国际惯例,先看下 Request 的构造方法:

```
urllib.request.Request(url,data=None,headers={},origin_req_host=None,unverifiable=False,
method=None)
```

- data 参数跟 urlopen()方法中的 data 参数用法相同。
- headers 参数是指定发起的 HTTP 请求的头部信息。headers 是一个字典,除了在 Request 中添加,还可以通过调用 Request 实例的 add_header()方法来添加请求头。
- origin_req_host 参数指的是请求方的 host 名称或者 IP 地址。
- unverifiable 表示请求是否无法验证,默认 False,即用户没有足够权限来选择接收这个请求的结果。例如,请求一个 HTML 文档中的图片,但是没有自动抓取图像的权限,就要将 unverifiable 的值设置成 True。
- method 参数指的是发起的 HTTP 请求的方式,有 GET、POST、DELETE、PUT 等。

使用 Request 伪装成浏览器发起 HTTP 请求。如果不设置 headers 中的 User-Agent,

默认的 User-Agent 是 Python-urllib/3.5。可能一些网站会将该请求拦截,所以需要伪装成浏览器发起请求。本教材使用的 User-Agent 是 Chrome 浏览器。

```
#修改 User-Agent 为 Chrome 的 UA 进行伪装
import urllib.request

url = "http://www.sina.com.cn/"
headers = {
    'User-Agent': 'Mozilla/5.0 (Windows NT 6.1; Win64; x64) AppleWebKit/537.36 (KHTML, like Gecko) Chrome/56.0.2924.87 Safari/537.36'
}
request = urllib.request.Request(url = url,headers = headers)
response = urllib.request.urlopen(request)
print(response.read().decode('utf-8'))
```

(5)使用代理

目前已经了解了 opener 和 handler,接下来就通过示例来深入学习。第一个例子是为 HTTP 请求设置代理。

有些网站做了浏览频率限制,如果请求该网站频率过高,会被该网站封 IP,禁止我们的访问。所以,我们需要使用代理来突破这个“枷锁”。

```
import urllib.request

url = "http://tieba.baidu.com/"
headers = {
    'User-Agent': 'Mozilla/5.0 AppleWebKit/537.36 Chrome/56.0.2924.87 Safari/537.36'
}
proxy_handler = urllib.request.ProxyHandler({
    'http': 'web-proxy.oa.com:8080',
    'https': 'web-proxy.oa.com:8080'
})
opener = urllib.request.build_opener(proxy_handler)
urllib.request.install_opener(opener)

request = urllib.request.Request(url = url,headers = headers)
response = urllib.request.urlopen(request)
print(response.read().decode('utf-8'))
```

(6)认证登录

有些网站需要携带账号和密码进行登录之后才能继续浏览网页。碰到这样的网站,我们需要用到认证登录。首先需要调用 HTTPPasswordMgrWithDefaultRealm()方法实例化一个账号密码管理对象;然后调用 add_password()方法添加账号和密码;接着调用 HTTPBasicAuthHandler()方法得到 handler;再调用 build_opener()方法获取 opener 对象;最后调用 opener 的 open() 方法发起请求。

第二个例子是携带账号和密码请求登录博客园,代码如下:

```
import urllib.request
url = "http://cnblogs.com/"
user = 'user_name'
password = 'password'
pwdmgr = urllib.request.HTTPPasswordMgrWithDefaultRealm()
pwdmgr.add_password(None,url,user,password)

auth_handler = urllib.request.HTTPBasicAuthHandler(pwdmgr)
opener = urllib.request.build_opener(auth_handler)
response = opener.open(url)
print(response.read().decode('utf-8'))
```

(7)Cookies 设置

如果请求的页面每次都需要身份验证,可以使用 Cookies 来自动登录,免去重复登录验证的操作。获取 Cookies 需要调用 http.cookiejar.CookieJar()方法实例化一个 Cookies 对象,再用 urllib.request.HTTPCookieProcessor 构建出 handler 对象,最后调用 opener 的 open()方法即可。

第三个例子是获取请求百度贴吧的 Cookies 并保存到文件中,代码如下:

```
import http.cookiejar
import urllib.request

url = "http://tieba.baidu.com/"
fileName = 'cookie.txt'

cookie = http.cookiejar.CookieJar()
handler = urllib.request.HTTPCookieProcessor(cookie)
opener = urllib.request.build_opener(handler)
response = opener.open(url)

f = open(fileName,'a')
for item in cookie:
    f.write(item.name + " = " + item.value + '\n')
f.close()
```

(8)HTTPResponse

从上面的例子可知,调用 urllib.request.urlopen() 或者 opener.open(url)方法返回结果是一个 http.client.HTTPResponse 对象。它具有 msg、version、status、reason、closed、debuglevel 等属性以及 read()、readinto()、getheader(name)、getheaders()、fileno()等方法。

4. 错误解析

发起请求难免会出现各种异常,我们需要对异常进行处理,这样会使程序比较健壮。

异常处理主要用到两个类：

- urllib. error. URLError
- urllib. error. HTTPError

(1)URLError 是 urllib. error 异常类的基类，可以捕获由 urllib. request 产生的异常。它具有一个属性 reason，即返回错误的原因。

捕获 URL 异常的示例代码：

```
import urllib.request
import urllib.error

url = "http://www.google.com"
try:
    response = request.urlopen(url)
except error.URLError as e:
    print(e.reason)
```

(2)HTTPError 是 URLError 的子类，专门处理 HTTP 和 HTTPS 请求的错误。它具有三个属性。

- code：HTTP 请求返回的状态码。
- reason：与父类用法一样，表示返回错误的原因。
- headers：HTTP 请求返回的响应头信息。

获取 HTTP 异常的示例代码，输出了错误状态码、错误原因、服务器响应头。

```
import urllib.request
import urllib.error

url = "http://www.google.com"
try:
    response = request.urlopen(url)
except error.HTTPError as e:
    print('code: ' + e.code + '\n')
    print('reason: ' + e.reason + '\n')
    print('headers: ' + e.headers + '\n')
```

5. urllib. response

在调用 urlopen()方法或者 opener 的 open()方法发起请求后，获得的结果是一个 response 对象。这个对象有一些方法和属性，可以让我们对请求返回的结果进行一些处理。

geturl()：返回获取的真实的 URL，这个很有用，因为 urlopen(或者 opener 对象使用的)或许会有重定向，获取的 URL 或许跟请求的 URL 不同。

info()：返回对对象的字典对象，该字典描述了获取的页面情况。通常是服务器发送的特定头 headers。

read()：获取响应返回的数据，只能使用一次。

getcode()：获取服务器返回的状态码。

getheaders()：获取返回响应的响应报头。

6. urllib. parse

urllib. parse 是 urllib 中用来解析各种数据格式的模块。

(1)urllib. parse. quote

在 URL 中,只能使用 ASCII 中包含的字符,也就是说,ASCII 不包含的特殊字符以及中文等字符都是不可以在 URL 中使用的。而我们有时又有将中文字符加入 URL 中的需求,例如百度的搜索地址"https://www. baidu. com/s? wd=数据采集","?"之后的 wd 参数,则是我们搜索的关键词。那么我们实现的方法就是将特殊字符进行 URL 编码,转换成 URL 可以传输的格式,urllib 中可以调用 quote()方法来实现这个功能。

```
from urllib import parse
keyword = '数据采集'
parse. quote(keyword)
========>>'%E6%95%B0%E6%8D%AE%E9%87%87%E9%9B%86'

#如果需要将编码后的数据转换回来,可以调用 unquote()方法。
parse. unquote('%E6%95%B0%E6%8D%AE%E9%87%87%E9%9B%86')
========>>'数据采集'
```

(2)urllib. parse. urlencode

在访问 URL 时,我们常常需要传递很多 URL 参数,而如果用字符串的方法去拼接 URL 的话会比较麻烦,所以 urllib 中提供了 urlencode 方法来拼接 URL 参数。

```
from urllib import parse
params = {'wd': '数据采集','code': '1','height': '188'}
parse. urlencode(params)

========>>'wd=%E6%95%B0%E6%8D%AE%E9%87%87%E9%9B%86&code=
1&height=188'
```

(3)urllib. error

在 urllib 中主要设置了两个异常:一个是 URLError;另一个是 HTTPError。HTTPError 是 URLError 的子类。

HTTPError 还包含了三个属性:

- code:请求的状态码
- reason:错误的原因
- headers:响应的报头

```
from urllib. error import HTTPError
try:
    request. urlopen('https://www. baidu. com')
except HTTPError as e:
    print(e. code)

403
```

一个使用代理的例子：

```
proxy_handler = urllib.request.ProxyHandler({'http':'http://www.example.com:3128/'})
proxy_auth_handler = urllib.request.ProxyBasicAuth()
proxy_auth_handler.add_password('realm','host','username','password')

opener = urllib.request.build_opener(proxy_handler,proxy_auth_handler)
opener.open('http://www.example.com/login.html')
```

添加 HTTP 请求头部：

```
import urllib.request
req = urllib.request.Request('http://www.example.com/')
req.add_header('Referer','http://www.python.org/')
r = urllib.request.urlopen(req)
```

更改 User-Agent：

```
import urllib.request
opener = urllib.request.build_opener()
opener.addheaders = [('User-Agent','Mozilla/5.0')]
opener.open('http://www.example.com/')
```

7. Python 3.x 中使用整合后的 urllib

Python 2.x 有这些库名可用：urllib，urllib2，urllib3，httplib，httplib2，requests；Python 3.x 有这些库名可用：urllib，urllib3，httplib2，requests。

若只使用 Python 3.x，记住有个 urllib 库即可。Python 2.x 和 Python 3.x 都有 urllib3 和 requests，它们不是标准库。urllib3 提供线程安全连接池和文件 post 等支持，与 urllib 及 urllib2 的关系不大。requests 自称 HTTP for Humans，使用更简洁方便。

Python 3.x 中将 urllib2 合并到了 urllib，之后此包分成了以下几个模块：

- urllib.request 用于打开和读取 URL。
- urllib.error 用于处理前面 request 引起的异常。
- urllib.parse 用于解析 URL。
- urllib.robotparser 用于解析 robots.txt 文件。

Python 3.x 中，随着 urllib2 合入 urllib，Python 3.3 后 urllib2 已经不能再用，所有 urllib2 全部用 urllib.request 来代替。

8. requests 库

requests 是 python 实现的简单易用的 HTTP 库，使用起来比 urllib 简洁得多。因为是第三方库，所以使用前需要安装 cmd。

安装命令：pip install requests。requests 库中 7 个常用方法见表 6-1。

表 6-1　requests 库中的 7 个方法

方法	说明
requests.request()	构造一个请求，最基本的方法，是其他方法的支撑
requests.get()	获取网页，对应 HTTP 中的 GET 方法
requests.post()	向网页提交信息，对应 HTTP 中的 POST 方法

（续表）

方法	说明
requests. head()	获取 HTML 网页的头信息，对应 HTTP 中的 HEAD 方法
requests. put()	向 HTML 提交 PUT 方法，对应 HTTP 中的 PUT 方法
requests. patch()	向 HTML 网页提交局部修改的请求，对应 HTTP 中的 PATCH 方法
requests. delete()	向 HTML 提交删除请求，对应 HTTP 中的 DELETE 方法

其中，除 requests. request()方法外，其他方法都是由 requests. request()方法封装而来的。调用 requests. request()方法可以构建出基本的 HTTP 协议报文，进而实现 HTTP 请求和响应的处理。

向服务器发起 HTTP 请求的方法主要有两种：GET 和 POST，分别对应了 requests. get()和 requests. post()。

首先，体验一下由程序模拟发送 HTTP 请求的过程，构建一个最简单的 GET 请求，请求的链接为 www. sina. com. cn 。其功能是向新浪网首页发起一个网页请求，新浪网服务器收到响应后，将程序请求的网页以 HTML 文档的形式响应给程序。

```
import requests

r = requests.get('http://www.sina.com.cn')
print(r.text)
```

不带参数的 GET 请求：

r = requests. get(url)

其中：

返回值 r：是一个有服务器响应的 Response 对象，包含了服务器资源的对象。

. get(url)：是一个 Request 对象，构造一个向服务器请求资源的 Request。

该方法仅仅是单纯地向服务器请求 URL 所指向的网页，没有携带任何参数。

带参数的 GET 请求：

request. get(url，params=None，* * kwargs)

其中：

url：获取 HTML 的网页的 URL。

params：URL 中额外的参数，字典或字节流格式，可选。

* * kwargs：12 个控制访问的参数

例如，向 url 为 http://www. jxyyxy. com/search. jsp 的网址传递参数 wbtreeid=1001，用于在网站中，在栏目编号为 1001 的栏目中搜索关键字：

```
import requests

def getParam(url,headers,params):
    #通过 get 方式，打开 url 链接，并伪装成浏览器
    response = requests.get(url=url,headers=headers,params=params)
    print(response.content.decode("utf-8"))
    print("\n")
```

```
def main():
    headers = {
        'User-Agent': 'Mozilla/5.0 (Windows NT 10.0; Win64; x64) AppleWebKit/537.36
(KHTML,like Gecko) '
                      'Chrome/79.0.3945.117 Safari/537.36 '
    }
    url = "http://www.jxyyxy.com/search.jsp"
    params = {"wbtreeid": 1001}
    getParam(url,headers,params) # 传递了 wbtreeid=1001 的参数
if __name__ == '__main__':
    main()
```

表 6-2　服务器返回的 response 对象中几个重要的属性

属性	说明
r.status_code	HTTP 请求返回状态码,200 表示成功
r.text	HTTP 响应的字符串形式,即 URL 对应的页面内容
r.encoding	从 HTTP header 中猜测的响应内容的编码方式
r.apparent_encoding	从内容中分析响应内容的编码方式(备选编码方式)
r.json	Requests 中内置的 JSON 解码器
r.content	HTTP 响应内容的二进制形式

由于网络中的数据存在一定的经济价值,有些网站服务器会禁止网络爬虫对其数据进行爬取,因此在实际对网页内容进行数据采集时,可能会遇到这种情况:打开发起请求时,会被网页所在服务器拦截,如图 6-25 所示。这是因为我们自己编写的采集程序,没有成功地伪装成浏览器,被服务器的反爬虫机制识别出来了。

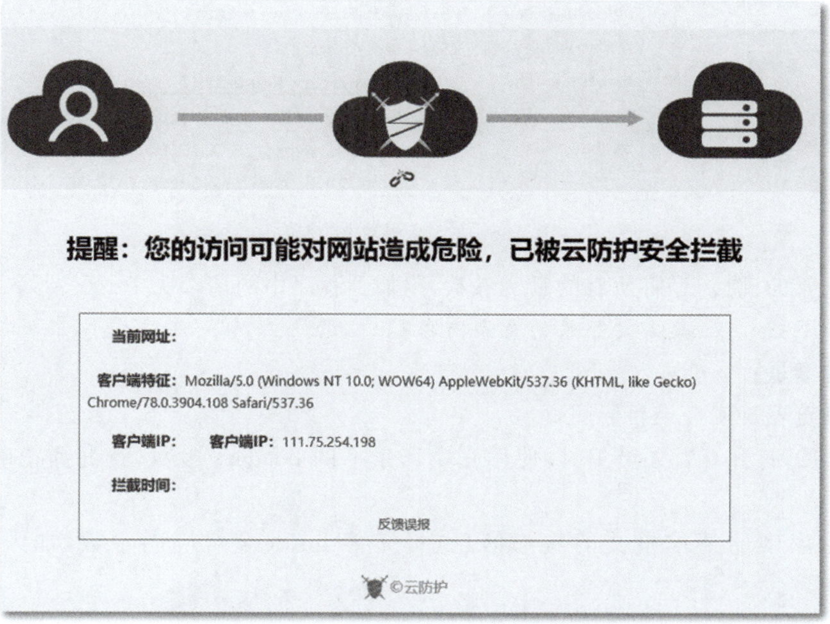

图 6-25　请求被网页所在服务器拦截

因此，针对被服务器识别的情况，我们需要让数据采集程序能够正确地模拟真实的浏览器请求行为。如何进行模拟呢？

具体解决方法是在真实的浏览器请求过程中，分析浏览器发起的真实 HTTP 请求报文，主要涉及报文头参数。

如何选择正确的请求报文中的 Headers 参数呢？

方法如下：

①任意打开一个网页，如 www. baidu. com。

②按 F12，会出现一个窗口。切换到 Network 标签页。

③然后单击网页中的“百度一下”，即让网页发生一个动作。

④将界面右上方的标签切换到“Headers”中，即可以看到对应的头信息，并找到 User-Agent 字样的一串信息，如图 6-26 所示。

⑤复制 User-Agent 数据，该参数表示在当前请求下，浏览器的标识。

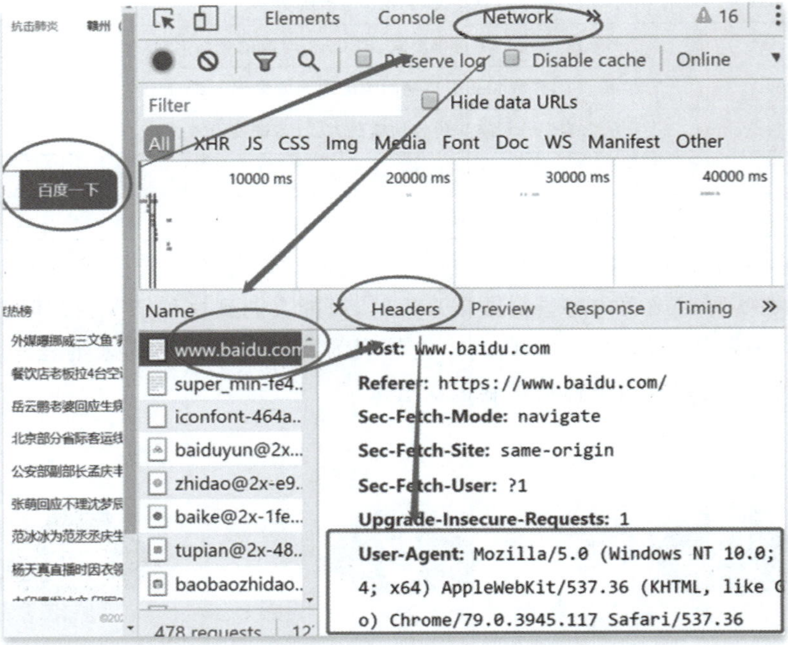

图 6-26 选择正确的请求报文中的 Headers 参数

更加完善的模拟，是将所有的真实参数，附加到程序中的请求头中。

思考一下：如何采集需要登录的页面内容？

解决方案是：

①用浏览器真实登录目标网页。

②按 F12，打开开发人员工具，使用真实场景下的 headers 参数，查询到正确的 Cookie 或 Session 值。

③在程序中的请求报文的头部信息中，完善 headers 对应的参数，加入 Cookie 或 session 值。

任务 6.4 实现数据爬取

励志微语 所有逆袭，都是有备而来；所有光芒，需要时间才能被看到；所有幸运，都是努力埋下的伏笔。

任务目标

- 掌握正则表达式解析文本的方法。
- 掌握 XPath 解析 HTML 文档的方法。

当实现了编写程序模拟 HTTP 请求并获得了服务器返回的 HTTP 响应报文后，为了实现数据采集，接下来仍需要从响应报文中，提取出有效数据。HTTP 的响应报文主要类型包含 HTML 文档、JSON 字符串、二进制文件或者数据流等。其中，HTML 文档是数据采集的主要目标，需要从文本类型的数据中，解析和提取出目标数据。

这里讲解的是对 HTML 文档的解析和提取。文本类型的 HTML 文档可以通过文本处理工具进行解析，较为常用的是正则表达式。由于 HTML 文档是具有一定组织结构的标签集合，所以对 HTML 的文本处理也可以通过 XPath 来实现。

下面对正则表达式和 XPath 分别进行介绍。

1. 正则表达式

正则表达式解析数据

在编写处理字符串的程序或网页时，经常需要从字符串中提取符合某种复杂规律或者格式的子字符串。正则表达式就是用于描述这些规则的工具。换句话说，正则表达式就是记录文本规则的代码。

读者很可能使用过 Windows/DOS 下用于文件查找的通配符(wildcard)，也就是“*”和“?”。如果想查找某个目录下的所有的 Word 文档，读者会搜索“*.doc”。在这里，“*”会被解释成任意的字符串。和通配符类似，正则表达式也是用来进行文本匹配的工具，只不过比起通配符，它能更精确地描述用户的需求。例如，从一篇文章中提取出所有的手机号，由于没有给定具体的手机号，所以通过普通方法直接查找手机号的方式无法实现这一需求，而通过正则表达式编写符合手机号格式的表达式，可以从字符串中提取符合这个格式的所有手机号。

正则表达式就是用于描述一组字符串特征的模式，用来匹配特定的字符串，通过特殊字符+普通字符来进行模式描述，从而达到文本匹配目的的工具。例如所有以 0 开头，后面跟着 2~3 个数字，然后是一个连字号“-”，最后是 7 或 8 位数字的字符串(如 010-12345678 或 0376-7654321)，其对应的正则表达式是“(0\d{2}-\d{8})|(0\d{3}-\d{7})”。

正则表达式主要有三个应用场景，分别是验证、查找以及替换。

- 验证是指某个字符串是否符合特定的表达式，如注册表单在提交时，可以通过正则表达式来验证用户名或者密码的格式是否符合网站的要求。

• 查找是指从大量信息中快速提取指定内容，如从一大堆 URL 链接中，查找出符合某种规律的 URL 链接。

• 替换是指使用特定字符串去替换符合正则表达式的字符串。

正则表达式由多种基本要素组成，其中有四种常用构成要素，分别是元字符、反义字符、量词以及捕获。这里我们分别对这四个要素进行讲解。

(1)元字符

元字符是代表某种类型的单个字符。常用的元字符见表 6-3。

表 6-3 常用的元字符

代码/语法	说明
.	匹配除换行符以外的任意一个字符
\w	匹配字母、数字、下划线或汉字
\s	匹配任意的空白符
\d	匹配数字
\b	匹配单词的开始或结束
^	匹配字符串的开始位置
$	匹配字符串的结束位置

其中：

.点号表示匹配除换行符以外的任意一个字符，即某个字符只要不是换行符，都被视为成功匹配。

\w 代表匹配 1 个字母、数字、下划线或汉字符号，而空格、换行以及符号字符都不属于该元字符。

\s 代表匹配任意的 1 个空白符，如空格、换行、不可打印字符等。

\d 代表匹配 1 个数字字符，即 0～9 字符。

\b 代表匹配单词或者连续字符串的开始或结束位置。

^上角符代表匹配字符串的开始位置。

$ 符号代表匹配字符串的结束位置。

例如，已知正则表达式“\ba\w*\b”描述的是匹配以字母 a 开头的单词或者字符串，先是某个单词开始处(\b)，然后是字母 a，然后是任意数量的字母或数字(\w*)，最后是单词结束处(\b)。这里的*号表示出现次数为重复零次或更多次，表示字母 a 之后可以有 0 个或者多个字母、数字、下划线或汉字。

另外，又如正则表达式“\d+”匹配一个或更多连续的数字。这里的+是和*类似的元字符，不同的是*匹配重复任意次(可能是 0 次)，而+则匹配重复一次或更多次。

(2)反义字符

反义字符是指不属于某种类型的字符，或者指某个能简单定义的字符类的字符。例如，需要从一段文本中，查找除了数字以外的其他任意字符，显然直接用元字符来表示是无法实现的，只能使用反义字符来表示。常用的反义字符见表 6-4。

表 6-4　　常用的反义字符

代码/语法	说明
\W	匹配任意不是字母、数字、下划线、汉字的字符
\S	匹配任意不是空白符的字符
\D	匹配任意非数字的字符
\B	匹配不是单词开头或结束的位置
[^x]	匹配除了 x 以外的任意字符
[^abc]	匹配除了 abc 这几个字母以外的任意字符

\W、\S、\D、\B 表示分别与其对应的小写字母的元字符一一相反的意思。例如，\W 是指除字母、数字、下划线、汉字外的所有其他字符。

而[^x]表示除了 x 以外的任意字符，[^abc]表示除了 abc 这几个字母以外的任意字符，此处的中括号表示从中括号内任意选择一个字符，上角符表示否定，取反义。

(3)量词

量词用于描述其前导字符或者字符串出现的次数。这里的前导字符是指元字符、反义字符或者普通表意字符。量词表示见表 6-5。

表 6-5　　量词表示

代码/语法	说明
*	重复零次或更多次
+	重复一次或更多次
?	重复零次或一次
{n}	重复 *n* 次
{n,}	重复 *n* 次或更多次
{m,n}	重复 *m* 到 *n* 次

前导字符或者字符串：直接出现在量词前面的单个字符或者字符串分组，字符串分组需要使用括号进行组合，表示一个前导字符串的整体。

量词解释：

① * 号，代表 * 号前的前导字符或者字符串重复出现 0 次或更多次。

例如，正则表达式“a\d*”，该表达式第一个是表意字符 a 字母，表示要匹配或者查找的是以字母 a 开头的字符串，同时由于字母 a 的后续是元字符\d，表示数字，元字符后面的是量词 *，表示元字符\d 重复 0 次或者更多次。因此，正则表达式“a\d*”描述的是以字母 a 开头的，后续有 0 个或者多个数字字符，如“a0”“a92”或者“a”，但是“a0a0”不符合这个正则表达式，因为 * 号的前导字符仅仅是\d。

②＋号，代表＋号前导字符或者字符串分组重复 1 次或更多次，注意与 * 号的区别在于＋号表示前导字符至少出现 1 次。

③? 号，代表? 号的前导字符或者字符串分组重复 0 次或者 1 次。

④{n}，*n* 表示前导字符或者字符串分组重复具体的次数，如{3}表示重复 3 次。例如，“\d{3}”表示连续 3 个数字字符。

⑤{n,}，*n* 表示至少要重复的次数，如“{3,}”表示至少需要重复 3 次。例如，“a{3,}”表示至少 3 个 a 字符，如 aaaaa 也满足该正则表达式。

⑥{m,n}，中间逗号隔开，表示前导字符或者字符串分组至少重复 *m* 次，不超过 *n* 次。

例如,“a{3,9}”表示 a 字符至少重复 3 次,但不超过 9 次。

(4)捕获分组

一般应用于提取括号中的文本内容。在正则表达式中设置一个括号,括号内的内容就是一个捕获分组,如“(\d)\d” 中的“(\d)”。在 HTML 数据采集过程中,捕获分组是用来在 HTML 文档中抽取特定位置中的文本数据,进而实现数据采集。主要的捕获分组见表 6-6。

表 6-6　　主要的捕获分组

代码/语法	说明
(exp)	匹配 exp,并捕获文本到自动命名的组里
(?<name>exp)	匹配 exp,并捕获文本到名称为 name 的组里,也可以写成(?'name'exp)
(?:exp)	匹配 exp,不捕获匹配的文本,也不给此分组分配组号

其主要形式有三种:

第一种形式:在括号里写匹配内容的正则表达式,表示匹配该表达式,并捕获文本到自动命名的组中,其运算结果通过数组下标形式提取。

第二种形式:在括号里以问号开头,紧接着括号中写该捕获分组的别名,再写匹配内容的正则表达式。这种形式与第一种的区别在于捕获的文本会存储到设置了别名的分组中,要提取该捕获分组时,可以通过该别名获取文本。

例如,正则表达式(?<protocol>\w+):\/\/(?<domain>\w+\.\w+\.\w+)/),针对字符串:"http://www.baidu.com"的结果:

分组 domain:"www.baidu.com"

分组 protocol:"http"

最后一种形式:在一对括号开头的地方加上问号和冒号,再设置匹配内容的正则表达式,此种形式不捕获匹配的文本,也不给此分组分配组号。

现在来看一个例子,正则表达式 [^\d]*(\d{3,})[^\d]*,此例子用来匹配一段字符串,以非数字字符串开头,有 3 位以上的数字字符串,且以非数字字符串结尾,同时将匹配到的数字字符串捕获出来放到一个分组中。

最后,看一个实际例子,编写 Python 程序,采集豆瓣电影 top 250 的电影信息,如图 6-27 所示。

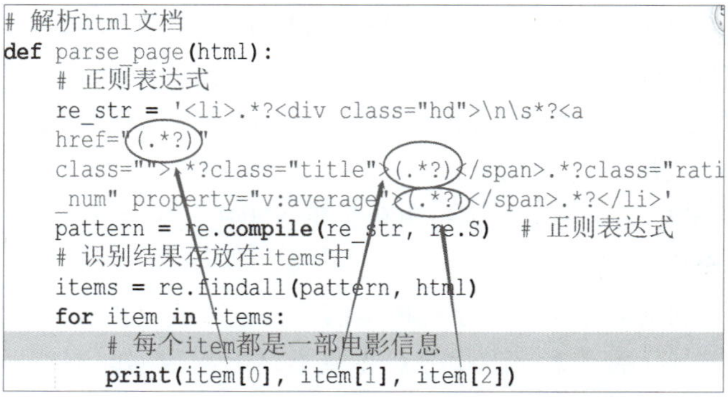

```python
# 解析html文档
def parse_page(html):
    # 正则表达式
    re_str = '<li>.*?<div class="hd">\n\s*?<a
    href="(.*?)"
    class="">.*?class="title">(.*?)</span>.*?class="rati
    _num" property="v:average">(.*?)</span>.*?</li>'
    pattern = re.compile(re_str, re.S)  # 正则表达式
    # 识别结果存放在items中
    items = re.findall(pattern, html)
    for item in items:
        # 每个item都是一部电影信息
        print(item[0], item[1], item[2])
```

图 6-27　采集豆瓣电影 top 250 的电影信息

可以看到通过 Python 程序编写的解析程序中,涉及对电影链接、电影名称、电影评分信息进行提取时,分别在对应的文本位置设置了捕获分组。在提取这三项数据时,可以根据三个分组的先后顺序,通过下标形式来访问这些数据。

2. XPath

XPath解析数据

XPath 全称为 XML 路径语言，是一种用来确定 XML 文档中某个数据位置的语言。最初是用来搜寻 XML 文档的，但由于 HTML 的标签内容与 XML 结构一致，因此实际也适用于 HTML 文档的搜索。

因此，在数据采集过程中，可以使用 XPath 对获取到的 HTML 文件进行数据提取。

XPath 还提供了超过 100 个内建函数，涵盖字符串、数值、时间的匹配，以及节点、序列的处理等，几乎所有想要定位的节点都可以用 XPath 来处理。

XPath 定位节点的方法主要是基于 XML 或者 HTML 树型结构，从某个节点出发，沿着子节点或者后代节点，逐步找到符合条件的目标节点。

例如，这个 XPath 表达式“//span[@id="tab-nav"]”，表示从当前文档中，找出 id 属性值为“tab-nav”的 span 标签。常用的节点选择规则见表 6-7。

表 6-7　常用的节点选择规则

表达式	描述
nodename	选取此节点的所有子节点
/	从当前节点选取直接子节点
//	从当前节点选取子孙节点
.	选取当前节点
..	选取当前节点的父节点
@	选取属性

第一种：具体的标签名称，表示选取此节点的所有子节点。例如，DIV 表示选择 DIV 标签的所有子节点。

第二种：/，表示从当前节点选取直接子节点。例如，/a 表示从当前节点出发，选取其直接子节点中的超链接标签节点。

第三种：//，表示从当前节点选取子孙节点。例如，//div 表示从当前节点出发，选取其所有后代节点中的 div 标签节点。

第四种：一个点号，表示选取当前节点。

第五种：两个点号，表示选取当前节点的父节点。

第六种：@符号，表示选取节点的某个属性，例如，/a/@href，表示选取当前节点下所有 a 标签的 href 属性。

XPath 除了基本的用法外，还支持通配符的使用，涉及三种通配符，见表 6-8。

表 6-8　三种通配符

通配符	描述
*	匹配任何元素节点
@*	匹配任何属性节点
node()	匹配任何类型的节点

注意：表中“节点”指的是 DOM 结构树的各种类型节点。

例如，表达式“//*[@class="item-color"]/a”，表示选取文档中所有包含“class="item-color"”的节点下的直接子节点中的超链接标签。

XPath 还支持函数的使用，涉及 4 个常用的函数，见表 6-9。

表 6-9　　XPath 的常用函数

函数	作用
starts-with()	获取以 xxx 开头的元素
contains()	获取包含 xxx 的元素
text()	提取节点的文本
and	逻辑与的关系

第一个函数：starts-with()，用于判断某个字符串是否是以特定的字符串开头。其包含两个参数，第 1 个参数表示待判断的字符串，第 2 个参数表示开头的字符串。

例子 1：//div[starts-with(@class,“test”)]，表示从当前节点的后代节点中选取所有 class 属性值是以“test”开头的 div 节点。

第二个函数：contains()，用于判断某个字符串是否包含了特定的字符串。其包含两个参数，第 1 个参数表示待判断的字符串，第 2 个参数表示包含的字符串。

例子 2：//div[contains(@id,“test”)]，表示从当前节点的后代节点中，选取所有 id 属性值中包含“test”字符串的 div 节点。

第三个函数：text()，用于提取相应节点的文本内容。

例子 3：//div[@id=“test”]/text()，表示在当前节点下的所有后代节点中，选取 id=“test”的 div 节点，并提取该 div 内的所有文本内容。

最后一个 and，用于表示逻辑与的关系。

例子 4：//div[contains(@id,“test”) and contains(@id,“title”)]，表示在当前节点下的所有后代节点中，选取 id 属性包含字符串“test”，同时也包含字符串“title”的 div 节点。

最后，我们使用实际案例，对 XPath 语法的运用进行理解，如图 6-28 所示。

```
<ol class="grid_view">
    <li>
        <div class="item">
            <div class="pic">
                <em class="">1</em>
                <a href="https://movie.douban.com/subject/1292052/">
                    <img width="100" alt="肖申克的救赎" src="https://img2.doubanio.com/view/photo/s_ra
            </div>
            <div class="info">
                <div class="hd">
                    <a href="https://movie.douban.com/subject/1292052/" class="">
                        <span class="title">肖申克的救赎</span> <span class="title"> / The Sh
                    </a>
                    <span class="playable">[可播放]</span>
                </div>
                <div class="bd">
                    <p class="">导演: 弗兰克·德拉邦特 Frank Darabont   主演: 蒂姆·罗宾斯 Ti
                    <div class="star">
                        <span class="rating5-t"></span>
                        <span class="rating_num" property="v:average">9.7</span>
                        <span property="v:best" content="10.0"></span>
                        <span>2485638人评价</span>
                    </div>
                    <p class="quote">
                        <span class="inq">希望让人自由。</span>
                    </p>
                </div>
            </div>
        </div>
    </li>
    <li...>
```

图 6-28　豆瓣电影 top250 网页源码的部分 HTML 代码

现在,通过 XPath 对该 HTML 代码解析提取数据。假设,当前节点已设定为图中 class="grid_view"的 ol 节点。

```
<ol class="grid_view">
    …
</ol>
```

首先,选取 li 节点下的所有超链接标签节点。由于 li 节点下的直接子节点中不存在超链接节点,但是其后代节点中有 a 标签,如图 6-29 所示,因此其 XPath 表达式为"//li//a"。

```
<ol class="grid_view">
    <li>
        <div class="item">
            <div class="pic">
                <em class="">1</em>
                <a href="https://movie.douban.com/subject/1292052/">
                    <img width="100" alt="肖申克的救赎" src="https://img2.doubanio.com/view/photo/s_ra
            </div>
            <div class="info">
                <div class="hd">
                    <a href="https://movie.douban.com/subject/1292052/" class="">
                        <span class="title">肖申克的救赎</span> <span class="title"> / The Sh
                    </a>
                    <span class="playable">[可播放]</span>
                </div>
                <div class="bd">
```

图 6-29　后代节点中有 a 标签

第二,提取 class="info"的节点下的所有 a 标签中的超链接属性值。要实现该需求,首先通过//div[@class="info"],定位到 class 属性值等于"info"的 div 节点,然后从其后代节点中找出所有 a 标签,其 XPath 表达式为://div[@class="info"]//a,最后在这些 a 标签中提取 href 属性,最终的表达式为://div[@class="info"]//a/@href,具体代码如图 6-30 所示。

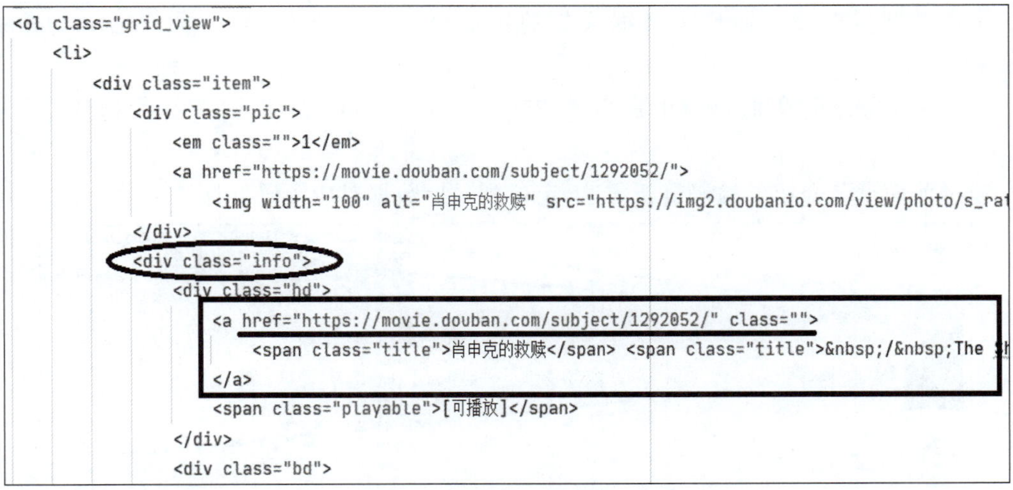

```
<ol class="grid_view">
    <li>
        <div class="item">
            <div class="pic">
                <em class="">1</em>
                <a href="https://movie.douban.com/subject/1292052/">
                    <img width="100" alt="肖申克的救赎" src="https://img2.doubanio.com/view/photo/s_ra
            </div>
            <div class="info">
                <div class="hd">
                    <a href="https://movie.douban.com/subject/1292052/" class="">
                        <span class="title">肖申克的救赎</span> <span class="title"> / The Sh
                    </a>
                    <span class="playable">[可播放]</span>
                </div>
                <div class="bd">
```

图 6-30　提取标签代码

第三,提取包含属性 property="v:average"节点中的文本,即电影的评分值。由于当前节点下,仅存在一个包含属性 property="v:average"的节点,且该节点属于 span 标签,通过 text 函数,提取该节点的文本内容。

因此，其 XPath 表达式为：//span[@property="v:average"]/text()，具体代码如图 6-31 所示。

```
<div class="bd">
    <p class="">导演: 弗兰克·德拉邦特 Frank Darabont   主演: 蒂姆·罗宾斯 Ti
    <div class="star">
        <span class="rating5-t"></span>
        <span class="rating_num" property="v:average">9.7</span>
        <span property="v:best" content="10.0"></span>
        <span>2485638人评价</span>
    </div>
```

图 6-31　XPath 表达式代码

3. 解析 HTML 文档数据

如图 6-32 所示是豆瓣电影 Top 250 页面，是豆瓣评分电影排行榜，该网页以豆瓣评分由高到低的方式，对电影进行排行，是各类网络爬虫教程的经典目标练习网页。

图 6-32　豆瓣电影 Top 250 页面

本课案例将以该页面作为数据采集的目标地址。网址为：https://movie.douban.com/top250。

数据采集需求是爬取豆瓣电影 Top 250 页面中所有电影的名字、介绍链接、评分等信息。

通过前面章节介绍的源码分析方法，定位到目标数据对应源码的标签位置。

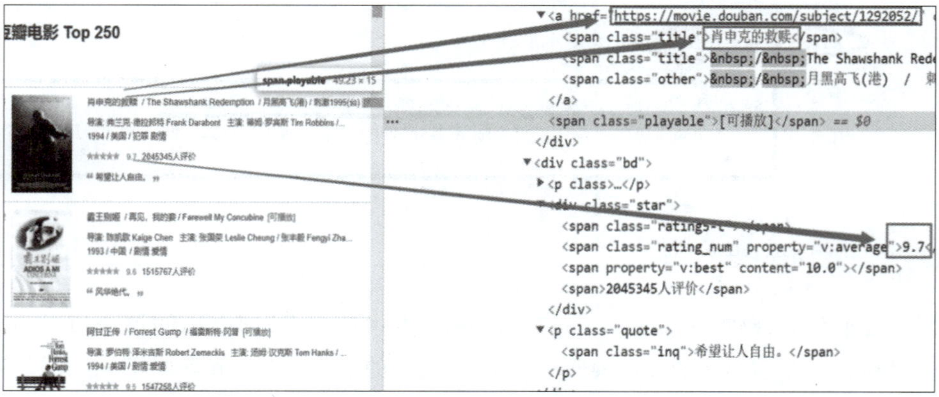

图 6-33　豆瓣页面结构分析

如图6-33所示，经过源码结构分析，可以知道电影名字、电影介绍链接、电影评分等信息。

同时，在分析源码结构的过程中可以发现，由于总的电影数量是250个，但是单页面仅有25条电影信息，需要10个页面才能完全展示所有的电影信息，因此，该网页是分页的。为了能够采集到所有页面的数据，需要考虑到分页的问题。

分析分页的链接可以发现，每一页有25条电影记录，每页链接的改变值是start参数，如图6-34所示。例如，第二页实际URL："https://movie.douban.com/top250?start=25&filter="

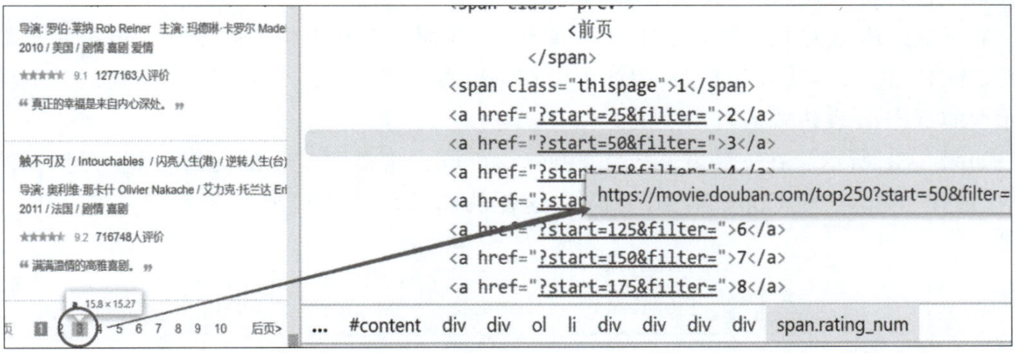

图6-34 分页链接结构分析

我们将数据采集程序的功能划分为3个部分，分别是：

(1)获取HTML文档功能，主要负责根据URL从服务器获取一个HTML文档。

(2)多页面读取调度功能，主要负责依次访问所有页面。

(3)页面解析功能，主要负责从HTML文档中，解析出需求信息。

根据采集程序的功能划分，可以先将获取HTML文档和多页面读取调度功能通过python代码实现。

下面列出相关Python代码供大家参考。首先是获取HTML文档功能代码实现。构造一个请求头header，用于伪装成一个浏览器的HTTP请求，通过request对象发起HTTP请求，并将收到的响应报文按utf-8编码。

```
# 获取地址为url中的网页内容
def getHtml(url):
    headers = {"User-Agent": "Mozilla/5.0 (Windows NT 6.1; Win64; x64) AppleWebKit/537.36 (KHTML, like Gecko) "
               "Chrome/59.0.3071.115 Safari/537.36"}
    req = requests.get(url, headers = headers)
    html = req.content.decode("utf-8")
    return html
```

其次，是多页面读取调度代码实现。

由于页面链接中，start值表示当前页面最前的电影信息编号，因此在主函数中，只需要变换链接中的start值。其中每个页面都有25条电影信息，因此start值是 $n*25$，n 为第 n 个页面，通过循环，n 从0开始到10，实现多页面调度。

```
def main():
    for i in range(10):
        # 拼装url,实现每个页面都能获取
```

```
        url = 'https://movie.douban.com/top250? start={} * 25&filter='.format(i)
        # 获取地址为 url 中的网页内容
        html = getHtml(url)
        # 解析网页内容
        getFilm(html)
        print('第{}页抓取完毕'.format(i))
```

最后的页面解析功能可根据不同的解析方式编写不同的解析代码。

第一种解析方式，通过 XPath 解析数据。

通过 XPath 表达式，可以从 HTML 文档中，匹配和提取到相关的数据。但是对于复杂页面，其 XPath 表达式较为复杂，因此可以在浏览器中安装 XPath 插件，辅助我们对页面具体元素的 XPath 表达式的自动生成。

如图 6-35 所示。在安装好 XPath 插件后，可以右击需要定位的元素标签，在弹出的菜单中，选择“Copy”→“Copy XPath”命令，这样就能够较为快捷地生成各元素的 XPath 表达式。

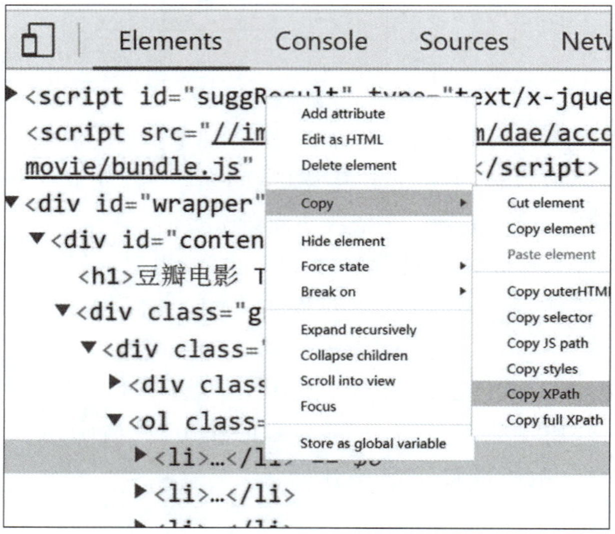

图 6-35　安装 XPath 插件对标签进行解析

这里将本案例用到的 XPath 表达式列出，供大家使用。

- 电影节点集合：//*[@id="content"]/div/div[1]/ol/li
- 电影名字：div/div[2]/div[1]/a/span[1]/text()
- 简介链接：div/div[2]/div[2]/div/span[2]/text()
- 评分：div/div[2]/div[1]/a/@href

使用 text 方法提取节点中的文本内容；使用@href 提取节点的 href 属性值，即电影介绍的链接地址。

源代码如下：

```
#解析网页内容
def getFilm(html):
    dom = etree.HTML(html)
    films = dom.xpath('//*[@id="content"]/div/div[1]/ol/li')
    for f in films:
```

```
title = f.xpath('div/div[2]/div[1]/a/span[1]/text()')[0]
vote = f.xpath('div/div[2]/div[2]/div/span[2]/text()')[0]
href = f.xpath("div/div[2]/div[1]/a/@href")[0]
print(title,href,vote)
```

变量 title、href、vote 即是通过 XPath 解析到的目标数据，根据 XPath 表达式写出解析网页内容的 Python 代码。

执行结果如图 6-36 所示。

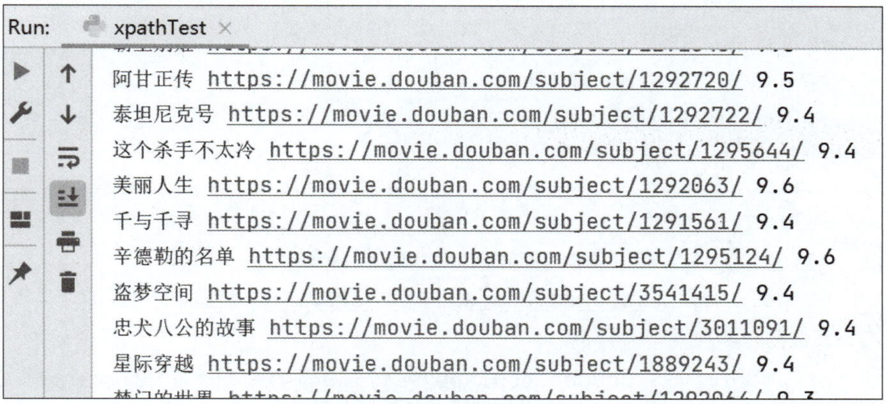

图 6-36 XPath 解析结果

第二种解析方式，通过正则表达式解析数据。

这里针对页面中某一个电影的信息进行源码结构分析，如图 6-37 所示。

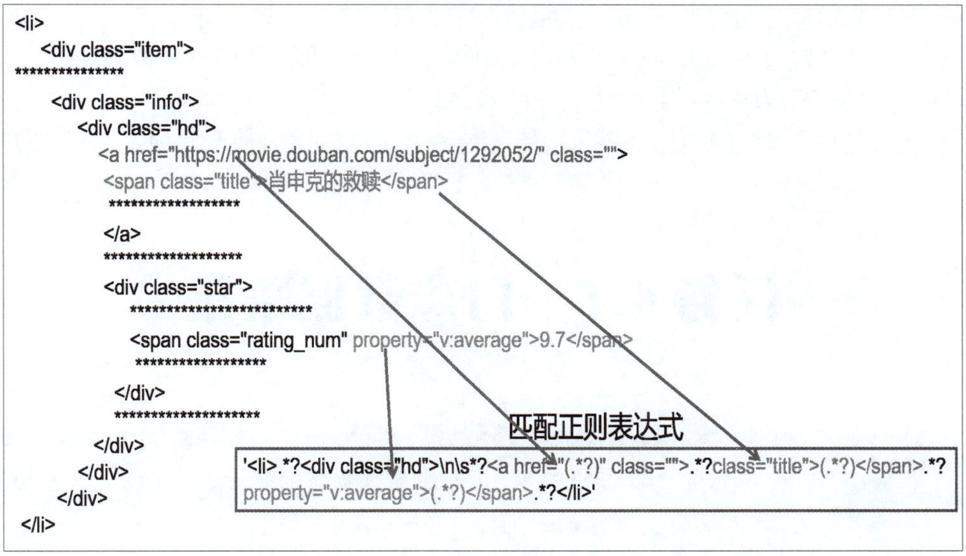

图 6-37 正则表达式解析数据

电影链接对应了 class="hd"的 div 后面的一个超链接标签。

电影名称对应了 class="title"的 span 标签中的文本。

电影评分对应了 property="v:average"的 span 标签中的文本。

因此，电影名字、电影介绍链接、电影评分信息的匹配和提取可以通过这个表达式实现。

```
#解析 HTML 文档
def parse_page(html):
    # 正则表达式
    re_str = '<li>.*?<div class="hd">\n\s*?<a href="(.*?)" class="">.*?class="title">(.*?)</span>.*?class="rating_num" property="v:average">(.*?)</span>.*?</li>'
    pattern = re.compile(re_str,re.S)   #正则表达式
    #识别结果存放在 items 中
    items = re.findall(pattern,html)
    for item in items:
        #每个 item 都是一部电影信息
        print(item[0],item[1],item[2])
```

执行结果如图 6-38 所示。

图 6-38　正则表达式解析结果

任务 6.5　日志数据采集

励志微语　不愿迈出前行的脚步，就无法到达最美的远方；不肯跳出眼前的安逸，就无法感受生活的多彩。

任务目标

- 掌握 Filebeat 日志采集器的工作机制及配置方法。
- 掌握 Logstash 的工作机制及配置方法。

针对系统日志的数据采集，可以用到很多优秀的第三方工具，让日志数据采集工作事半

功倍。本节将介绍两个工具，分别是 Filebeat 和 Logstash。

1. Filebeat 简介

首先 Filebeat 是 Beats 中的一员。Beats 是一个轻量级日志采集器，其实 Beats 家族有 6 个成员，早期的 ELK 架构使用 Logstash 收集、解析日志，但是 Logstash 对内存、CPU、IO 等资源消耗比较高。相比 Logstash，Beats 所占系统的 CPU 和内存量几乎可以忽略不计。

Filebeat简介

目前 Beats 包含 6 种工具：

- Packetbeat：网络数据（收集网络流量数据）。
- Metricbeat：指标（收集系统、进程和文件系统级别的 CPU 和内存使用情况等数据）。
- Filebeat：日志文件（收集文件数据）。
- Winlogbeat：Windows 事件日志（收集 Windows 事件日志数据）。
- Auditbeat：审计数据（收集审计日志）。
- Heartbeat：运行时间监控（收集系统运行时的数据）。

Filebeat 是本地文件的日志数据采集器，主要用于监视日志目录或特定日志文件。当有新的日志数据产生时，可以将数据转发给 Elasticsearch、Logstash 或 kafka 等工具。

Filebeat 是一个轻量级日志传输 Agent，占用资源少，而且安装配置也比较简单，支持目前各类主流操作系统及 Docker 平台。

我们可以到官网下载 Filebeat 或者查看使用配置教程。官网地址：https://www.elastic.co/cn/beats/filebeat。

（1）Filebeat 的构成

Filebeat 主要包含两个模块：Inputs 和 Harvesters，如图 6-39 所示。

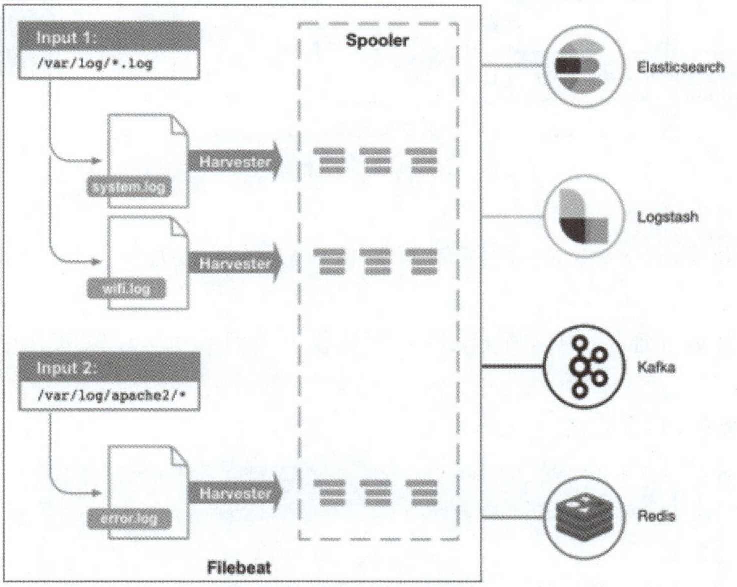

图 6-39　Filebeat 模块结构

其中：

Inputs 模块负责管理 Harvesters 和发现可读资源。一个 input 负责管理 Harvesters 和寻找所有来源读取。如果 input 类型是 log，则 input 将查找驱动器上与定义的路径匹配的所有文件，并为每个文件启动一个 Harvester。每个 input 在它自己的 Go 进程中运行，

Filebeat 当前支持多种输入类型。每个输入类型可以定义多次。日志输入检查每个文件，以查看是否需要启动 Harvester、是否已经在运行 Harvester 或是否可以忽略该文件。

Harvester 模块负责读取日志文件，一行一行地读，并将读到的内容发送到输出管道。一个 Harvester 对应了一个日志文件。这意味着文件描述符在 Harvester 运行时保持打开状态。如果在收集文件时删除或重命名文件，Filebeat 将继续读取该文件。这样做的副作用是磁盘上的空间一直保留到 Harvester 关闭。默认情况下，Filebeat 保持文件打开，直到达到 close_inactive。

关闭 Harvester 可能会产生的结果：

- 文件处理程序关闭，如果 Harvester 仍在读取文件时被删除，则释放底层资源。
- 只有在 scan_frequency 结束之后，才会再次启动文件的收集。
- 如果该文件在 Harvester 关闭时被移动或删除，该文件的收集将不会继续。

(2)Filebeat 工作原理

Filebeat 的工作方式如下：启动 Filebeat 时，将启动一个或多个输入，这些输入将在为日志数据指定的位置中查找。对于 Filebeat 所找到的每个日志，Filebeat 都会启动收集器。每个收集器都读取单个日志以获取新内容，并将新日志数据发送到 libbeat，libbeat 将聚集事件，并将聚集的数据发送到为 Filebeat 配置的输出，如图 6-40 所示。

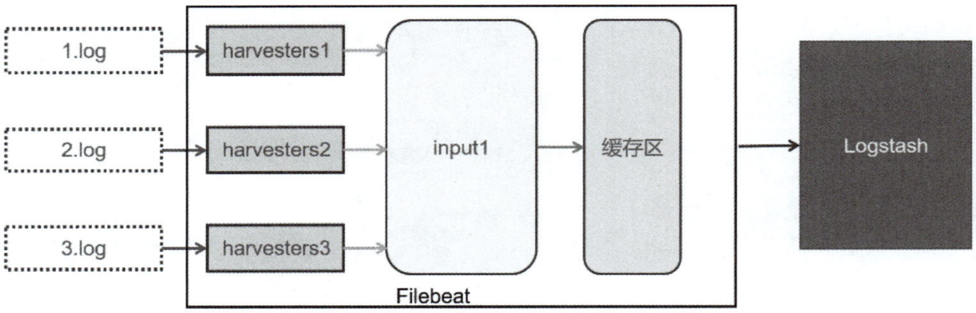

图 6-40　Filebeat 工作原理图

(3)Filebeat 安装

①官网下载 Filebeat linux 版本的安装包，以 Filebeat-7. 7. 0-linux-x86_64. tar. gz 为例。

②用 Xshell 远程连接工具，将 Filebeat 安装包上传到 Linux 虚拟机中的 root 目录的根目录下。

③解压安装包，并重命名。

```
tar-xzvf filebeat-7.7.0-linux-x86_64.tar.gz
mov Filebeat-7.7 filebeat-7.7.0-linux-x86_64
```

(4)Filebeat 配置

Filebeat 主要通过配置文件 Filebeat. yml 中设置的参数来实现控制输入与输出。

- 将日志文件作为 Filebeat 的输入或者通过 inputs 配置日志文件的路径。
- Filebeat 启动 Harvesters，读取相关的日志文件，提取相应的数据。
- 经由缓存区，输出到配置文件中的 Output 配置的输出端，如 Logstash。

Filebeat 如何运行，依赖于 filebeat. yml 配置文件的参数配置。配置文件路径在

Filebeat 安装根目录中的 filebeat. yml。其涉及输入/输出的 Filebeat 配置项有两个:Input 配置项,又叫采集配置;Output 配置项,又叫输出配置。其中:

Input 配置项主要配置日志的输入源,如日志文件或者日志目录。

Output 配置项主要配置当采集到日志后,需要输出到哪里去,如存入文件中,或者输送至 Logstash。

①输入配置

Filebeat 收入端 Input 配置的常用配置项如图 6-41 所示。

```
filebeat.inputs:

- type: log
  paths:
    - /var/log/java/test-java.log
    - /var/log/java/*.log
  fields:
    #附加的可选字段,以向output添加额外的信息。
    #output里面可以使用这个变量
    log_topic: java_log

# 一个配置文件里面可以同时收集多个日志
- type: log
  enabled: true
  paths:
    - /var/log/nginx/*.log
  fields:
    my_log_topic: nginx_log
```

图 6-41　Input 配置

- type:指定 input 类型,有 log、stdin、redis、tcp、syslog 等。
- fields:可以自定义添加字段到 output 中去,后续可以使用这些字段。
- paths:日志文件的目录。

如图 6-41 中的配置实例配置了 test-java. log 文件及 Java 目录下的所有 log 文件,同时传递了一个自定义字段 log_topic 供 Output 使用。同时,可以配置多组输入源。

②输出配置

Filebeat 支持输出到多种输出端,但是一个配置文件只能配置一个输出端。

- Elasticsearch Output:输出到 es 里。
- Logstash Output:输出到 logstash 里。
- Redis Output:输出到 redis 里。
- File Output:输出到 file 里。
- Console Output:输出到 console 里。

如图 6-42 所示例子,分别是 Elasticsearch 和 Logstash 的配置方法示例。但是要注意的是,两者只能二选一。

```
#-------------------------- Elasticsearch output ----
output.elasticsearch:
  hosts: ["localhost:9200"]
  protocol: "https"
  api_key: "id:api_key"
  username: "elastic"
  password: "changeme"
#----------------------------- Logstash output ------
output.logstash:
  hosts: ["localhost:5044"]
  ssl.certificate_authorities: ["/etc/pki/root/ca.pem
  ssl.certificate: "/etc/pki/client/cert.pem"
  ssl.key: "/etc/pki/client/cert.key"
```

图 6-42　输出端配置

由于不同的输出配置参数不一样，因此官网提供了默认配置文件，在官网找到对应的Filebeat 版本，找到 Configure-->output-->输出端，即可查看。

配置手册网址：https://www.elastic.co/guide/en/beats/filebeat/index.html

特别注意：在修改配置项时，配置项及值中的“-”符号后面，以及冒号后面都有一个空格，该空格是不能省略的。同时，由于 Filebeat 6 以后的版本只允许同时存在一个有效输出端，所以需要先将默认开启的输出端配置项注释掉。

(5)Filebeat 运行

配置好 filebeat.yml 文件后，运行命令：

```
./filebeat -e -c filebeat.yml
```

可以启动 Filebeat，此时 Filebeat 会根据配置文件中的配置，自动采集相关的日志数据并输送到输出端。

如图 6-43 所示为运行实例，Filebeat 将采集到的数据输出到屏幕中，是因为本例中 output 配置为 console(屏幕直接输出)。

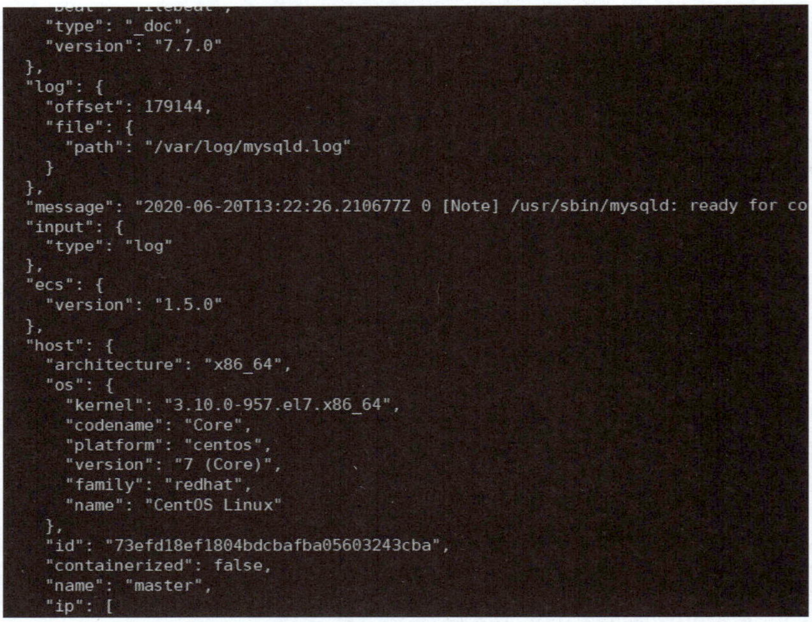

图 6-43　Filebeat 运行实例

```
output.console
    pretty: true
```

2. Logstash 简介

Logstash 是一个开源数据收集引擎，如图 6-44 所示，起到了实时管道功能。它具备输入源、输出端以及中间的过滤器。Logstash 可以动态地将来自不同数据源的数据，统一起来，经过某种处理后，将数据标准化到所选择的输出端。在日志采集情景下，Logstash 起到整合各种日志数据，过滤无效数据的作用，以统一格式输出到输出端或者存储器中。

Logstash简介

官网地址：https://www.elastic.co/cn/logstash

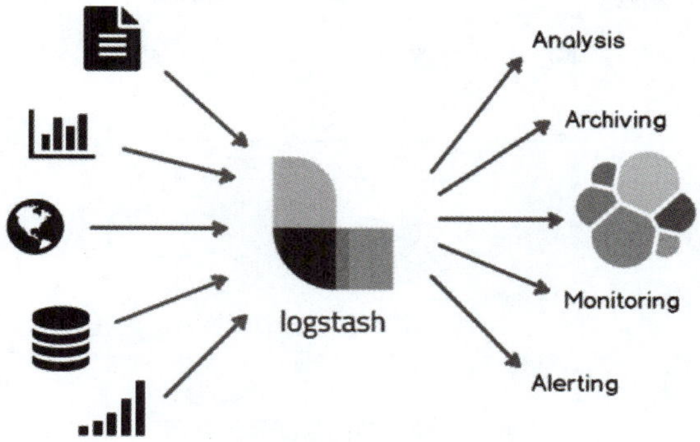

图 6-44 Logstash 结构

(1)工作原理

Logstash 的数据处理过程主要包括 Inputs(输入)、Filters(过滤)、Outputs (输出)三部分,如图 6-45 所示,均以插件形式存在。用户通过定义 pipeline 配置文件,设置需要使用的 input、filter、output 插件,以实现特定的数据采集、数据处理、数据输出等功能。

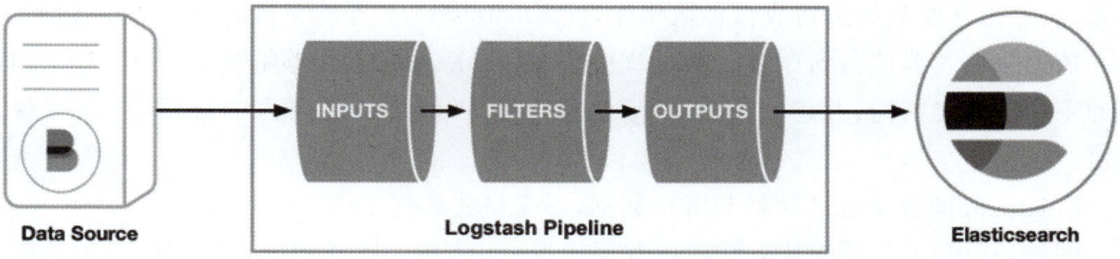

图 6-45 Logstash 工作原理

其中:

①Inputs:用于从数据源获取数据,常见的插件有 file、syslog、redis、beats 等。

②Filters:用于处理数据,如格式转换、数据派生等,常见的插件有 grok、mutate、drop、clone、geoip 等。此部分属于可选功能,如不配置过滤插件,则是将输入端的数据直接交付给输出端。

③ Outputs: 用于数据输出,常见的插件有 Elastcisearch、MySQL、file、HDFS、Graphite、StatsD 等。

每个阶段都有很多插件配合工作,如 file、Elasticsearch、redis 等。每个阶段也可以指定多种方式,例如,输出既可以输出到 Elasticsearch 中,也可以在配置文件中配置输出为 stdout,实现在控制台打印输出。这种插件式的组织方式使得 Logstash 变得易于扩展和定制。

输入部分 Inputs:负责接收各种来源的数据。

数据往往以各种各样的形式,或分散或集中地存在于各个系统中。Logstash 支持各种输入选择,可以在同一时间从众多常用来源捕捉事件。能够以连续的流式传输方式,轻松地从日志、指标、Web 应用、数据存储,以及各种 AWS 服务中采集数据。输入功能数据流示意图如图 6-46 所示,下半部分为可配置数据输入源。

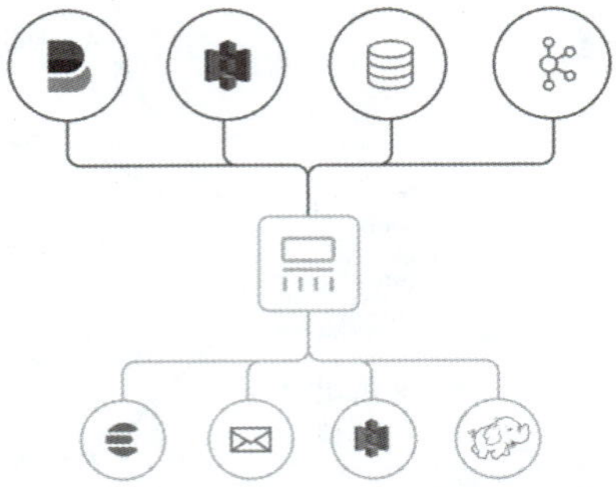

图 6-46　输入功能数据流示意图

可以打开官网手册,查看支持的输入源列表。

官网手册地址:https://www.elastic.co/guide/en/logstash/current/input-plugins.html

筛选 Filters:负责实时解析和转换数据。

数据输入端从各种数据源收集到的数据可能会有很多不是我们想要的,这时可以给 Logstash 定义过滤器。过滤器可以定义多个,它们依次执行,最终把我们想要的数据过滤出来,然后把这些数据解析成目标数据库,如 Elasticsearch 等能支持的数据格式存储数据。

数据从输入源传输到存储库的过程中,Logstash 过滤器能够解析各个事件,识别已命名的字段以构建结构,并将它们转换成通用格式,以便进行更强大的分析,从而实现商业价值。

Logstash 能够动态地转换和解析数据,不受格式或复杂度的影响。

例如,利用 grok 插件从非结构化数据中派生出结构;利用 geoip 插件从 IP 地址破译出地理坐标、将 PII 数据匿名化,完全排除敏感字段。这样做的好处是可以简化整体处理,不受数据源、格式或架构的影响。筛选功能工作示意图如图 6-47 所示。

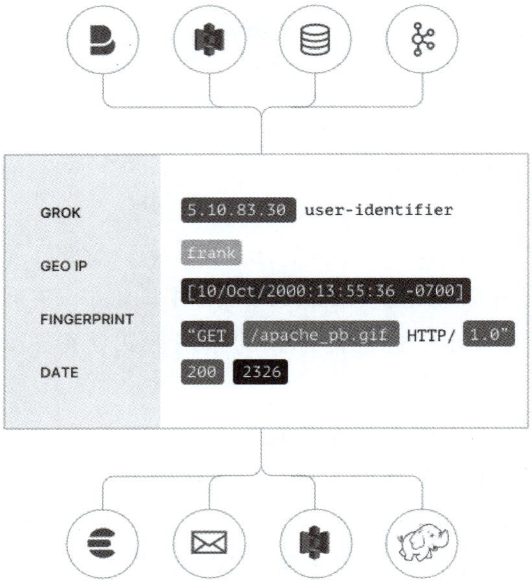

图 6-47　筛选功能工作示意图

输出 Outputs：负责选择存储库，导出数据。输出功能工作示意图如图 6-48 所示。

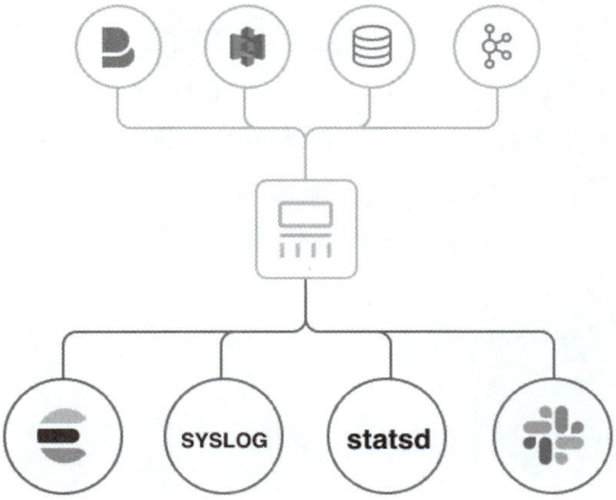

图 6-48　输出功能工作示意图

Logstash 提供众多输出选择，可以将数据发送到要指定的地方，并且能够灵活地解锁众多下游用例。支持的输出端见官网的列表：

https://www.elastic.co/guide/en/logstash/current/output-plugins.html

(2)Logstash 安装配置

①下载：官网下载安装包：https://www.elastic.co/cn/downloads/logstash。可以下载最新版本，本书下载的版本是 logstash-7.7。

②上传虚拟机：通过 Xshell 连接 Linux 虚拟机，并将下载好的 logstash-7.7.0-linux-x86_64.tar.gz 上传至 Linux 系统的 root 目录下。

③解压并改名

```
tar-xzvf logstash-7.7.0-linux-x86_64.tar.gz
mov logstash-7.7.0-linux-x86_64 logstash-7.7
```

(3)Logstash 配置

Logstash 的配置文件默认存放在安装目录下的 config，官方提供了一个配置示例文件 logstash_sample.conf，是以 conf 作为后缀名，文件名可以随意。

logstash_sample.conf 配置文件内容

```
# Sample Logstash configuration for creating a simple
# Beats -> Logstash -> Elasticsearch pipeline.
input {
    beats {
        port => 5044
    }
}
output {
    elasticsearch {
        hosts => ["http://localhost:9200"]
        index =>"%{[@metadata][beat]}-%{[@metadata][version]}-%{+YYYY.MM.dd}"
        #user =>"elastic"
```

```
        #password =>"changeme"
    }
}
```

配置文件主要由三部分组成，其中 filter 属于可省略项。

- input：用于配置输入源列表，支持多条输入源配置。
- filter：用于配置对数据源的数据进行筛选和处理。
- output：用于配置对经过处理后的数据传输或者保存到输出端信息。

配置文件格式如下：

```
#输入配置项
input {
    #输入插件列表
}
#过滤器配置项
filter {
    #过滤插件列表
}
#输出配置项
output {
    #输出插件列表
}
```

不同的输入/输出源，配置的参数不同，详见官网列表。

下面依次介绍三个配置项的使用。

①数据源 input

其中常见的配置如下：

file：从文件系统中读取一个文件，很像 UNIX 命令“tail -0a”。

syslog：监听 514 端口，按照 RFC3164 标准解析日志数据。

redis：从 redis 服务器读取数据，支持 channel（发布订阅）和 list 模式。redis 一般在 Logstash 消费集群中作为“broker”角色，保存 events 队列供 Logstash 消费。

lumberjack：使用 lumberjack 协议来接收数据，目前已经改为 logstash-forwarder。

不同的输入端，配置方法也不一样，以下配置是不同的输入端的配置示例：

```
stdin { } #从控制台中输入来源
file { #从文件中来
    path =>"/var/log/*" #单一文件
    #监听文件的多个路径
    path =>["/var/log/*.log","/sys/log/*.log"]
    #排除不想监听的文件
    exclude =>"1.log"
    #添加自定义的字段
    add_field =>{"test"=>"test"}
    #增加标签
    tags =>"tag1"
```

```
        #设置新事件的标志
        delimiter =>"\n"
        #设置多长时间扫描目录,发现新文件
        discover_interval => 15
        #设置多长时间检测文件是否修改
        stat_interval => 1
        #监听文件的起始位置,默认是 end
        start_position => beginning
        #监听文件读取信息记录的位置
        sincedb_path =>"/root/test/test.txt"
        #设置多长时间会写入读取的位置信息
        sincedb_write_interval => 15
    }
    syslog { #系统日志方式
        type =>"system-syslog"  #定义类型
        port => 10514      #定义监听端口
    }
    beats { # filebeats 方式
        port => 5044
    }
```

以上文件来源只能从 file、syslog、beats 选择其中一种。

注意:文件的路径名需要绝对路径,如果想要监听多个目标文件可以改成数组。

例如,将 Filebeat 作为输入源,需要在 input 节点中配置 beats 节点,并配置 port 参数为 5044,其中 5044 为 Logstash 监听 Filebeat 的端口。同时,还需支持键盘输入作为输入源。配置内容如下:

```
input{
    stdin{ }                    ##键盘输入作为输入源
}
input{
    beats{
        port => 5044            ##filebeat 作为输入源
    }
}
```

②数据过滤 filter 使用详解

Filters 在 Logstash 处理链中担任中间处理组件。它们经常被组合起来实现一些特定的行为,处理匹配特定规则的事件流。常见的 filters 如下:

- grok:解析无规则的文字并转化为有结构的格式。grok 是目前将无结构的数据转换为有结构可查询的数据的最好方式。有 120 多种匹配规则,基本会有一种满足你的需要。
- mutate:mutate filter 允许改变输入的文档,在处理事件的过程中可以重命名、删除、移动或者修改字段。
- drop:丢弃一部分 events 不进行处理,如 debug events。

- clone：拷贝 event，这个过程中也可以添加或移除字段。
- geoip：添加地理信息(为前台 Kibana 图形化展示使用)。

它的主要作用是把数据解析程特定的 JSON 格式，以便于输出到其他组件使用。

Logstash 自带的文件正则支持 grok、date、geoip。

```
filter {
    #定义数据的格式
    grok {
        match => { "message" =>"%{DATA:timestamp}\|%{IP:serverIp}\|%{IP:clientIp}\|%{DATA:logSource}\|%{DATA: userId}\|%{DATA: reqUrl}\|%{DATA: reqUri}\|%{DATA:refer}\|%{DATA:device}\|%{DATA:textDuring}\|%{DATA:duringTime:int}\|\|"}
    }
    #定义时间戳的格式
    date {
        match => [ "timestamp","yyyy-MM-dd-HH:mm:ss" ]
        locale =>"cn"
    }
    #定义客户端的 IP 是哪个字段(上面定义的数据格式)
    geoip {
        source =>"clientIp"
    }
}
```

③输出配置 output 使用详解

outputs 是 Logstash 处理管道的最末端组件。一个 event 可以在处理过程中经过多重输出，但是一旦所有的 outputs 都执行结束，这个 event 也就完成了生命周期。一些常用的 outputs 包括：

Elasticsearch：将数据输出到分布式、高扩展、高实时的搜索与数据分析引擎中，并且能够方便和简单地进行查询。

file：将 event 数据保存到文件中。

jdbc：将数据保存到数据库中。

StatsD：StatsD 是一个统计服务，如技术和时间统计。通过 UDP 通信，聚合一个或者多个后台服务，如果已经开始使用 StatsD，该选项应该很有用。

默认情况下将过滤后的数据输出到 Elasticsearch，当我们不需要输出到 ES 时需要特别声明输出的方式是哪一种，同时支持配置多个输出源。

例如，将 MySQL 数据库以及屏幕作为输出端，需要在 output 节点中配置 jdbc 节点，设置 MySQL 数据库的连接参数及执行的 SQL 语句。

```
output{
    jdbc{     #输出到数据库中
        driver_class=>"com.mysql.jdbc.Driver"
        connection_string=>"jdbc:mysql://localhost:3306/logstash?characterEncoding=UTF-8"
        username=>"root"
        password=>"123456"
```

```
        statement=>["insert into logs(message,host) values(?,?)","%{message}","%{host}"]
    }
}
output{
    stdout{   #输出到屏幕控制台中
        codec => rubydebug
    }
}
```

3. 日志数据采集存储搭建实现

前面已学习了 Filebeat 和 Logstash 工具的使用，这里我们搭建日志数据采集存储环境，实现利用 Filebeat、Logstash 以及 MySQL 数据库，在 Linux 系统中，实现日志数据采集存储功能。

日志数据采集存储

具体实现要求：

- 假设日志信息会记录在 /var/log/test. log 文件中。
- 通过 Filebeat 监测 test. log 文件中的新增信息，并输出至 Logstash 中。
- Logstash 监测 Filebeat 传输过来的数据，将数据提取出，加上时间戳，存储至 MySQL 数据库中，如图 6-49 所示。

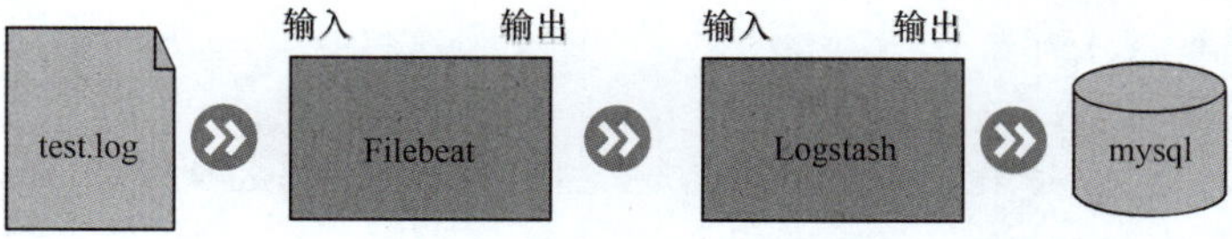

图 6-49　日志数据采集存储搭建示意图

(1)准备数据库

①创建数据库：logsdb

```
create database logsdb;
use logsdb;
```

②创建数据表：syslog

```
create table syslog(
    message varchar(200),
    insert_time varchar(50)
)
```

③MySQL 官网下载 MySQL 连接驱动，下载好后，放到用户目录的根目录下。

官网下载：mysql-connector-java-5. 1. 17. jar

放置在系统用户目录下，如/home/root/mysql-connector-java-5. 1. 17. jar。

(2)配置 Filebeat

进入 Filebeat 根目录，创建文件 log. yml，并输入如下配置内容。要注意的是，输出端只能配置一个，不能配置多个。

```
filebeat. inputs:
#指定数据源类型、路径
-type: log
enabled: true
```

```
paths:
- /var/log/test.log

#指定输出端为 logstash
output.logstash:
hosts: ["localhost:5044"]
```

该配置内容使得 Filebeat 监测/var/log/目录下的 test.log 文件中的新增内容，并将监测到的新增内容发送到 Logstash 中。此处特别要注意的是，配置内容中，“:”和“-”后面必须跟一个空格，否则会报错。同时，输入端中的 enabled 的需要设置为 true。

(3)配置 Logstash

进入 Logstash 根目录下的 config 文件夹中，创建文件 test.conf，并输入如下内容，注意数据库的连接参数要改为自己本机的连接参数，如用户名、密码。

```
input {
    beats {#输入源设置为 filebeat
        port => 5044
    }
}
output {
    #输出方式一：数据库输出
    jdbc{
        connection_string => "jdbc:mysql://localhost/logsdb? user=root&password=
        123456&useUnicode=true&characterEncoding=UTF8"
        driver_jar_path => "/root/mysql-connector-java-5.1.17.jar"
        driver_class => "com.mysql.jdbc.Driver"
        statement => ["INSERT INTO syslog(message,insert_time) VALUES(?,?)","[message]",
        "[@timestamp]"]
    }
    #输出方式二：屏幕输出
    stdout { codec => rubydebug }
}
```

该配置文件配置的输入端为 Filebeat，两个输出端分别是 MySQL 数据库和屏幕直接输出。屏幕输出的效果如图 6-50 所示。

```
{
       "message" => "",
    "@timestamp" => 2021-07-23T11:10:48.650Z,
      "@version" => "1",
          "host" => "node01"
}
{
       "message" => "asdfas",
    "@timestamp" => 2021-07-23T11:10:48.700Z,
      "@version" => "1",
          "host" => "node01"
}
```

图 6-50　屏幕输出的效果

其中：

- connection_string 表示数据库连接字符串，包含用户名、密码、编码方式等。
- driver_jar_path 表示数据库连接驱动 jar 文件的存放路径。
- driver_class 表示数据库连接驱动类名。
- statement 表示连接数据库后，执行的 SQL 语句，message 和@timestamp 都是接收到输入端的数据内容。

由于本案例中将日志数据输出至 MySQL 数据库中，因此需要在 Logstash 中安装 logstash-output-jdbc 插件，确保配置文件支持 jdbc 节点。

具体方法如下：

首先，确保本机处于正常联网状态下。

然后，切换到 Logstash 的安装目录中。

输入下面的安装命令，等待几分钟。

```
bin/logstash-plugin install logstash-output-jdbc
```

出现安装成功后，表示插件安装好了，如图 6-51 所示。

```
[root@node01 logstash-7.7.0]# bin/logstash-plugin install logstash-output-jdbc
Validating logstash-output-jdbc
Installing logstash-output-jdbc
Installation successful
```

图 6-51 安装插件

(4)联调测试

①启动

- 启动 Filebeat

切换到 Filebeat 目录下

执行启动命令：

```
./filebeat -e -c log.yml
```

- 启动 Logstash

切换到 logstash 目录下

执行启动命令：

```
bin/logstash -f config/test.conf
```

至此，两个工具都已启动。

②模拟写入数据

另外开启连接终端，通过 echo 命令，模拟向/var/log/test.log 文件中写入消息：

```
echo 'this is a test message' >> /var/log/test.log
```

由于配置文件中同时配置了屏幕输出，因此在 Logstash 的终端界面，可以看到往 test.log 文件写入的“this is a test message”内容输出，如图 6-52 所示。

同时查看数据库中的 syslog 表，可以看到已正常存储了该条数据，如图 6-53 所示。

通过图 6-52、图 6-53 可知，日志采集存储环境已经搭建成功。

```
        [2] "52:54:00:11:a8:4e"
    ],
    "containerized" => false,
         "hostname" => "master",
             "name" => "master"
},
   "message" => "this is a test message",
  "@version" => "1",
     "agent" => {
         "hostname" => "master",
               "id" => "657a11ce-684c-4d31-9a6c-055a247861
     "ephemeral_id" => "252293d7-6526-4d37-9a8b-93c1e3e62a
             "type" => "filebeat",
          "version" => "7.7.0"
},
      "tags" => [
    [0] "beats_input_codec_plain_applied"
],
       "log" => {
      "file" => {
        "path" => "/var/log/test.log"
    },
    "offset" => 521
  }
}
```

图 6-52　模拟屏幕输入及屏幕输出的效果

```
Database changed
mysql> select *from syslog;
Empty set (0.04 sec)

mysql> select *from syslog;
+------------------------+-------------------------+
| message                | insert_time             |
+------------------------+-------------------------+
| this is a test message | 2020-06-21 16:56:56.246 |
+------------------------+-------------------------+
1 row in set (0.00 sec)

mysql> 
```

图 6-53　输出方式为数据库的效果

任务 6.6　Scrapy 框架

励志微语　只要自己沉得住气，那些看似不起波澜的日复一日，终会在未来的某天里，让你看到坚持的意义。

任务目标

- 掌握 Scrapy 框架的核心模块工作流程。
- 使用 Scrapy 框架实现网页数据采集案例。

1. Scrapy 简介

在实际的数据采集程序开发过程中，要考虑的因素很多。如果采用 Request 对象进行原生代码编写，会非常烦琐和复杂。因此，在实际开发过程中，可以采用比较成熟的第三方爬虫框架来实现数据采集功能，Scrapy 框架就是一个常用的第三方框架。

Scrapy 是基于 Python 实现的一个为了爬取网站数据、提取结构性数据而编写的应用框架。用途非常广泛，常应用在包括数据挖掘、信息处理或存储历史数据等一系列的程序中。

Scrapy 使用了 Twisted 异步网络框架来处理网络通信，可以加快下载速度，不用自己去实现异步框架，并且包含了各种中间件接口，可以灵活地完成各种需求。

用户只需要定制开发几个模块即可轻松实现一个爬虫，用来抓取网页内容以及各种图片，非常方便。

(1)核心组件

Scrapy 框架提供了 7 个核心的组件，分别是：

- Scrapy Engine(引擎)
- Scheduler(调度器)
- Spider(爬虫)
- Item Pipeline(管道)
- Downloader(下载器)
- Spider Middlewares(Spider 中间件)
- Downloader Middlewares(下载中间件)

这 7 个组件由引擎作为中心处理模块，协调各个模块联动协作，如图 6-54 所示。接下来讲解各个组件的功能和协作机制。

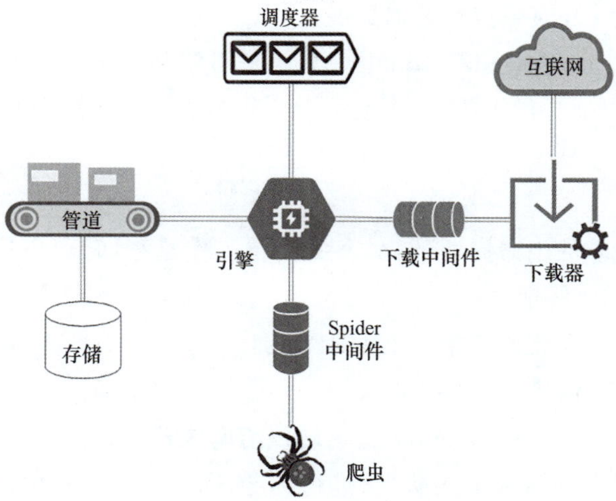

图 6-54　Scrapy 框架功能组成

①引擎组件(Scrapy Engine)是整个 Scrapy 框架中最核心的组件，类似于计算机的 CPU，负责爬虫组件、管道组件、下载器、调度器之间的通信、信号、数据传递，协调各组件工作。了解引擎组件的功能与作用，有助于理解爬虫程序的编码理解。爬虫程序的开发与设

计无须考虑组件的实现，Scrapy 框架已经实现好了。

②调度器组件（Scheduler）在其内部维护着一个队列，该队列管理爬虫工作过程中需要爬取的 Request 请求集合，调度器负责接收由引擎发送过来的 Request 请求，并按照一定的方式进行整理排列、入队，并等待引擎的调度指令。当收到引擎的调度指令时，将队头的 Request 请求提交给引擎，可以把它理解成一个缓冲区。当网络质量差或者线路繁忙时，由调度器管理待处理的请求。

③爬虫组件（Spider）负责向引擎提交需要爬取的页面 URL 链接，同时处理由引擎转发来的响应数据 Response，并从中解析、提取数据，将提取到的数据组装成 Item 对象，并将该 Item 对象发送给引擎，由引擎将对象交付给管道进行后续处理。当实现一个爬虫程序时，编码重心就在爬虫组件中完成。一个爬虫程序可以拥有很多爬虫文件，实现多个爬虫程序同时进行爬取数据。

④管道组件（Item Pipeline）负责处理爬虫获取到的 Item 对象，由于爬虫组件将解析后的数据封装成一个具有特定结构的 Item 对象，因此管道组件可以对不同的 Item 对象进行分析、过滤以及存储处理，例如，筛查无效数据；排重；将数据存储至数据库、JSON 文件或者其他区域。

⑤下载器组件（Downloader）负责向网络发起由引擎发送的所有 Requests 请求，并将对应的响应报文 Responses 交还给引擎，由引擎交给爬虫来处理。该过程可以实现异步请求和响应处理，可以一次性发送多个请求，然后等待处理对应的响应报文。开发者无须关心该部分的代码实现，即可实现异步下载的功能。

⑥爬虫中间件（Spider Middlewares）是一个可以自定义扩展、操作引擎和 Spider 之间通信的功能组件，即对爬虫组件与引擎之间的通信数据进行加工处理。可以添加代码来处理发送给 Spiders 的 response 及 spider 产生的 item 和 request，如给 request 请求报文添加特定的头部，或者对 item 对象进行数据扩展。

⑦下载器中间件（Downloader Middlewares）是引擎和下载器之间通信的中间件，在这个中间件中，我们可以通过设置代理、更换请求头等方式来达到反复爬虫的目的，实现自定义扩展下载功能。

（2）工作流程

按照数据采集请求的生命周期，Scrapy 的简单工作流程如下，可以对 Scrapy 框架有更深入的理解。如图 6-55 所示。

①引擎向爬虫询问要爬取的第一个 URL 地址。

②爬虫根据 URL，构建 Request 请求。

③引擎将爬虫组件发来的 Request 请求转发给调度器。

④调度器将待处理的请求加入队列，进行调度，同时取出队列中对头的 Request 请求，交给引擎。

⑤引擎将由调度器发来的 Request 请求发给下载器。

⑥下载器收到引擎发的下载请求，构建出 HTTP 报文，发起 TCP 或者 UDP 连接，完成下载内容，并将服务器返回的 Response 响应报文反馈给引擎。

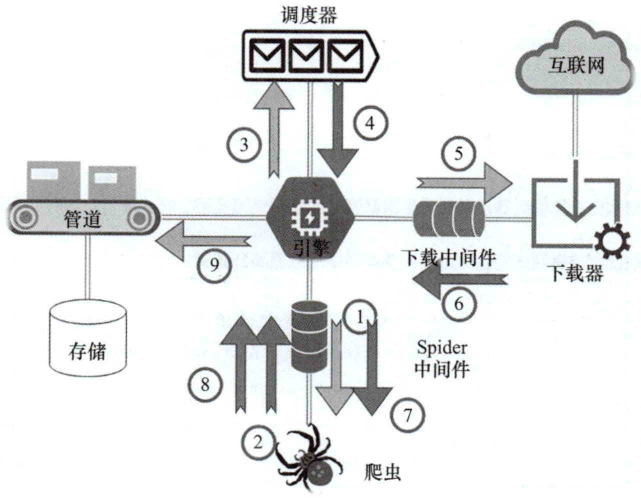

图 6-55　Scrapy 框架工作流程

⑦引擎收到下载器的 Response 响应数据后，将响应数据交给爬虫。

⑧爬虫收到引擎给的响应数据后，从响应报文中解析出目标数据，组成 Item 模型数据，返回交付给引擎。

⑨引擎收到爬虫解析好的 Item 数据，传送给管道。管道收到 Item 数据后，根据用户配置内容处理数据，或者等待命令执行存储数据。

以上即是某一个数据采集请求的完整生命周期，在这个生命周期中，可以看到各个核心组件都联动参与到了整个过程中。

2. Scrapy 环境安装与项目搭建

由于 Scrapy 框架是基于 Python 3 实现的第三方框架，因此需要先安装好 Python 3 的开发环境，同时在使用前，需要在 Python 环境中先安装 Scrapy 框架。

(1)环境安装

首先，假设本机已经安装好了 Python 3.6 版本。

按照如下步骤完成 Scrapy 框架的安装。

①打开命令提示符窗口：

windows 键＋r 打开运行窗口，输入 cmd 回车

②有时 Python 的模块安装工具 pip 版本过于老旧而不能使用，需要升级 pip 版本，可以输入命令：

```
pip install --upgrade pip
```

③升级好 pip 版本后，输入命令安装 Scrapy：

```
pip install Scrapy
```

在安装过程中，可能会由于缺失组件而终止安装，此时先安装好提示的缺失组件，然后重新安装即可。如图 6-56 所示。

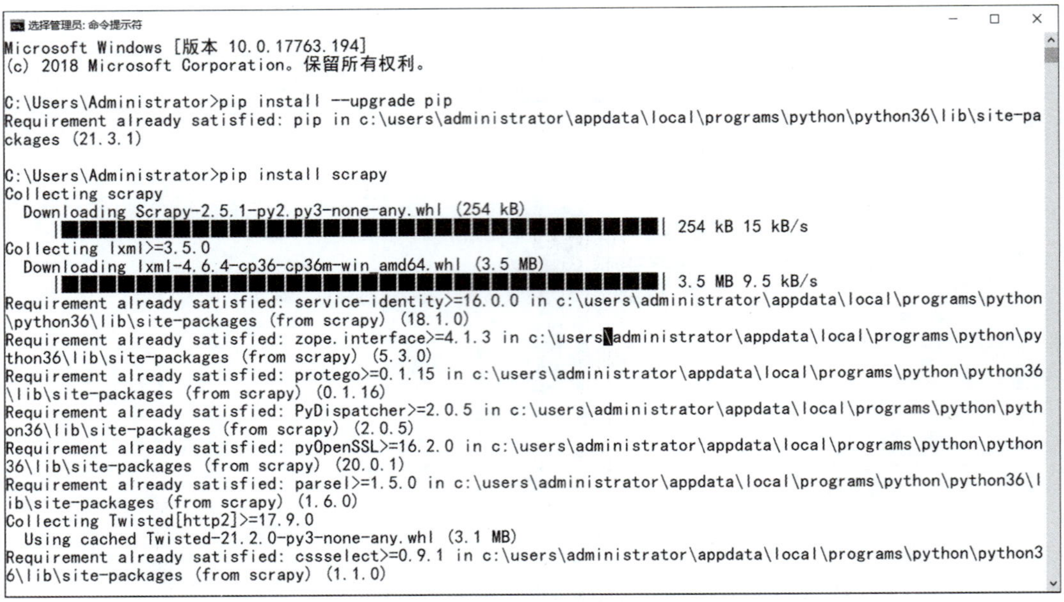

图 6-56 Scrapy 安装

Scrapy 框架安装好后，可以通过命令 scrapy version 来验证是否安装成功，如果出现最新的版本号，则表示安装成功。如图 6-57 所示。

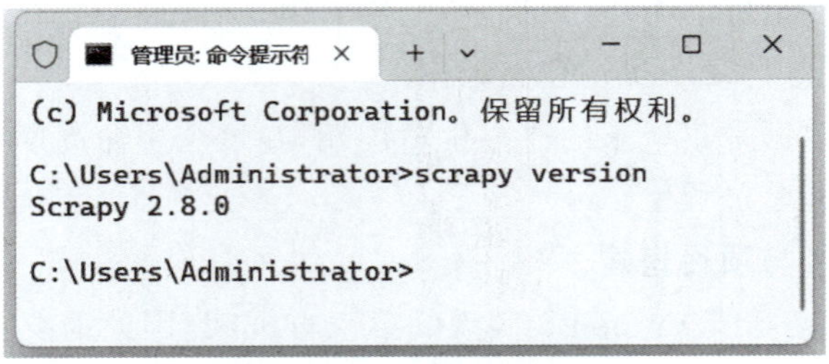

图 6-57 验证是否安装成功

(2)爬虫项目搭建

假设，要搭建一个爬虫项目，而数据爬取项目需要放在目录“E:\TeachProjects\PythonProjects\”，首先需要在该目录下，创建好一个 Scrapy 项目工程，通过创建 Scrapy 工程的命令“scrapy startproject 项目名”，可以创建一个工程。例如，创建一个 MyfirstScrapy 的工程，如图 6-58 所示。

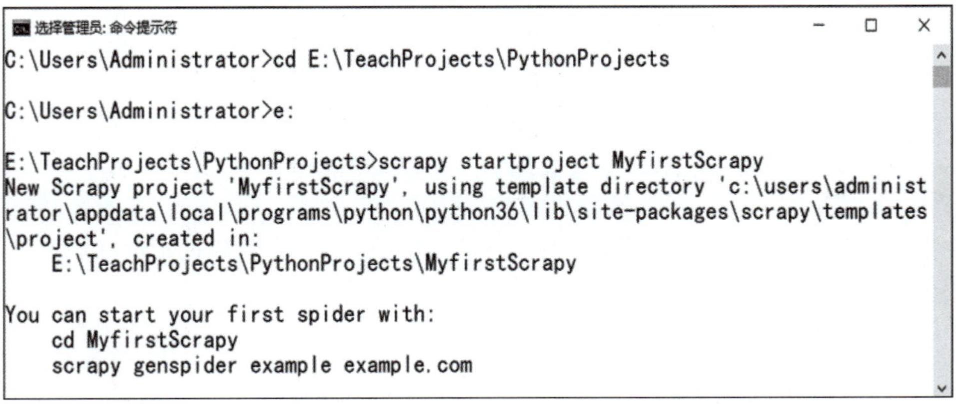

图 6-58 创建 Scrapy 工程示意图

在命令提示符窗口下，切换至该目录下，输入命令：

```
scrapy startproject MyfirstScrapy
```

通过 DOS 的 dir 命令，可以看到，在当前目录下已经创建了 MyfirstScrapy 文件夹，该文件夹即是 Scrapy 工程文件夹，数据采集代码编写即在此文件夹中实施。

查看 MyfirstScrapy 工程的目录，文件结构如下所示，包含项目目录 MyfirstScrapy 和项目基本配置文件 crapy. cfg；在 MyfirstScrapy 目录下，包含爬虫目录 spiders、Item 模型文件、中间件文件、管道文件，以及全局配置文件。其中 items 文件、pipelines 管道文件以及 spiders 文件夹，这三个区域是代码编写的主要区域。

```
|-MyfirstScrapy                  #项目文件夹
    |-MyfirstScrapy              #项目目录
        |-items.py               #定义数据结构
        |-middlewares.py         #中间件
        |-pipelines.py           #数据处理(管道)
        |-settings.py            #全局配置
        |-spiders                #存储爬虫代码目录
            |-__init__.py        #爬虫文件
    |-scrapy.cfg                 #项目基本配置文件
```

(3)爬虫案例

现在，我们来用一个案例讲解一下 Scrapy 项目搭建的具体方法。Scrapy 项目开发可以有多种方式，可以使用 Python 自带的可视化开发工具 IDLE，也可以使用其他支持 Python 项目开发的开发工具。本书将基于 IDEA 集成开发环境，讲解搭建一个爬取新浪网的新闻模块的 Scrapy 项目，如 6-59 所示。

图 6-59　数据采集目标新闻模块

打开新浪网(https://www.sina.com.cn/)，利用源码分析方法，找到新闻模块的目标 HTML 区域是 id="xy-impcon"的一个 div。如图 6-60 所示。

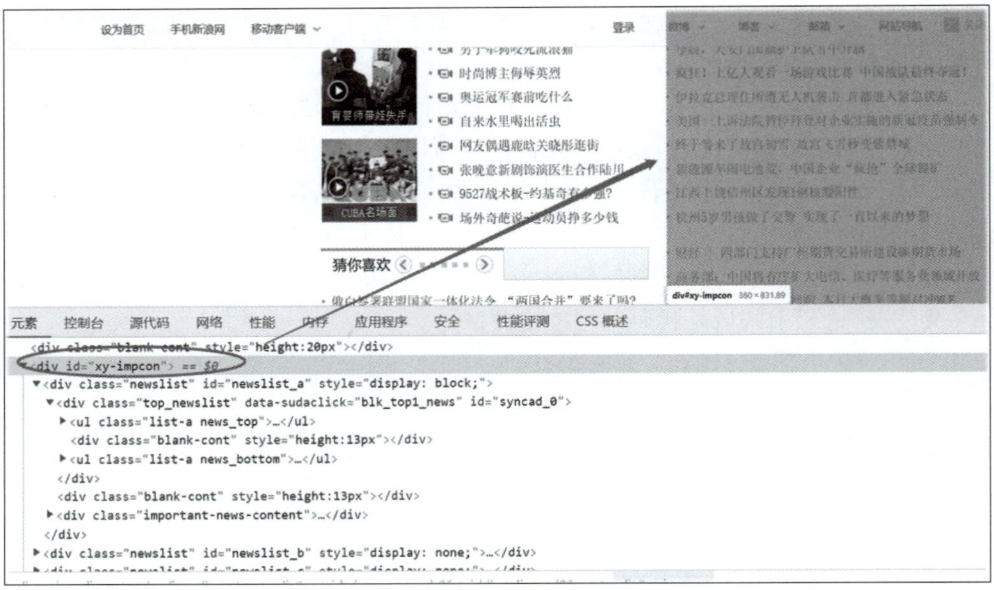

图 6-60　新闻模块源代码所在节点标签

搭建方法：

①打开 IDEA，“新建项目”。

②项目类别选择 “Python”。

③Project SDK 选择本机安装的 Python 版本，此处需要确保该 Python 环境已经安装好 Scrapy 框架，这里本机是基于 Python 3.6 环境，单击“下一步”按钮，如图 6-61 所示。

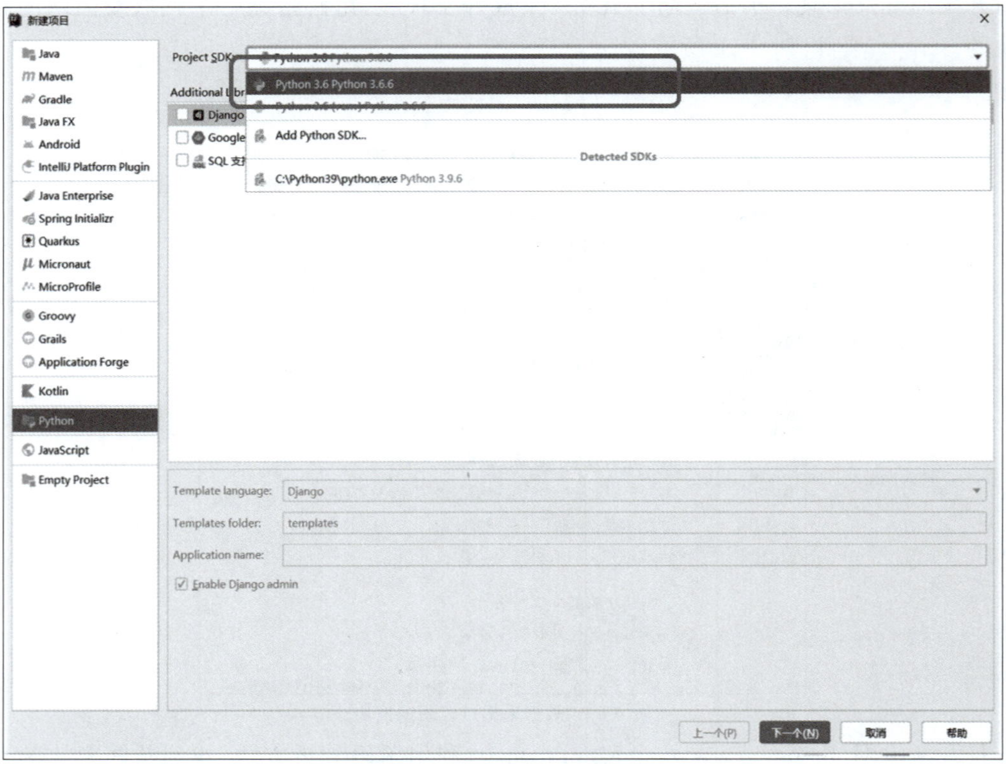

图 6-61　选择 Python 环境

④设置项目名为：SinaProject。

⑤设置项目位置。

⑥单击“完成”按钮，如图 6-62 所示。

图 6-62　设置项目名称和项目路径

此时，这个 SinaProject 项目还仅仅是普通的 Python 项目，我们需要将该项目变成 Scrapy 项目。有两种方法，可以在 DOS 命令提示符窗口中，输入创建 Scrapy 项目的命令；也可以使用 IDEA 的 Terminal 工具创建。这里我们在 IDEA 中实现。

⑦点击 IDEA 的左下角的“Terminal”。

⑧输入创建 Scrapy 项目的命令，项目名为 GetNews。

```
scrapy startproject GetNews
```

可以看到，在工程列表中已新增了一个 GetNews 的文件夹，如图 6-63 所示。

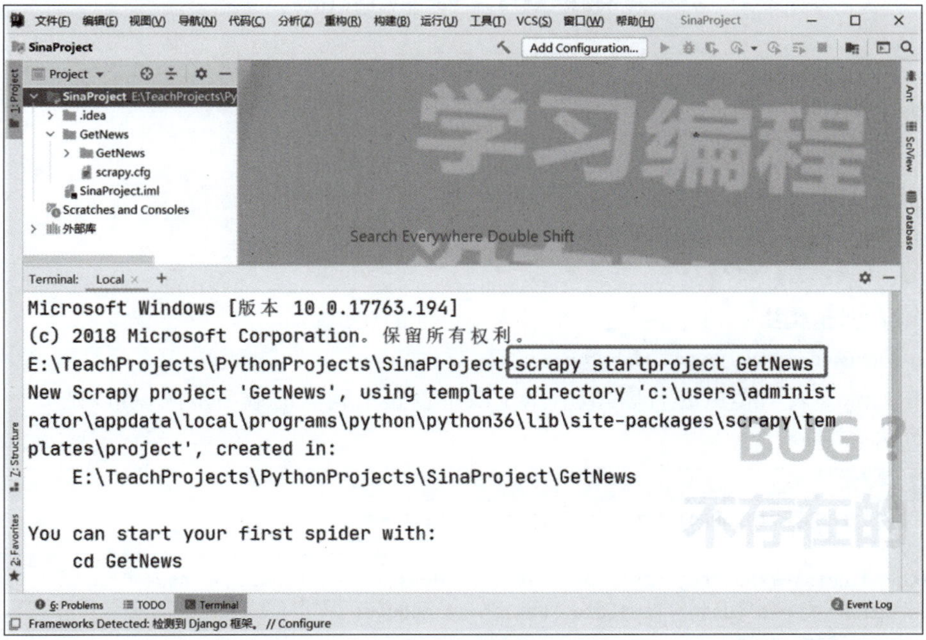

图 6-63　IDEA 环境下创建 Scrapy 工程

此时工程已经创建完毕，可以开始进行爬虫编码了。

由于 Scrapy 框架的使用需要通过命令来控制，所以这里先学习一下 Scrapy 常用命令的使用。

```
创建项目：scrapy startproject 项目名
进入项目：cd 项目名          # 进入某个文件夹下
创建一个爬虫：scrapy genspider 爬虫名 目标网址域名
根据爬虫的解析数据，输出结果：scrapy crawl 爬虫名 -o  某种类型的文件名
运行某个爬虫：scrapy crawl 爬虫名
列出当前工程下所有爬虫：scrapy list
获得配置信息：scrapy settings [options]
```

(4) 新增 Item 模型

接下来，新增一个新闻的 Item 模型。Item 用来定义结构化数据字段，保存爬取到的数据。可以通过创建一个 scrapy. Item 类，并且定义类型为 scrapy. Field 的类属性来定义一个 Item(可以理解成类似于 ORM 的映射关系)。

在 items. py 文件中，创建一个 NewsItem 类，使用 scrapy. Field()方法定义类属性，构建 Item 模型(model)。由于只需要采集新闻标题，因此，给其添加 news_title 属性，如图 6-64 所示。

图 6-64　NewsItem 类代码

(5) 生成爬虫

接下来，编写爬虫程序。

①点击 IDEA 的左下角的“Terminal”。

②切换到 GetNews 项目目录中：

```
cd GetNews
```

③输入创建爬虫的命令，创建一个名为 News 的爬虫：

```
scrapy genspider news "www. sina. com. cn"
```

其中，news 表示爬虫的名称，域名用于限定该爬虫爬取的域名范围，可以是一个域名列表。如图 6-65 所示。

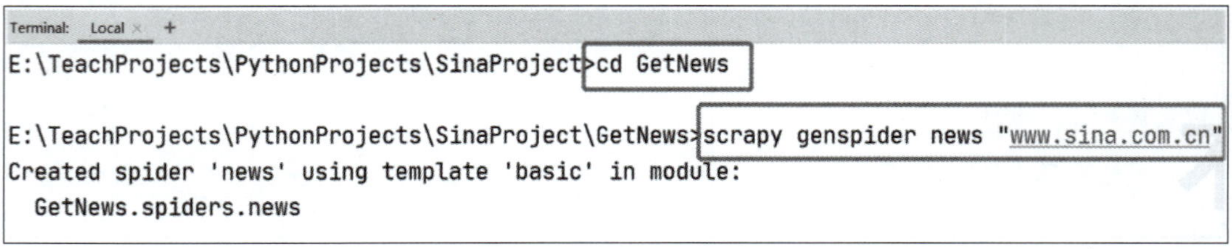

图 6-65　切换至工程目录并生成爬虫类

此时，在项目下的 spider 目录中，已新增了一个名为 news.py 的爬虫文件，如图 6-66 所示。

```
import scrapy


class NewsSpider(scrapy.Spider):
    name = 'news'
    allowed_domains = ['www.sina.com.cn']
    start_urls = ['http://www.sina.com.cn/']

    def parse(self, response):
        pass
```

图 6-66　自动生成的 news 爬虫类文件

该自动生成的爬虫代码已有了基本的代码，包含四部分：爬虫名称、允许的访问域名、起始访问 URL 链接以及数据解析方法 parse。

(6)修改爬虫文件

打开 spider 目录下的 news.py 爬虫文件，做如图 6-67 所示的修改。

```
import scrapy
from GetNews.items import NewsItem


class NewsSpider(scrapy.Spider):
    # 这个爬虫的识别名称，必须是唯一的，不同的爬虫必须定义不同的名字
    name = 'NewsSpider'
    # 搜索的域名范围，也就是爬虫的约束区域，
    # 规定爬虫只爬取这个域名下的网页，不存在的URL会被忽略
    allowed_domains = ['www.sina.com.cn']
    # 爬取的URL元祖/列表。爬虫从这里开始抓取数据
    start_urls = ['http://www.sina.com.cn/']
```

图 6-67　爬虫类代码修改

这是因为我们要在 IDEA 中执行，所以需要 name 值与爬虫的类名一致，否则会出现找不到指定的爬虫报错。

找到 parse 方法，可以看到其包含了一个参数 response。response 对象是由服务器发送的响应报文，要采集数据就可以对该对象解析并提取数据。方法是将响应报文中的 ID 为 newslist_a 的 div 节点提取出，然后依次提取其每一个 li 节点中的标题文本。实现代码如图 6-68 所示。

```
# 解析的方法，每个初始URL完成下载后将被调用
# 调用的时候传入从每一个URL传回的Response对象来作为唯一参数
def parse(self, response):
    # 存放老师信息的集合
    for each in response.xpath(
            "//div[@id='xy-impcon']/div[@class='newslist']//li"):
        # 将我们得到的数据封装到一个 `NewsItem` 对象
        item = NewsItem()

        # extract()方法返回的都是unicode字符串
        name = each.xpath("a/text()").extract()
        # xpath返回的是包含一个元素的列表
        if len(name) >= 1:
            item['news_title'] = name[0]
            #后台直接打印出爬取的标题
            print(name[0])
            # 直接返回最后数据（迭代处理，交给管道处理）
            yield item
```

图 6-68　爬虫类的解析方法完善修改

这里使用了 XPath 对爬取的内容进行解析，并将解析到的新闻标题保存到 item 对象的 news_title 属性中。代码中的 item 变量是通过 yield 关键字传递给管道的模型数据。在本案例中，我们只打印出爬取到的标题，不做存储处理。

提取新闻标题的表达式是：

```
//div[@id='xy-impcon']/div[@class='newslist']//li
```

针对每一项数据，继续使用 XPath 找到数据项中的 a 标签，找到后，提取里面的文本内容。注意 extract 方法返回的是一个数组，这里我们提取第 0 个文本内容。同时向屏幕打印出提取的内容，验证是否正确。

(7)运行爬虫

接下来，打开工程根目录下的 setting.py 文件，设置忽略 robots.txt 规则，找到 ROBOTSTXT_OBEY 配置项，设置为 False，允许爬虫不遵循爬虫机器人规则，以便爬取数据正常运行，如图 6-69 所示。

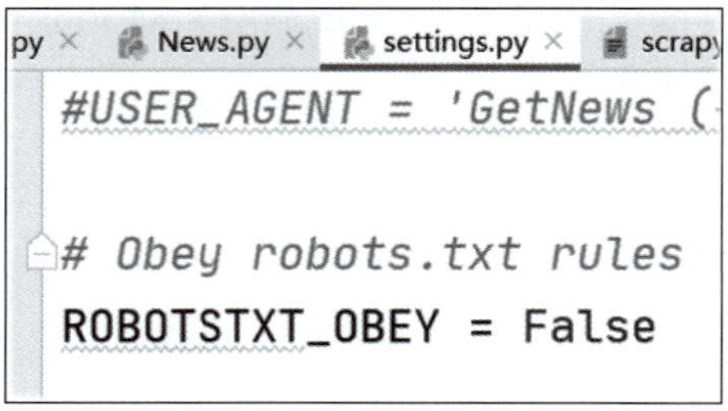

图 6-69　setting 文件的修改

此时，可以启动爬虫程序进行数据爬取，在 terminal 中运行命令：

```
scrapy crawl NewsSpider
```

即可启动爬虫，如图 6-70 所示，可以看到，在后台已经打印出爬取的新闻标题。

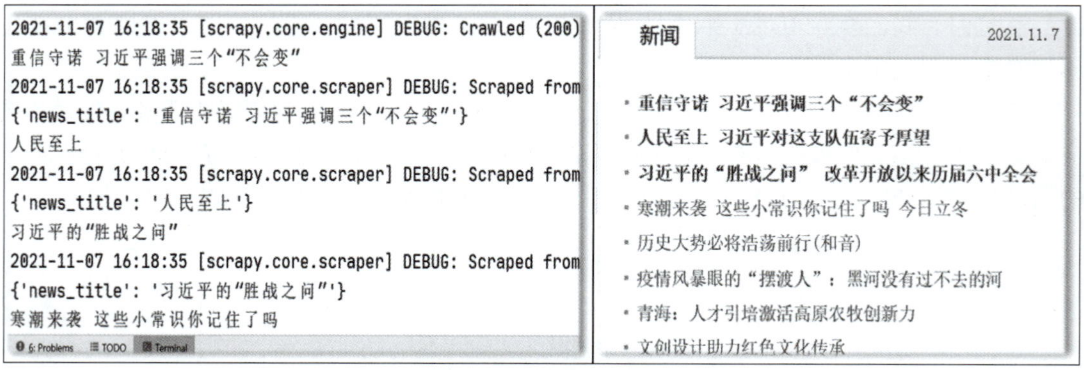

图 6-70　运行爬虫后的输出效果

最后，通过 Scrapy 导出命令，导出 JSON 格式的数据文件。

```
scrapy crawl NewsSpider -odata.json
```

可以看到在工程目录下已经生成了 JSON 文件，但是在该 JSON 文件中会发现没有正确显示中文。此时可以打开 setting 配置文件，在配置文件的最后添加输出编码的格式配置项：FEED_EXPORT_ENCODING='utf-8'。再次导出后可以看到，已经按正常的中文显示数据了，且该文件采用的是追加模式新增数据，如图 6-71 所示。

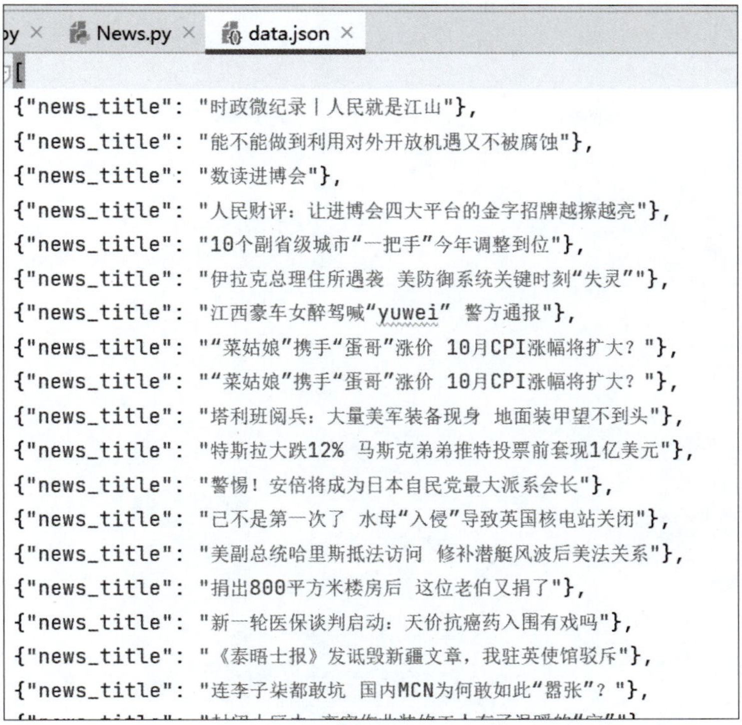


```
[
{"news_title": "时政微纪录丨人民就是江山"},
{"news_title": "能不能做到利用对外开放机遇又不被腐蚀"},
{"news_title": "数读进博会"},
{"news_title": "人民财评：让进博会四大平台的金字招牌越擦越亮"},
{"news_title": "10个副省级城市“一把手”今年调整到位"},
{"news_title": "伊拉克总理住所遇袭 美防御系统关键时刻“失灵”"},
{"news_title": "江西豪车女醉驾喊“yuwei” 警方通报"},
{"news_title": "“菜姑娘”携手“蛋哥”涨价 10月CPI涨幅将扩大？"},
{"news_title": "“菜姑娘”携手“蛋哥”涨价 10月CPI涨幅将扩大？"},
{"news_title": "塔利班阅兵：大量美军装备现身 地面装甲望不到头"},
{"news_title": "特斯拉大跌12% 马斯克弟弟推特投票前套现1亿美元"},
{"news_title": "警惕！安倍将成为日本自民党最大派系会长"},
{"news_title": "已不是第一次了 水母“入侵”导致英国核电站关闭"},
{"news_title": "美副总统哈里斯抵法访问 修补潜艇风波后美法关系"},
{"news_title": "捐出800平方米楼房后 这位老伯又捐了"},
{"news_title": "新一轮医保谈判启动：天价抗癌药入围有戏吗"},
{"news_title": "《泰晤士报》发诋毁新疆文章，我驻英使馆驳斥"},
{"news_title": "连李子柒都敢坑 国内MCN为何敢如此“嚣张”？"},
```

图 6-71　导出的 JSON 格式数据

项目7 项目实战——零售行业数据分析

思政课堂（趣学领航）

用好大数据这个时代赋予我们的强大引擎，就能抓住新机遇、培育新动能、塑造新优势，推动中国经济在数字化大潮中乘风破浪，驶向高质量发展的美好未来。

催生新业态、畅通产业链，让万千企业点“数”成金，大数据是经济高质量发展的推动力；数据多跑路、百姓少跑腿，让“一网通办”“一次办好”成为常态，大数据是优化营商环境、提升服务效能的“加速器”；动态反映经济社会各指标发展趋势，多维度多层面反映政策落地效果，让社会管理更加精细、更具智慧，大数据是提升社会治理体系和治理能力现代化的“金钥匙”……

项目背景说明：

据央视财经报道，2020年我国O2O市场规模突破万亿元，O2O市场存在着巨大的潜力。特别是餐饮和外卖行业，占据市场较大份额，并且业务增长迅速。截至2020年底，全国外卖总体订单量已超过171.2亿单，同比增长7.5%，全国外卖市场交易规模达到8352亿元，同比增长14.8%。我国外卖用户规模已接近5亿人，其中80后、90后是餐饮外卖服务的中坚消费力量。消费者使用餐饮外卖服务也不再局限于传统的一日三餐，下午茶和夜宵逐渐成为消费者的外卖新宠。为把握这一商业机遇，ChinaSkills公司计划进驻外卖平台市场，现需对大规模成熟外卖平台进行详细评估调研，采集多方、多维度数据，寻找行业痛点，摸清市场需求，以技术为手段为投资保驾护航。

请按照下面任务完成本次工作，并编制综合报告。

任务 7.1 大数据平台及组件的部署管理

励志微语

伟大梦想不是等得来、喊得来的，而是拼出来、干出来的。

任务目标

- 掌握 Hadoop，Spark，Hive 组件的部署与管理。
- 掌握在本地或云端搭建大数据集群的方法。

环境说明(表 7-1)：

表 7-1 环境说明

编号	节点类型	用户名	密码
1	Master	root	123456
2	Slave1	root	123456
3	Slave2	root	123456

补充说明：

(1)各节点可通过客户端 XShell 工具进行 SSH 访问；

(2)Master 节点 MySQL 数据库用户名/密码：root/123456；

(3)相关软件安装包在 Master 节点的/ChinaSkills 目录下，请选择对应的安装包进行安装，用不到的可忽略；

(4)所有模块中应用命令必须采用绝对路径。

7.1.1 Hadoop 完全分布式部署管理

本环节需要使用 root 用户完成相关配置，安装 Hadoop 需要配置前置环境。命令中要求使用绝对路径，具体部署要求如下：

1. 将 master 节点 JDK 安装包解压并移动到/usr/local/src 路径，命令如下：

```
tar -zxvf /chinaskills/jdk-8u162-linux-x64.tar.gz -C /usr/local/src/
```

2. 修改/root/.bash_profile 文件，设置 JDK 环境变量，配置完毕后在 master 节点分别执行"java"和"javac"命令，命令行执行结果如图 7-1 和图 7-2 所示。

3. 完成 host 相关配置，将三个节点分别命名为 master、slave1、slave2，从 master 复制上面步骤配置的 JDK 环境变量文件及 JDK 解压后的安装文件到 slave1、slave2 节点，全部复制命令如下：

```
scp -r /root/.bash_profile slave1:/root/
scp -r /root/.bash_profile slave2:/root/
scp -r /usr/local/src/jdk1.8.0_162/ slave1:/usr/local/src/
scp -r /usr/local/src/jdk1.8.0_162/ slave2:/usr/local/src/
```

```
[root@master src]# java
用法: java [-options] class [args...]
           (执行类)
   或  java [-options] -jar jarfile [args...]
           (执行 jar 文件)
其中选项包括:
    -d32          使用 32 位数据模型 (如果可用)
    -d64          使用 64 位数据模型 (如果可用)
    -server       选择 "server" VM
                  默认 VM 是 server,
                  因为您是在服务器类计算机上运行的.


    -cp <目录和 zip/jar 文件的类搜索路径>
    -classpath <目录和 zip/jar 文件的类搜索路径>
                  用 : 分隔的目录, JAR 档案
                  和 ZIP 档案列表, 用于搜索类文件.
    -D<名称>=<值>
                  设置系统属性
    -verbose:[class|gc|jni]
                  启用详细输出
    -version      输出产品版本并退出
    -version:<值>
                  警告: 此功能已过时, 将在
                  未来发行版中删除.
                  需要指定的版本才能运行
    -showversion  输出产品版本并继续
    -jre-restrict-search | -no-jre-restrict-search
                  警告: 此功能已过时, 将在
                  未来发行版中删除.
                  在版本搜索中包括/排除用户专用 JRE
    -? -help      输出此帮助消息
    -X            输出非标准选项的帮助
    -ea[:<packagename>...|:<classname>]
    -enableassertions[:<packagename>...|:<classname>]
                  按指定的粒度启用断言
    -da[:<packagename>...|:<classname>]
    -disableassertions[:<packagename>...|:<classname>]
                  禁用具有指定粒度的断言
    -esa | -enablesystemassertions
                  启用系统断言
    -dsa | -disablesystemassertions
                  禁用系统断言
    -agentlib:<libname>[=<选项>]
                  加载本机代理库 <libname>, 例如 -agentlib:hprof
                  另请参阅 -agentlib:jdwp=help 和 -agentlib:hprof=help
    -agentpath:<pathname>[=<选项>]
                  按完整路径名加载本机代理库
    -javaagent:<jarpath>[=<选项>]
                  加载 Java 编程语言代理, 请参阅 java.lang.instrument
    -splash:<imagepath>
                  使用指定的图像显示启动屏幕
有关详细信息, 请参阅 http://www.oracle.com/technetwork/java/javase/documentation/index.html.
```

图 7-1　“java”命令执行结果

4. 配置 SSH 免密登录，实现从 master 登录到 slave1，登录命令和执行结果如下：

```
ssh slave1
Last login: Sat Dec 25 09:27:22 2021 from 192.168.4.166
```

5. 配置文件 hadoop-env. sh，变更内容如下：

```
export JAVA_HOME=/usr/local/src/jdk1.8.0_162
```

6. 配置文件 core-site. xml，变更内容如下：

```
<property>
    <name>fs.defaultFS</name>
    <value>hdfs://master:9000/</value>
```

```
[root@master src]# javac
用法: javac <options> <source files>
其中, 可能的选项包括:
  -g                         生成所有调试信息
  -g:none                    不生成任何调试信息
  -g:{lines,vars,source}     只生成某些调试信息
  -nowarn                    不生成任何警告
  -verbose                   输出有关编译器正在执行的操作的消息
  -deprecation               输出使用已过时的 API 的源位置
  -classpath <路径>            指定查找用户类文件和注释处理程序的位置
  -cp <路径>                   指定查找用户类文件和注释处理程序的位置
  -sourcepath <路径>           指定查找输入源文件的位置
  -bootclasspath <路径>        覆盖引导类文件的位置
  -extdirs <目录>              覆盖所安装扩展的位置
  -endorseddirs <目录>         覆盖签名的标准路径的位置
  -proc:{none,only}          控制是否执行注释处理和/或编译。
  -processor <class1>[,<class2>,<class3>...] 要运行的注释处理程序的名称; 绕过默认的搜索进程
  -processorpath <路径>        指定查找注释处理程序的位置
  -parameters                生成元数据以用于方法参数的反射
  -d <目录>                    指定放置生成的类文件的位置
  -s <目录>                    指定放置生成的源文件的位置
  -h <目录>                    指定放置生成的本机标头文件的位置
  -implicit:{none,class}     指定是否为隐式引用文件生成类文件
  -encoding <编码>             指定源文件使用的字符编码
  -source <发行版>              提供与指定发行版的源兼容性
  -target <发行版>              生成特定 VM 版本的类文件
  -profile <配置文件>             请确保使用的 API 在指定的配置文件中可用
  -version                   版本信息
  -help                      输出标准选项的提要
  -A关键字[=值]                    传递给注释处理程序的选项
  -X                         输出非标准选项的提要
  -J<标记>                       直接将 <标记> 传递给运行时系统
  -Werror                    出现警告时终止编译
  @<文件名>                       从文件读取选项和文件名
```

图 7-2 “javac”命令执行结果

```
</property>
<property>
    <name>hadoop.tmp.dir</name>
    <value>/usr/local/src/hadoop-2.6.0/tmp</value>
</property>
```

7. 初始化 Hadoop 环境，namenode 命令及初始化结果如下：

```
hdfs namenode -format

21/12/25 09:55:26 INFO common.Storage: Storagedirectory /usr/local/src/hadoop-2.6.0/tmp has been successfully formatted.
21/12/25 09:55:26 INFO namenode.NNStorageRetentionManager: Going to retain 1 images with txid >= 0
21/12/25 09:55:26 INFO util.ExitUtil :Exiting with status 0
21/12/25 09:55:26 INFO namenode.NameNode: SHUTDOWN_MSG:
/************************************************************
SHUTDOWN_MSG: Shutting down NameNode at master/192.168.31.70
************************************************************/
```

8. 查看 master 节点 jps 进程，查看结果如下：

```
2194 SecondaryNameNode
2611 NodeManager
4485 Jps
2343 ResourceManager
1932 NameNode
```

7.1.2 Spark 组件部署管理(Standalone 模式)

本环节需要使用 root 用户完成相关配置，具体部署要求如下：

1. 在 master 节点解压 scala 安装包，将解压后的安装文件移动到“/usr/local/src”路径下，并重命名为 scala，全部命令如下：

```
tar -xzvf /chinaskills/scala-2.11.0.tgz
mv scala-2.11.0/ /usr/local/src/scala
```

2. 设置 scala 环境变量，并使环境变量只对 root 用户生效，变量配置内容如下：

```
export SCALA_HOME=/usr/local/src/scala
export PATH=$SCALA_HOME/bin:$PATH
```

3. 进入 scala 命令行界面，查看结果如下：

```
Welcome to Scala version 2.11.0 (Java HotSpot(TM) 64-Bit Server VM,Java1.8.0_162).
Type in expressions to have them evaluated.
Type:help for more information.

scala>
```

4. 在 master 节点解压 Spark 安装包，将解压后的安装文件移动到“usr/local/src”路径下，并重命名为 spark，全部命令如下：

```
tar -zxvf /chinaskills/spark-2.0.0-bin-hadoop2.6.tgz
mv /chinaskills/spark-2.0.0-bin-hadoop2.6/ /usr/local/src/spark
```

5. 修改 spark-env.sh.template 为 spark-env.sh，并在其中配置 Spark 的 master 节点主机名、端口、worker 节点的核数、内存，修改的配置内容如下：

```
export JAVA_HOME=/usr/local/src/jdk1.8.0_162
export HADOOP_CONF_DIR=/usr/local/src/hadoop-2.6.0
export SPARK_LOCAL_DIRS=/usr/local/src/spark
export SCALA_HOME=/usr/local/src/scala
export SPARK_MASTER_HOST=master
export SPARK_WORKER_CORES=2
export SPARK_WORKER_MEMORY=2g
export SPARK_MASTER_PORT=7077
```

6. 完善其他配置并启动 Spark(Standalone 模式)集群。启动 SparkShell 连接集群，连接结果如图 7-3 所示。

```
[root@master bin]# ./spark-shell --master spark://master:7077
Using Spark's default log4j profile: org/apache/spark/log4j-defaults.properties
Setting default log level to "WARN".
To adjust logging level use sc.setLogLevel(newLevel). For SparkR, use setLogLevel(newLevel).
21/12/28 02:48:08 WARN NativeCodeLoader: Unable to load native-hadoop library for your platform... using builtin-java classes where applicable
21/12/28 02:48:14 WARN ObjectStore: Version information not found in metastore. hive.metastore.schema.verification is not enabled so recording the schema versi
on 1.2.0
21/12/28 02:48:14 WARN ObjectStore: Failed to get database default, returning NoSuchObjectException
21/12/28 02:48:15 WARN ObjectStore: Failed to get database global_temp, returning NoSuchObjectException
Spark context Web UI available at http://192.168.3.73:4040
Spark context available as 'sc' (master = spark://master:7077, app id = app-20211228024809-0000).
Spark session available as 'spark'.
Welcome to
      ____              __
     / __/__  ___ _____/ /__
    _\ \/ _ \/ _ `/ __/  '_/
   /___/ .__/\_,_/_/ /_/\_\   version 2.1.1
      /_/

Using Scala version 2.11.8 (Java HotSpot(TM) 64-Bit Server VM, Java 1.8.0_162)
Type in expressions to have them evaluated.
Type :help for more information.

scala>
```

图 7-3 SparkShell 启动成功

7.1.3 Hive 组件部署管理

本环节需要使用 root 用户完成相关配置，具体部署要求如下：

1. 将 master 节点 Hive 安装包解压并移动到/usr/local/src 下，命令如下：

```
tar -zxvf /chinaskills/apache-hive-1. 2. 2-bin. tar. gz -C /usr/local/src
```

2. 把解压后的 apache-hive-1. 2. 2-bin 文件夹重命名为 hive。进入 hive 文件夹使用 ls 命令进行查看，查看结果如下：

```
bin  conf  examples  hcatalog  lib  LICENSE  NOTICE  README. txt
RELEASE_NOTES. txt  scripts
```

3. 设置 Hive 环境变量，并使环境变量只对当前 root 用户生效。环境变量配置内容如下：

```
export HIVE_HOME=/usr/local/src/hive
export PATH= $ HIVE_HOME/bin: $ PATH
```

4. 将 Hive 安装目录里 hive-default. xml. template 文件重命名为 hive-site. xml。更改命令如下：

```
mv hive-default. xml. template hive-site. xml
```

5. 修改 hive-site. xml 配置文件，将 MySQL 数据库作为 Hive 元数据库。配置文件中配置 Hive 元存储的相关内容如下：

```
<property>
<name>javax. jdo. optionConnectionDriverName</name>
<value>com. mysql. jdbc. Driver</value>
</property>
```

6. 初始化 Hive 元数据，将 MySQL 数据库 JDBC 驱动拷贝到 Hive 安装目录的 lib 文件夹下，并通过 schematool 相关命令执行初始化，初始化结果如下：

```
Metastore connection URL:
jdbc:mysql://localhost:3306/hive?createDatabaseIfNotExist=true&useSSL=false
Metastore Connection Driver:com.mysql.jdbc.Driver
Metastore connection User:root
Starting metastore schema initialization to 1.2.0
Initialization script hive-schema-1.2.0.mysql.sql
Initialization script completed
schemaTool completed
```

7.完善其他配置并启动 Hive,命令行输出结果如下:

```
Logging initialized using configuration in file:/usr/local/src/hive/conf/hive-log4j.properties
hive>
```

任务 7.2　数据采集与处理

励志微语

不驰于空想,不骛于虚声。

任务目标

- 掌握网络爬虫技术与 API 接口获取数据的方法。
- 识别并理解不同类型的数据源(例如数据库、APIs、日志文件、社交媒体等)。

项目背景说明:

1.查看餐饮外送统计平台网站源码结构。

(1)网站后台:192.168.5.179:8090。

(2)打开网站,在网页中右击检查,或者按“F12”快捷键,查看源码页面。

(3)检查网站:浏览网站源码,查看所需内容。

2.从餐饮外送统计平台中采集需要数据,按照要求使用 Python 语言编写代码工程,获取指定数据项,并对结果数据集进行必要的数据处理。请将符合任务要求的结果复制粘贴至对应报告中。具体步骤如下:

(1)创建工程项目:C:\food_delivery_crawl。

(2)构建采集请求。

(3)按要求定义相关字段。

(4)获取有效数据。

(5)将获取到的数据保存到指定位置。

(6)对数据集进行基础的数据处理。

至此已从餐饮外送统计平台中获取所需数据，并完成了必要的基础数据处理。

3. 自行创建 Scrapy 工程项目 food_delivery_crawl，路径为 C:\ food_delivery_crawl，按照任务要求从餐饮外送统计平台中获取 2021 年全国职业院校技能大赛高职组“大数据技术与应用”赛项任务书 8 数据。

4. 每条数据记录请以单独一行保存，信息存储格式为：“key:value”。数据文件保存路径为：C:\crawl_output。

示例：[{"key1": "* * *","key2": "* * *",...},{"key1": "* * *"," key2": "* * *",...},... {"key1": "* * *"," key2": "* * *",...}]

7.2.1 爬取“配送平台”和“店铺运营数据”页面相关数据

自行创建 Scrapy 工程，编写工程代码，爬取“配送平台”页面相关数据，通过工程代码分页爬取。

1. 首先创建 scrapy 工程，在 item 文件中定义好要爬取的字段。

```
# Define here the models for your scraped items
#
# See documentation in:
# https://docs.scrapy.org/en/latest/topics/items.html
import scrapy


class FoodDeliveryScrawlItem(scrapy.Item):
        # define the fields for your item here like:
        # name = scrapy.Field()
        接单数 = scrapy.Field()
        有效完成单数 = scrapy.Field()
        投诉率 = scrapy.Field()
        异常率 = scrapy.Field()
        欺诈单数 = scrapy.Field()
        拒单数 = scrapy.Field()
        商户取消数 = scrapy.Field()
        客户取消数 = scrapy.Field()
        系统取消数 = scrapy.Field()
        配送取消异常数 = scrapy.Field()
        整体时长 = scrapy.Field()
        接单时长 = scrapy.Field()
        到店时长 = scrapy.Field()
        取餐时长 = scrapy.Field()
        送达时长 = scrapy.Field()
        商户投诉数 = scrapy.Field()
        客户投诉数 = scrapy.Field()
        差评数 = scrapy.Field()
```

```
        好评数 = scrapy.Field()
        评价数 = scrapy.Field()
        最远订单距离 = scrapy.Field()
        商户业务包 = scrapy.Field()

        推单数_9 = scrapy.Field()
        有效完成率_9 = scrapy.Field()
        超时率_9 = scrapy.Field()
        推单数_8 = scrapy.Field()
        有效完成率_8 = scrapy.Field()
        超时率_8 = scrapy.Field()
```

2.编写爬虫文件，使用正则表达式配合 XPath 解析来获取数据。

```
#实例容器，存储爬取的数据
item = FoodDeliveryScrawlItem()
# 爬取"配送平台"页面数据
class FoodSpiderSpider(scrapy.Spider):
    name = 'food_spider'
    start_urls = ["http://192.168.23.31:8090/distribution_platform1.html"]
    def parse(self,response, **kwargs):
        # 使用正则获取下一页的链接
        url_all = re.findall(r'href=".*?(distribution_platform\d+\.html)"',response.text)
        for i in url_all:
            next_page = "http://192.168.23.31:8090/" + i
            yield scrapy.Request(url=next_page,callback=self.parse)
        # 使用 xpath 获取相应的数据
        data = response.xpath('//tr[@class="el-table__row"]')
        for i in data:
            list1 = []
            for j in i.xpath('./td[position()>1]'):
                list1.append(j.xpath('./div/text()').get())
            # 将数据存入 item 容器中
            item['接单数'] = list1[0].strip() if list1[0] else list1[0]
            item['有效完成单数'] = list1[1].strip() if list1[1] else list1[1]
            item['投诉率'] = list1[2].strip() if list1[2] else list1[2]
            item['异常率'] = list1[3].strip() if list1[3] else list1[3]
            item['欺诈单数'] = list1[4].strip() if list1[4] else list1[4]
            item['拒单数'] = list1[5].strip() if list1[5] else list1[5]
            item['商户取消数'] = list1[6].strip() if list1[6] else list1[6]
            item['客户取消数'] = list1[7].strip() if list1[7] else list1[7]
            item['系统取消数'] = list1[8].strip() if list1[8] else list1[8]
            item['配送取消异常数'] = list1[9].strip() if list1[9] else list1[9]
            item['整体时长'] = list1[10].strip() if list1[10] else list1[10]
```

```
            item['接单时长'] = list1[11].strip() if list1[11] else list1[11]
            item['到店时长'] = list1[12].strip() if list1[12] else list1[12]
            item['取餐时长'] = list1[13].strip() if list1[13] else list1[13]
            item['送达时长'] = list1[14].strip() if list1[14] else list1[14]
            item['商户投诉数'] = list1[15].strip() if list1[15] else list1[15]
            item['客户投诉数'] = list1[16].strip() if list1[16] else list1[16]
            item['差评数'] = list1[17].strip() if list1[17] else list1[17]
            item['好评数'] = list1[18].strip() if list1[18] else list1[18]
            item['评价数'] = list1[19].strip() if list1[19] else list1[19]
            item['最远订单距离'] = list1[20].strip() if list1[20] else list1[20]
            item['商户业务包'] = list1[21].strip() if list1[21] else list1[21]
            # 把 item 传入管道中进行持久化存储
            yield item

# 爬取店铺运营数据
class FoodSpiderSpider2(scrapy.Spider):
    name = "food_spider2"
    start_urls = "http://192.168.23.31:8090/store_operation_data1.html"
    def parse(self,response, **kwargs):
        url_all = re.findall(r'href=".*?(store_operation_data\d+\.html)"',response.text)
        for i in url_all:
            next_page = "http://192.168.23.31:8090/" + i
            yield scrapy.Request(url=next_page,callback=self.parse)
        data = response.xpath('//tr[@class="el-table__row"]')
        for i in data:
            list1 = []
            for j in i.xpath('./td[position()>1]'):
                list1.append(j.xpath('./div/text()').get())
            item['推单数_9'] = list1[0].strip() if list1[0] else list1[0]
            item['有效完成率_9'] = list1[1].strip() if list1[1] else list1[1]
            item['超时率_9'] = list1[2].strip() if list1[2] else list1[2]
            item['推单数_8'] = list1[3].strip() if list1[3] else list1[3]
            item['有效完成率_8'] = list1[4].strip() if list1[4] else list1[4]
            item['超时率_8'] = list1[5].strip() if list1[5] else list1[5]
            yield item
```

7.2.2 将数据存入 json 文件

运行代码，分别爬取“配送平台”页面与“店铺运营数据”页面的数据至 distribution.json 与 store_operation_data.json 文件。

1.首先将 setting 配置文件中的管道配置开启，取消注释即可，大概在 64～66 行。

```
ITEM_PIPELINES = {
    'food_delivery_scrawl.pipelines.FoodDeliveryScrawlPipeline': 300
}
```

2. 编写 pipelines 管道文件，将数据持久化存储，运行不同的爬虫文件需要更改文件的保存路径。

```
import json


class FoodDeliveryScrawlPipeline:
    def process_item(self,item,spider):
        with open('./store_operation_data.json','a',encoding='utf-8') as f:
            json.dump(dict(item),f,ensure_ascii=False)
            f.write("\n")
        return item
```

3. 在项目下创建一个 run.py 文件，编写代码运行爬虫。

```
from scrapy import cmdline


if __name__ == '__main__':
    # 运行爬取配送平台数据的代码
    cmdline.execute("scrapy crawl food_spider".split(""))
    # 运行爬取店铺运行数据的代码
    cmdline.execute("scrapy crawl food_spider2".split(""))
```

7.2.3　删除异常样本

注意：先把爬取的文件使用 pandas 读取出来。

```
#读取爬取的数据文件
data1 = pd.read_json('./distribution.json',lines=True,orient="records")
data2 = pd.read_json('./store_operation_data.json',lines=True,orient="records")
```

1. distribution.json 文件中，请剔除属性列"客户取消数"小于"商户取消数"的异常数据条目。

```
#异常样本条件
filter_data = data1['客户取消数'] < data1['商户取消数']
# 将异常数据的 index 提取出来
abnormal = data1[filter_data].index
# 删除这些异常数据
data1.drop(abnormal,inplace=True)
```

2. 请以爬取的数据 data1 作为数据源，针对"到店时长"属性，审查缺失值数量。

(1)当缺失值比例小于 5%时，对包含缺失值数据的样本进行删除。

(2)当缺失值比例大于或等于 5%时，对缺失值字段进行均值填充。

```
#计算到店时长样本数量
rate = data1['到店时长'].count()
# 计算缺失比例进行对应的处理
if ((len(data1) - rate) / len(data1)) < 0.05:
    # 直接删除缺失值
    data1.dropna(inplace=True)
else:
    # 填充缺失值
    data1.fillna(data1['到店时长'].mean(),inplace=True)
```

3. 针对 store_operation_data. json 数据集，根据属性“超时率(9 日)”划分数据集。

store_operation1. json[超时率(9 日)小于或等于 5%]，store_operation2. json[超时率(9 日)大于 5%]

```
#将超时率转换成 int 类型
data2['超时率_9'] = data2['超时率_9'].apply(lambda x: int(x.replace('%','')) / 100)
# 将数据分别进行保存
data2[data2['超时率_9'] <= 0.05].to_json('./store_operation1.json',lines=True,
                                  orient='records',force_ascii=False)
data2[data2['超时率_9'] > 0.05].to_json('./store_operation2.json',lines=True,
                                  orient='records',force_ascii=False)
```

任务 7.3　数据清洗与挖掘分析

励志微语　没有比脚更长的路，没有比人更高的山。

任务目标

- 掌握数据清洗的基本步骤，包括检测和处理缺失值、重复数据、异常值、不一致的数据格式等问题。
- 掌握数据挖掘的主要方法，如分类、聚类、关联规则学习、回归分析等。

环境说明(表 7-2)：

表 7-2　环境说明

编号	节点类型	用户名	密码
1	Master	root	passwd
2	Slave1	root	passwd
3	Slave2	root	passwd

补充说明：

(1)各节点可通过客户端 XShell 工具进行 SSH 访问；

(2)Master 节点 MySQL 数据库用户名/密码：root/Password123 $；

(3)清洗数据源在 Master 节点的/chinaskills 目录下；所有模块中应用命令均采用绝对路径。

项目背景说明：

餐饮外卖平台的核心价值体现在配送上，而配送的价值则依赖于商家与客户的双向选择。外卖平台通常会通过内容激活客户和商家两个群体的活跃度。客户会参考平台展示的内容选择商家，商家也会以客户评价与平台统计数据为依据调整策略，由此再吸引更多的用户下单、评论，形成正向循环。保证配送的时效与品质是从优化客户体验的角度，吸引更多的客户参与，进而带动商家不断入驻。由此，商家、客户、骑手在平台上形成越来越多的真实可靠的数据，帮助客户更好地做出消费决策，同时促进商家提高服务质量。而平台通过数据，不断调整优化服务，从而不断提升这种多边网络效应。提升网络效应的直接结果就是客户和商家规模大幅提升，进而形成规模效应——降低获客成本、提高效益，并且不断提升自己的行业壁垒。

为探索各大外卖平台的市场策略与经营模式，现已从各大平台获取到了原始数据集，包含“餐厅 ID”“城市”“商户业务包”“配送范围”等多项字段。为保障客户隐私和行业敏感信息，已经对数据脱敏（数据脱敏是指对某些敏感信息通过脱敏规则进行数据的变形，实现敏感隐私数据的可靠保护，在涉及客户安全数据或一些商业性敏感数据的情况下，对真实数据进行改造并提供测试使用，如身份证号、手机号等个人敏感信息都需要进行数据脱敏）。本模块已将脱敏后的数据存放于 Master 节点的/chinaskills 目录下。

7.3.1　数据清洗

子任务 1　通过 Spark 编程进行数据清洗

任务背景

数据源为众多网站及平台的数据汇总，且为多次采集的结果，在整合多来源数据时可能遇到数据重复，或数据拼接导致的属性列缺失或冗余等情况。请根据任务具体参数要求，针对原始数据集进行清洗，并写入指定的数据库或数据文件。

任务描述

数据源文件存放于 Master 节点的/chinaskills 目录下，请按照如下要求编写 Scala 程序对数据进行清洗，并将结果输出保存。

1. 分析/chinaskills 中 JSON 数据文件。

2. 编写程序针对数据进行相应的分析及处理。

3. 程序打包并在 Spark（Standalone 模式）集群运行，结果输出至 HDFS 文件系统/diliveryoutput1 目录下及/diliveryoutput2 目录（自行创建）下。

具体任务要求

1. 将 Master 节点/chinaskills 中 JSON 数据源文件（数据示例见附页）上传至 HDFS 新建目录/platform_data 中。

2. 编写 Scala 程序读取任务要求 1 的数据结果，先针对属性列“platform_A_restid”重复的样本，以重复样本记录的“A_day_30_cnt”与“B_day_30_cnt”属性均值分别作为这两个属性的值，并删除多余样本，保留“updated_at”值最近的那条样本；再对结果数据集针对属性列“platform_B_restid”重复的样本，以重复样本记录的“A_day_30_cnt”与“B_day_30_cnt”属性均值分别作为这两个属性的值，并删除多余样本，保留“updated_at”值最近的那条样本。请将结果数据集 JSON 文件输出至 HDFS 文件系统/diliveryoutput1 目录下（将分区数设置为 1）。

3. 编写 Scala 程序先读取任务要求 2 的结果/diliveryoutput1 中的数据，再删除数据中缺失值大于 3 个的字段的数据条目。

4. 将任务要求 3 处理后的数据记录以[latitude，longitude，A_day_30_cnt]依次降序排列，并将结果数据集 JSON 文件输出至 HDFS 文件系统/diliveryoutput2 目录下（将分区数设置为 1）。

解题思路及题解

1. 通过 HDFS 命令操作 HDFS

想要对 HDFS 进行操作，有两种命令方式：hadoop fs 和 hdfs dfs。

以上两种方式均可以对 HDFS 进行操作，以下我们以第一种方式进行描述。

第一：创建 HDFS 目录。

```
hadoop fs -mkdir /platform_data
```

第二：上传文件。

```
hadoop fs -put /chinaskills/data.json
```

2. 通过 Scala 编写 Spark 程序对数据进行处理

```
val spark = SparkSession.builder().master("spark://master:7077").getOrCreate()
import spark.implicits._
```

首先，创建 SparkSession 实例，完成 Spark 基本配置，引入 SparkSQL 隐式转换。

任务要求在 Spark（Standalone 模式）集群运行，所以在配置中指定 master 值为 Spark（Standalone）集群，此项操作也可留空，在 Spark 任务提交时通过--master 参数指定。

```
val input = "hdfs://master:9000/platform_data"
val output = "hdfs://master:9000/diliveryoutput1"
val indata = spark.read.json(input)
    .withColumn("A_day_30_cnt", $"A_day_30_cnt".cast(DoubleType))
    .withColumn("B_day_30_cnt", $"B_day_30_cnt".cast(DoubleType))
```

事先定义好输入/输出路径，提取初始数据。

为后续求均值作预处理，将两字段类型转化为 Double 类型。

由于是分别对两个字段进行重复值处理，处理方式相同，故以方法形式分别对两字段进行处理，方法主体如下：

```
def dropDataDuplicates(indata:DataFrame,duplicateName:String):DataFrame={
    val temp = indata.groupBy(duplicateName).agg(
        avg("A_day_30_cnt").as("A_day_30_cnt"),
        avg("B_day_30_cnt").as("B_day_30_cnt"))
    val data1 = indata.drop("A_day_30_cnt","B_day_30_cnt")
.withColumn("Num",row_number().over(Window.partitionBy(duplicateName)
.orderBy(unix_timestamp($"updated_at").desc))).filter("Num=1").drop($"Num")
.join(temp1,List(duplicateName),"left_outer")
}
```

代码解析：

先对标记列使用 groupBy 聚合，求出重复样本记录中“A_day_30_cnt”与“B_day_30_

cnt”两属性的均值，使用变量 temp 接收，然后剔除数据中需要替换的两属性，通过开窗方法 row_number()以标记列分区，“updated_at”列的值做倒序排序并返回序号，通过 withColumn()方法将分区排序序号构建成 Num 列，此时 Num 列中各相同标记列值对应数据均以 update_at 列值倒序排列，通过 filter 函数提取出各标记列中 update_at 值最近的那一条，再删去 Num 列。最后通过与 temp 数据进行 join 操作，以标记列为 key，左连接，将“A_day_30_cnt”与“B_day_30_cnt”两属性的均值导入数据中，将数据返回。

分别以 platform_A_restid、platform_B_restid 为标记列执行函数，即得到最终结果。

最后将分区设置为 1，将数据保存。

```
result.repartition(1).write.mode("overwrite").json(output)
```

3. 根据具体任务要求，将通过一个程序实现要求 3、4

数据准备：

```
val spark = SparkSession.builder().master("spark://master:7077").getOrCreate()
val input = "hdfs://master:9000/diliveryoutput1"
val output = "hdfs://master:9000/diliveryoutput2"
import spark.implicits._
val indata = spark.read.json(input)
```

通过 na 方法的 drop 方法将缺失值大于 3 的数据剔除，由于 drop 的参数为最小非空字段数，故以数据类型字段列表的长度减 3 表示最小非空字段数。

```
val after_drop_data = indata.na.drop(indata.schema.length-3)
```

通过 sort 方法进行排序并写入 HDFS。

```
val result = after_drop_data
.sort($"latitude".desc, $"longitude".desc, $"A_day_30_cnt".desc)
result.repartition(1).write.mode("overwrite").json(output)
```

子任务 2　通过 SparkSQL 进行数据清洗

1. 编写 Scala 程序，读取大数据集群 HDFS 文件系统中/aggr_wm 目录下的 JSON 数据，将 city_rst_info 根据“/t”拆分数据单元，同时每个数据单元中包含 A_rst_name、餐厅状态、订单数这三个字段并用“:”分割，最终将这三个字段分别独立成列，并按照 city_name、A_rst_name、status、order 进行字典排序，将数据保存为 JSON 文件并保存至 HDFS 文件系统/diliveryoutput8 目录(自行创建，将分区数设置为 1)下。

源数据(表 7-3)：

表 7-3　源数据

字段名	中文解释	备注
city_name	城市	例如:北京
city_rst_info	城市中的餐厅相关信息	字段内容为:A_rst_name:餐厅状态:订单数/tA_rst_name:餐厅状态:订单数……

例如：数据举例见表 7-4。

表 7-4　数据举例

北京	常来饭店:正常,406/t;喜乐多:异常,385/t

拆分后格式见表 7-5。

表 7-5　　拆分后格式

字段名	中文解释	备注
city_name	城市名称	
A_rst_name	餐厅名称	
status	状态	
order	订单数	

拆分后数据见表 7-6。

表 7-6　　拆分后数据

city_name	A_rst_name	status	order
北京	常来饭店	正常	406
北京	喜乐多	异常	385

2. 编写 Scala 程序，基于/diliveryoutput8 目录下的数据，在同一城市中，按照 order 进行跳跃顺序排序生成 seq 字段(order 值相同则排序是一样的，下一个排序会跳过。例如，前两条数据的 order 值相同但和第 3 条的 order 值不同，则排序的 seq 值为 1，1，3)，再按照 city_name、seq、A_rst_name、status 进行字典排序并生成索引序列 index，将结果数据 JSON 文件保存至 HDFS 文件系统/diliveryoutput9 目录(自行创建，将分区数设置为 1)下。

格式见表 7-7。

表 7-7　　格式

字段名	中文解释	备注
index	索引序列	例如：1，2，3，4，5
city_name	城市名称	
A_rst_name	餐厅名称	
status	餐厅状态	例如：正常/异常
order	订单数	
seq	组内排序序列	例如：1，1，3，3，5

解题思路及题解

1. 通过 SparkSQL 函数对数据进行处理

```
val result = indata.select($"city_name",explode(split($"city_rst_info","/t")).as("info"))
     .filter($"info".notEqual(""))
     .select($"city_name",split($"info",":")(0).as("A_rst_name"),
     split($"info",":")(1).as("status"),
     split($"info",":")(2).as("order"))
.sort($"city_name", $"A_rst_name", $"status", $"order")
```

代码解析：

使用 split()方法对字符串类型的需要拆分的列以“\t”进行分割，得到分割后的字符串数组，通过 explode()方法将字符串数组展开成多行，由于 city_rst_info 字段数据均为“\t”结尾，故在拆分后会有空字符串占据一行，此为无效的空白数据，通过 filter()方法将其去除，此时数据格式见表 7-8。

表 7-8　　数据格式

北京	常来饭店:正常:406
北京	喜乐多:异常:385

于是继续通过 split()方法及数组下标提取出对应字段信息,因为各字段均为字符串类型,故直接通过 sort 方法即可达到字典排序的结果。

2. 通过开窗函数以达到任务目标

```
val result = indata
      .withColumn("seq",rank().over(Window.partitionBy("city_name").orderBy("order")))
      .withColumn("index",row_number()
      .over(Window.orderBy($"city_name",$"seq".cast(StringType),$"A_rst_name",$"status")))
.select("index","city_name","A_rst_name","status","order","seq")
```

代码解析:

通过 rank()方法以 city_name 列值分区,order 列值排序生成跳跃排序 seq 字段,再通过 row_number()方法将各排序字段以字符串格式进行排序得到索引序列 index,通过 select 将字段调整为需要的顺序以便写入 HDFS。

7.3.2　数据挖掘分析

子任务 3　编写 Scala 程序实现对数据的挖掘分析

任务背景

网格化营销是近年来新兴的一种营销管理模式,已被广泛地应用于市场精准营销中。在市场营销中,采取地图营销、网格管理、精准策略等,可将客户的心理需求与其日常生活紧密地联系起来,巧妙运用网格化管理和营销地图,以此来实现客户的营销精准度与价值提升,提高单一客户贡献值和营销效率。其核心旨在帮助企业快速响应市场需求,为用户提供更加便捷的专业化服务,并使企业的资源分配以客户为中心,以市场变化为导向,固本强基、开拓市场、提升效益,有助于平台有效地制定绩效战略。请根据任务具体参数要求,针对相关数据集进行分析,并写入指定的数据库或数据文件。

任务描述

数据源文件为数据清洗子任务 1 的结果数据(HDFS 文件系统/diliveryoutput2 目录下的数据),按照如下要求编写 Scala 程序实现对数据的挖掘分析。

1. 解析相关数据源 JSON 文件。
2. 按网格汇总"餐厅总数""近 7 天平台单量""近 7 天推单",并进行相关计算。
3. 程序打包并在 Spark(Standalone 模式)集群上运行,输出结果。

具体任务要求

1. 读取相关数据文件,参考"网格 ID"网格名称"餐厅 ID""近 7 天平台单量""近 7 天推单""餐厅名"等相关字段,按"网格 ID"统计"餐厅"总数、"近 7 天平台单量"总数、"近 7 天推单”总数,并按照餐厅总数降序排列。

解题思路及题解

```
val result = indata.groupBy("网格 ID").agg(
    first($"网格名称"),count($"餐厅 ID").as("餐厅总数"),
    sum($"近 7 天平台单量").as("近 7 天平台单量总数"),
    sum($"近 7 天推单").as("近 7 天推单总数")).sort($"餐厅总数".desc)
```

代码解析:

以“网格 ID”为分组字段,通过 first()方法取得分组内第一个数据的网格名称字段数据,count()方法统计餐厅总数,sum()方法统计“近 7 天平台单量”总数、“近 7 天推单”总数。然后通过 sort()方法按照餐厅总数倒序排序。

子任务 4　完成数据的聚类分析

任务背景

聚类分析又称群分析,是研究分类问题的一种统计分析方法,同时也是数据挖掘的一个重要算法。聚类分析是由若干模式组成的。通常,模式是一个度量的向量,或者是多维空间中的一个点。聚类分析以相似性为基础,同一个聚类簇中的模式之间具有相似性,不同聚类簇之间具有相异性。在商业上,聚类可以帮助平台市场分析人员从数据中区分出不同的商家群体,并提取每一类商家的经营模式。它作为数据挖掘中的一个模块,可以作为一个单独的工具以发现数据中的深层信息,并且提取出每一类样本的特点,或者把注意力放在某一个特定的类上以做进一步的分析;同时,聚类分析也可以作为数据挖掘算法中其他分析算法的一个预处理步骤。本题数据请采用数据清洗子任务 1 的结果数据集/diliveryoutput2 中的数据。选择数据分析的维度通常分为用户维度、行为维度和产品维度,想要对外卖平台入驻商家进行聚类划分,有侧重地分类评估商家对平台的价值,首先需要针对商家数据选择核心数据集,为确保聚类模型收敛速度与质量,以及消除量纲对聚类结果的影响,首先应对数据进行归一化或标准化处理,再进行数据建模。

任务描述

请以数据清洗子任务 1 的结果数据(大数据集群 HDFS 文件系统/diliveryoutput2 目录下的数据)作为输入数据源,按照如下要求编写 Scala 程序实现对数据的分析。

1. 解析/diliveryoutput2 目录下的数据源文件。
2. 提取商家相关属性数据。
3. 针对商家地理位置进行聚类划分。
4. 查看聚类结果。

具体任务要求

1. 编写 Scala 程序读取/diliveryoutput2 数据源文件,筛选北京地区(“城市”字段为“北京市”)商家数据记录形成筛选数据集,并将筛选数据集以 JSON 文件格式输出至 HDFS 文件系统/diliveryoutput4 目录下(自行创建,将分区数设置为 1)。

2. 请使用上述的结果数据集/diliveryoutput4 中的数据,编写 Scala 程序,根据北京地区商家的经纬度属性,对商家进行 k-means 聚类,聚类数设为 5,迭代次数为 2000 次,请在 XShell 命令行中以打印语句输出聚类中心、每个类的商家数以及该类所包含的商圈。

打印示例格式:

=cluster0:聚类中心为[＊＊,＊＊],商家数为＊＊＊个,包含商圈:【＊,＊,…】=

=cluster1:聚类中心为[＊＊,＊＊],商家数为＊＊＊个,包含商圈:【＊,＊,…】=

……

3. 请使用任务要求 1 的结果数据集/diliveryoutput4 中的数据,结合任务要求 2 的结论,编写 Scala 程序,分别统计各聚类中在平台 A 与平台 B 上架的商家数量,以及同时上架两个平台的商家数量。在 XShell 命令行中以打印语句输出结果。

打印示例格式:

=cluster0:【＊,＊,…】,A 平台商家数量:＊＊,B 平台商家数量:＊＊,同时上架 A、B 平台的商家数量:＊＊=

=cluster1:【＊,＊,…】,A 平台商家数量:＊＊,B 平台商家数量:＊＊,同时上架 A、B 平台的商家数量:＊＊=

……

解题思路及题解

1. 针对源数据,根据城市字段进行筛选,通过 filter 方法进行操作。

```
val spark = SparkSession.builder().master("spark://master:7077").getOrCreate()
val input = "hdfs://master:9000/diliveryoutput2"
val output = "hdfs://master:9000/diliveryoutput4"
val result = spark.read.json(input).filter("'城市'='北京市'")
result.repartition(1).write.mode("overwrite").json(output)
```

2. 通过 SparkML 的相关类完成数据的处理及聚类分析

```
val spark = SparkSession.builder().master("spark://master:7077").getOrCreate()
val input = "hdfs://master:9000/diliveryoutput4"
import spark.implicits._
val indata = spark.read.json(input)
val data1 = indata.withColumn("latitude", $"latitude".cast(DoubleType))
              .withColumn("longitude", $"longitude".cast(DoubleType))
val vass = new VectorAssembler().setInputCols(Array("latitude","longitude"))
              .setOutputCol("feature").transform(data2)
val KMeans = new KMeans().setMaxIter(2000).setK(5)
              .setFeaturesCol("feature").fit(vass)
val data2 = KMeans.transform(vass)
val result1 = data3.groupBy("prediction").agg(count($"餐厅 ID"),collect_set("location").as("商圈"))
result1.sort("prediction").collect().foreach(row=>{
```

```
println(s"=cluster ${row.getInt(0)}:聚类中心为
[ ${KMeans.clusterCenters(row.getInt(0)).toArray.mkString(",")}],
商家数为 ${row.getLong(1)}个,包含商圈:【${row.getList(2).toArray.mkString(",")}】=")})
```

代码解析:

将数据读入,将特征字段数据格式变为 double 类型以便通过 VectorAssembler 类将两个字段合并为一个特征列,实例化 KMeans 类,设置好参数,通过 fit 方法训练出聚合中心。再使用 transform 方法将各数据对应分组添加至预测列(默认列名为 prediction)。对 prediction 列进行分组聚合,使用 count()方法统计商家数,使用 collect_set()方法将该类所包含的商圈不重复地构成一个集合。使用 KMeans 类的方法提取该类聚类中心,将统计结果打印输出。为了按 prediction 顺序一起打印,对 prediction 属性列使用 sort 方法,collect()方法回收数据,再进行 foreach 逐个以特定格式打印。

3. 紧接着对任务要求 2 的结果进行数据处理。

```
val result2 = data2.groupBy("prediction")
.agg(count($"platform_A_restid"),count($"platform_B_restid"),
sum(when($"platform_A_restid".isNotNull && $"platform_B_restid".isNotNull,1).otherwise(0)))
result2.sort("prediction").collect().foreach(row=>{
println(s"=cluster ${row.getInt(0)}:
【${KMeans.clusterCenters(row.getInt(0)).toArray.mkString(",")}】,
A 平台商家数量:${row.getLong(1)},B 平台商家数量:${row.getLong(2)},
同时上架 A、B 平台的商家数量:${row.getLong(3)}=")
})
```

代码解析:

对 prediction 列进行分组聚合,由于 count()方法会忽略 null 值,所以直接使用 count()方法来对平台 A 与平台 B 上架的商家数量进行统计,通过 when().otherwise()方法进行判断,只有同时具有平台 A 与平台 B 的商家 ID 才会返回 1,否则返回 0。通过 sum()方法对结果求和,即得到同时上架两个平台的商家数量。

任务 7.4　数据可视化

励志微语

路虽远,行则将至;事虽难,做则必成。

任务目标

- 掌握数据可视化的常见类型(如条形图、折线图、散点图、热力图等)及其适用场景。
- 掌握数据可视化设计原则与技术应用。

MySQL 数据库中的相关数据集包含了城市、商圈、商家标识 ID、网格 ID、餐品种类、标品属性等多项基础信息字段。请使用 Flask 框架，结合 Echarts 完成下列任务。

数据库地址：192.168.5.178

数据库账号：root

数据库密码：123456

数据库名：takeout

自行创建代码工程路径为：C:\food_delivery

7.4.1　双饼图呈现城市商户业务包占比

任务背景

外卖平台在不同城市进行推广时应具有不同的侧重点。城市具有不同的人口数量及特点。例如，居住人口数量、工作人口数量、过往人口数量、居民户数和企事业单位数，及相应人口年龄、性别、职业和收入水平构成等。商户业务包是指该商户在经营定位时所确定的主要消费群体。不同城市消费群占比不同，大致可以分为大客户、白领、小客户、高校、家庭、其他 6 个商户业务包。请根据相关数据集，按任务指定要求，统计并输出城市商户业务包相关的分析图例。

任务描述

请根据 distribution_platform、store_basic_informations 数据表中的相关字段，统计不同城市的商户业务包组成，并以双饼图表达。后面简称任务一。

程序输出及可视化输出时请使用商户业务包中文释义，中文释义对应关系见表。

表 7-9　中文释义对应关系

字母缩写	中文释义
GKA	大客户
BL	白领
SIG	小客户
GX	高校
FML	家庭
OTH	其他

具体任务要求

1. 根据相关数据表中的字段，分析北京与广州两座城市在商户业务包属性占比方面的差异。在 PyCharm 控制台打印输出两座城市不同商户业务包属性的商家数量，按照商家数量降序排列。

打印示例格式：

==北京：1. 商户业务包：＊＊＊，商家数量：＊＊＊家===

==北京：2. 商户业务包：＊＊＊，商家数量：＊＊＊家===

……

==广州:1.商户业务包:＊＊＊,商家数量:＊＊＊家===

==广州:2.商户业务包:＊＊＊,商家数量:＊＊＊家===

……

2.使用 Flask 框架,结合 Echarts 完成双饼图输出。要求标题分别为"北京商户业务包属性占比"(左)和"广州商户业务包属性占比"(右),顺时针显示次序与第1小问的打印输出语句数据一致。

7.4.2 柱状堆叠图呈现商户业务包评价情况

任务背景

外卖平台中,用户的评论具有双向影响,不仅可以促进商家根据消费者评价调整自己的经营策略,也能够影响其他用户的下单率。相关数据显示,浏览评价的用户比只浏览门店商品的用户下单转化率平均高出25%。因此,商家的店铺评论对提高下单率是十分重要的。请根据相关数据集,按任务指定要求,统计并输出评价相关的分析图例。

任务描述

请根据 distribution_platform 数据表中的数据,统计各商户业务包评价情况,并以柱状堆叠图呈现。程序输出及可视化输出时请使用商户业务包中文释义。后面简称任务二。

具体任务要求

1.根据相关数据表中的数据字段,统计各商户业务包差评数、好评数,并在 PyCharm 控制台按照评价数降序打印输出。

打印示例格式:

==1 商户业务包:＊＊＊,差评数:＊＊＊条,好评数:＊＊＊条===

==2 商户业务包:＊＊＊,差评数:＊＊＊条,好评数:＊＊＊条===

……

2.使用 Flask 框架,结合 Echarts 完成柱状堆叠图输出。横坐标为商户业务包名称(中文释义),纵坐标为评论数量,标题为"各业务包评价组成",柱图下方为好评数(红色),上方堆叠差评数(黑色),展示顺序与第1小问的打印输出语句一致。

7.4.3 玫瑰饼图呈现不同商户业务包投诉占比

任务背景

投诉是顾客对平台管理和服务不满的表达方式,也是企业有价值的信息来源,帮助企业探索更多可能。分析顾客投诉的种种因素,把顾客的不满转化为满意,锁定他们对平台和产品的忠诚,已成为企业营销实践的重要内容之一。请根据相关数据集,按任务指定要求,统计并输出投诉相关的分析图例。

任务描述

请根据 distribution_platform、store_basic_informations 数据表中的数据字段，统计北京地区（“city_name”字段为“北京”）不同“商户业务包”的投诉数量（投诉数量为商户投诉数量和客户投诉数量之和），并以玫瑰饼图呈现。后面简称任务三。

具体任务要求

1. 根据相关数据库数据表中的字段，统计北京地区不同商户业务包投诉数量。在 PyCharm 控制台打印输出不同商户业务包的投诉数量，按照投诉数量降序排列。

打印示例格式：

==商户业务包：* * *，投诉数量：* * * 家===

==商户业务包：* * *，投诉数量：* * * 家===

……

2. 使用 Flask 框架，结合 Echarts 完成玫瑰饼图输出。要求标题为“北京商户业务包投诉占比”，顺时针显示次序与第 1 小问的打印输出语句数据一致。

7.4.4　气泡图呈现商家分布的地理位置

任务背景

商圈，指某商场以其所在地为原点，沿着一定的方向和距离扩展，吸引顾客的辐射范围。简单地说，就是来店顾客所居住或工作的区域范围。无论餐厅规模大小，其销售覆盖区域总是有一定的地理范围。这个地理范围就是以某商场为中心，向四周辐射到可能来店消费的顾客所居住地或工作地。请按任务指定要求，输出相关图例。

任务描述

请根据 store_basic_informations 数据表中相关字段，明晰商圈与商铺聚集程度之间的关系。请以经度为横坐标，纬度为纵坐标，绘制商家数量气泡图，并以该地理位置的商家数量/10 作为气泡半径。后面简称任务四。

具体任务要求

1. 提取数据表中相关字段，在控制台按照“商家数量”降序排列，打印输出前 10 个商圈名称及包含的商家数量。

打印示例格式：

==1：商圈 * * * *=商家数为 * * * 个===

==2：商圈 * * * *=商家数为 * * * 个===

……

2. 使用 Flask 框架，结合 Echarts 完成气泡图输出。要求气泡图标题为“商家聚集地理位置展示”，横坐标为经度，纵坐标为纬度，以该商圈的商家数量/10 作为气泡半径，绘制气泡图（含全部商圈数据）。

7.4.5 双折线图呈现不同平台商家销量情况

任务背景

市场份额亦称"市场占有率"。指某企业的销售量(或销售额)在市场同类品类中所占比重,反映企业在市场上的地位。通常市场份额越高,竞争力越强。市场占有率一般有 3 种基本测算方法:

(1)总体市场份额,指某企业销售量在整个行业中所占比重。

(2)目标市场份额,指某企业销售量在其目标市场,即其所服务的市场中所占比重。

(3)相对市场份额,指某企业销售量与市场上最大竞争者销售量之比,若高于 1,表明该企业为这一市场的领导者。请按任务指定要求,输出不同平台商家销售分析相关图例。

任务描述

请根据 store_basic_informations 数据表中的数据,分别统计 A 平台与 B 平台 30 天销量最高的 10 个商家的销量,并以共享 y 轴的双折线图呈现。后面简称任务五。

具体任务要求

1. 根据相关数据表中相关字段,分别统计 A 平台与 B 平台 30 天销量最高的 10 个商家及销量,在控制台按照"30 天销量"降序打印输出商家标识 ID、商家名称、商家所属平台和 30 天销量。

打印示例格式:

==商家标识 ID:"商家名称",Platform-A,销量为 * * * ===
==商家标识 ID:"* * * *",Platform-A,销量为 * * * ===
……
==商家标识 ID:"* * * *",Platform-A,销量为 * * * ===
==商家标识 ID:"商家名称",Platform-B,销量为 * * * ===
==商家标识 ID:"* * * *",Platform-B,销量为 * * * ===
……
==商家标识 ID:"* * * *",Platform-B,销量为 * * * ===

2. 使用 Flask 框架,结合 Echarts 完成可视化输出。要求双折线图标题为"各平台 30 天销量最高 10 大商家",横坐标为商家标识 ID,下方为平台 A 的横坐标,上方为平台 B 的横坐标(倾斜显示、互不遮挡),纵坐标为商家销量,按照销量降序排列,蓝色折线标识 Platform-A 商家,红色折线标识 Platform-B 商家。

7.4.6 柱状图呈现商家营业时间情况

任务背景

营业时长指商户开市接单到闭市停业的时长,适当地增加营业时长有利于提升店铺的曝光量,同时能够在一定程度上获得平台排名加权。营业时间长的店铺在特定时间段(大部分商家关店休息后)面对的竞争压力将减小,但增加营业时间将增加商家运营店铺的人工成本，同时也需要考虑不同时间段内运力不同的情况，例如，有些区域在晚上 12 点以后无法配送。请根据相关数据集，按任务指定要求，输出营业时间相关分析图例。

任务描述

请根据 distribution_platform 数据表中的数据，统计平台各商家的营业时间占比，并以柱状图呈现。后面简称任务六。

具体任务要求

1. 根据相关字段，统计 4 小时以内、4～6 小时、6～8 小时、8～12 小时、12 小时以上，5 个区间段内平台各商家的营业时间占比（区间取值为前闭后开区间）。请在 PyCharm 控制台按照区间商家数量降序打印输出区间、商家数量。

打印示例格式：

==区间"4 小时以内"，商家 * * * 个===

==区间"4～6 小时"，商家 * * * 个===

……

2. 使用 Flask 框架，结合 Echarts 完成柱状图输出。标题为"各营业区间商家数量对比"，横坐标为营业时长各区间，纵坐标为商家个数，显示次序与第 1 小问的打印输出语句数据一致。

7.4.7　数据可视化任务实现

1. 创建目录结构

目录结构如图 7-4 所示。

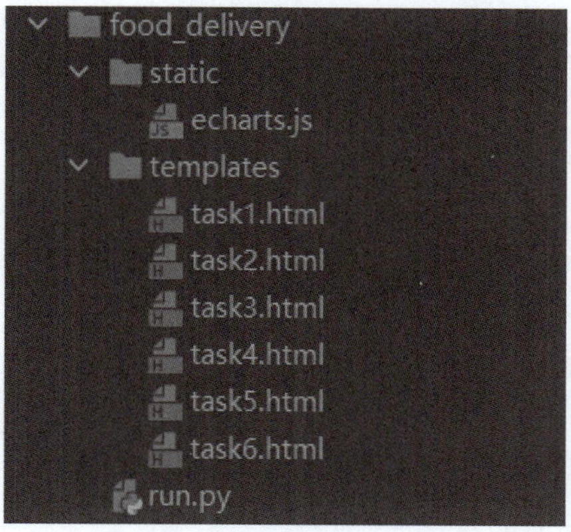

图 7-4　项目目录结构

static：存放 echarts.js 文件。

templates：存放 HTML 文件。

run.py：后台代码。

2. 具体代码

（1）run.py 后端代码

```
#导入相关库
from flask import Flask,render_template
```

```
from flask_sqlalchemy import SQLAlchemy
from sqlalchemy import *

# 创建 app 和 mysql
app = Flask(__name__)
# 添加数据库的配置
app.config['SQLALCHEMY_DATABASE_URI'] = "mysql+pymysql://root:123456@192.168.
23.36:3306/takeout"
# 创建数据库对象
db = SQLAlchemy()
# 初始化数据库对象
db.init_app(app)
# 创建数据表映射
class DistributionPlatform(db.Model):
    __tablename__ = "distribution_platform"
    id = db.Column(db.Integer,primary_key=True)
    restaurant_inside_id = db.Column(db.String(128))
    page = db.Column(db.String(128),name="商户业务包")
    good = db.Column(db.String(128),name="好评数")
    low = db.Column(db.String(128),name="差评数")
    sum_ = db.Column(db.String(128),name="评价数")
    shagnhu_tousu = db.Column(db.String(128),name="商户投诉数")
    yonghu_tousu = db.Column(db.String(128),name="客户投诉数")
    yy_time = db.Column(db.String(128),name="营业时长")

class StoreBasicInformations(db.Model):
    __tablename__ = "store_basic_informations"
    id = db.Column(db.Integer,primary_key=True)
    restaurant_inside_id = db.Column(db.String(128))
    city_name = db.Column(db.String(128))
    latitude = db.Column(db.String(128))
    longitude = db.Column(db.String(128))
    rest_type = db.Column(db.String(64))
    A_day_30_cnt = db.Column(db.String(64))
    B_day_30_cnt = db.Column(db.String(64))
    location = db.Column(db.String(128))

# 创建业务包的映射字典
dict1 = {'GKA':'大客户',
         'BL':'白领',
         'SIG':'小客户',
         'GX':'高校',
```

```
        'FML': '家庭',
        'OTH': '其他'}

# 任务六
@app.route("/task6")
def task6():
    # 数据库查询数据
    data = db.session.query(DistributionPlatform.yy_time,
                            func.count(DistributionPlatform.yy_time)).group_by(
                            DistributionPlatform.yy_time).all()
    data1 = []
    for i in data:
        data1.append([int(i[0]),i[1]])
    dict2 = {
        '4小时以内': 0,
        '4~6小时': 0,
        '6~8小时': 0,
        '8~12小时': 0,
        '12小时以上': 0,
    }
    for i in data1:
        if i[0] < 4:
            dict2['4小时以内'] += i[1]
        elif i[0] < 6:
            dict2['4~6小时'] += i[1]
        elif i[0] < 8:
            dict2['6~8小时'] += i[1]
        elif i[0] < 12:
            dict2['8~12小时'] += i[1]
        else:
            dict2['12小时以上'] += i[1]
    list1 = sorted(dict2.items(),key=lambda x: x[1],reverse=True)
    for i in list1:
        print('==区间"{}",商家{}个==='.format(i[0],i[1]))
    # 返回一个模板,传入处理好的数据,在前端使用jinja2接收并显示图形
    return render_template("task6.html",data=list1)

# 任务五
@app.route("/task5")
def task5():
    data_a = db.session.query(StoreBasicInformations.city_name,
                            func.sum(StoreBasicInformations.A_day_30_cnt).label("number"),
                            StoreBasicInformations.restaurant_inside_id).filter(
```

```
        StoreBasicInformations. rest_type == "A"). group_by(StoreBasicInformations. restaurant_
        inside_id). order_by(
        desc("number")). limit(10). all()
    data_b = db. session. query(StoreBasicInformations. city_name,
                                func. sum(StoreBasicInformations. B_day_30_cnt). label("number"),
                                StoreBasicInformations. restaurant_inside_id). filter(
        StoreBasicInformations. rest_type == "B"). group_by(StoreBasicInformations. restaurant_
        inside_id). order_by(
        desc("number")). limit(10). all()
    for i in range(len(data_a)):
        print("=={}:“{}”,Platform-A,销量为{}===". format(data_a[i][2],data_a[i][0],data
        _a[i][1]))
    for i in range(len(data_b)):
        print("=={}:“{}”,Platform-B,销量为{}===". format(data_b[i][2],data_b[i][0],data
        _b[i][1]))
    return render_template("task5. html",data_a=data_a,data_b=data_b)

# 任务四
@app. route('/task4')
def task4():
    data = db. session. query(StoreBasicInformations. location,
                              func. count(StoreBasicInformations. location). label('number'),
                              func. avg(StoreBasicInformations. latitude),
                              func. avg(StoreBasicInformations. longitude)). group_by(
                              StoreBasicInformations. location). order_by(desc('number')). all()
    for i in range(len(data[:10])):
        print('=={}:商圈 {}=商家数为{}个==='. format(i + 1,data[i][0],data[i][1]))
    return render_template('task4. html',data=data)

# 任务三
@app. route('/task3')
def task3():
    data1 = db. session. query(DistributionPlatform. page,func. sum(DistributionPlatform. shagnhu_
    tousu)). join(
        StoreBasicInformations,
        StoreBasicInformations. restaurant_inside_id == DistributionPlatform. restaurant_inside_
        id). filter(
        StoreBasicInformations. city_name == "北京市"). group_by(DistributionPlatform. page). all()
    data2 = db. session. query(DistributionPlatform. page,func. sum(DistributionPlatform. yonghu_
    tousu)). join(
        StoreBasicInformations,
```

```
        StoreBasicInformations.restaurant_inside_id == DistributionPlatform.restaurant_inside_
        id).filter(
        StoreBasicInformations.city_name == "北京市").group_by(DistributionPlatform.page).all()
    list1 = [[dict1[i[0]],j[1] + i[1]] for i,j in zip(data1,data2)]
    list1 = sorted(list1,key=lambda x: x[1],reverse=True)
    for i in list1:
        print(f'==商户业务包:{i[0]},投诉数量:{i[1]}家===')
    return render_template('task3.html',data=list1)

# 任务二
@app.route('/task2')
def task2():
    data = db.session.query(DistributionPlatform.page,func.sum(DistributionPlatform.good),
                            func.sum(DistributionPlatform.low),
                            func.sum(DistributionPlatform.sum_).label('number')).group_by(
                            DistributionPlatform.page).order_by(desc('number')).all()
    for i in range(len(data)):
        print(f'=={i + 1} 商户业务包:{dict1[data[i][0]]},差评数:{data[i][2]}条,好评数:
        {data[i][1]}条===')
    return render_template('task2.html',data=data)

# 任务一
@app.route('/task1')
def task1():
    data1 = db.session.query(DistributionPlatform.page,func.count(DistributionPlatform.page).
    label('number')).filter(
        StoreBasicInformations.city_name == "北京市").group_by(DistributionPlatform.page).
        order_by(desc('number')).all()
    for i in range(len(data1)):
        print(f"==北京:{i + 1}.商户业务包:{dict1[data1[i][0]]},商家数量:{data1[i][1]}家=
        ==")
    data2 = db.session.query(DistributionPlatform.page,func.count(DistributionPlatform.page).
    label('number')).filter(
        StoreBasicInformations.city_name == "广州市").group_by(DistributionPlatform.page).
        order_by(desc('number')).all()
    for i in range(len(data2)):
        print(f"==广州:{i + 1}.商户业务包:{dict1[data1[i][0]]},商家数量:{data2[i][1]}家=
        ==")
    return render_template('task1.html',data1=data1,data2=data2)

# 启动 flask
if __name__ == '__main__':
    app.run()
```

(2)前端任务一代码

```
<!DOCTYPE html>
<html lang="en">
<head>
<meta charset="UTF-8">
<title>Title</title>
<script src="../static/echarts.js"></script>
<style>
        #echarts1,#echarts2{
            width:600px;
            height:500px;
            float:left;
        }
</style>
</head>
<body>
<div id="echarts1"></div>
<div id="echarts2"></div>
</body>
<script>
    dict1 = {'GKA':'大客户',
            'BL':'白领',
            'SIG':'小客户',
            'GX':'高校',
            'FML':'家庭',
            'OTH':'其他'}
    myEcharts = echarts.init(document.getElementById('echarts1'));
    data_number1 = [{% for i in data1%}{name:dict1['{{i[0]}}'],value:{{i[1]}}},{%
    endfor%}];
    option = {
        title:[{
            text:'北京商户业务包属性占比',
            left:'center',
        }],
        legend:{
            orient:'vertical',
            left:'10%',
        },
        series:[{
            type:'pie',
            data:data_number1,
            radius:["","60%"],
        }]
```

```
    };
    myEcharts.setOption(option);

    myEcharts = echarts.init(document.getElementById('echarts2'));
    data_number2 = [{% for i in data2%}{name: dict1['{{i[0]}}'], value: {{i[1]}}},{%
    endfor%}];
    option = {
        title: [{
            text:'广州商户业务包属性占比',
            right:'center',
        }],
        legend: {
            orient:'vertical',
            left:'10%',
        },
        series:[{
            type:'pie',
            data:data_number2,
            radius:["","60%"],
        }]
    };
    myEcharts.setOption(option);
</script>
</html>
```

(3)前端任务二代码

```
<!DOCTYPE html>
<html lang="en">
<head>
<meta charset="UTF-8">
<title>Title</title>
<script src="../static/echarts.js"></script>
<style>
        #echarts{
            width: 1200px;
            height: 600px;
        }
</style>
</head>
<body>
<div id="echarts"></div>
</body>
<script>
    dict1 = {'GKA':'大客户',
```

```
            'BL'：'白领',
            'SIG'：'小客户',
            'GX'：'高校',
            'FML'：'家庭',
            'OTH'：'其他'}
    myEcharts = echarts.init(document.getElementById('echarts'));
    data_name = [{%for i in data%}dict1['{{i[0]}}'],{%endfor%}];
    data_number1 = [{%for i in data%}{{i[1]}},{%endfor%}];
    data_number2 = [{%for i in data%}{{i[2]}},{%endfor%}];
    option = {
        title：{
            text：'各业务包评价组成',
            left：'center',
        },
        xAxis：{
            name：'商户业务包',
            data：data_name,
        },
        yAxis：{
            name：'评论数量'
        },
        series：[{
            type：'bar',
            data：data_number1,
            name：'好评数',
            color：'red',
            stack：'1',
        },{
            type：'bar',
            data：data_number2,
            name：'差评数',
            color：'black',
            stack：'1',
        }]
    };
    myEcharts.setOption(option);
</script>
</html>
```

(4)前端任务三代码

```
<!DOCTYPE html>
<html lang="en">
<head>
```

```
<meta charset="UTF-8">
<title>Title</title>
<script src="../static/echarts.js"></script>
<style>
        #echarts{
            width: 1200px;
            height: 800px;
        }
</style>
</head>
<body>
<div id="echarts"></div>
</body>
<script>
    myEcharts = echarts.init(document.getElementById('echarts'));
    data = [{%for r in data%}{name:'{{r[0]}}',value:{{r[1]}}},{%endfor%}];
    option = {
        title:{
            text:'北京商户业务包投诉占比',
            left:'center',
        },
        legend:{
            left:'10%',
            orient:'vertical',
        },
        series:[{
            type:'pie',
            data:data,
            roseType:'area',
            radius:['20%','70%'],
            itemStyle:{
                borderRadius:8,
            }
        }]
    };
    myEcharts.setOption(option);
</script>
</html>
```

(5)前端任务四代码

```
<!DOCTYPE html>
<html lang="en">
<head>
```

```
<meta charset="UTF-8">
<title>Title</title>
<script src="../static/echarts.js"></script>
<style>
        #echarts{
            width: 1200px;
            height: 800px;
        }
</style>
</head>
<body>
<div id="echarts"></div>
</body>
<script>
    myEcharts = echarts.init(document.getElementById('echarts'));
    data_number = [{% for i in data %}[{{i[2]}},{{i[3]}},{{i[1]}}],{%endfor%}];
    option = {
        title: {
            text: '商家聚集地理位置展示',
        },
        xAxis: {
            name: '经度',
        },
        yAxis: {
            name: '纬度',
        },
        series: [{
            type: 'scatter',
            data: data_number,
            symbolSize: function(data){
                console.log(data);
                return data[2]/10;
            },
            itemStyle: {
                shadowBlur: 10,
                shadowColor: 'yellowgreen',
                shadowOffsetY: 5,
                color: new echarts.graphic.RadialGradient(0.4,0.3,1,[{
                    offset: 0,
                    color: 'yellow'
                }, {
                    offset: 1,
```

```
                    color: 'green'
                }])
            }
        }]
    };
    myEcharts.setOption(option);
</script>
</html>
```

(6)前端任务五代码

```
<!DOCTYPE html>
<html lang="en">
<head>
<meta charset="UTF-8">
<title>双折线图呈现不同平台商家销量情况</title>
<script src="../static/echarts.js"></script>
<style>
        #echarts{
            width: 1200px;
            height: 600px;
        }

</style>
</head>
<body>
<div id="echarts"></div>
</body>
<script>
    myecharts = echarts.init(document.getElementById("echarts"));
    data_x = [{% for r in data_a %}"{{ r[2] }}",{% endfor %}];
    data_y = [{% for r in data_b %}"{{ r[2] }}",{% endfor %}];

    data_number_a = [{% for r in data_a %}{{ r[1] }},{% endfor %}];
    data_number_b = [{% for r in data_b %}{{ r[1] }},{% endfor %}];
    option = {
        title: {
            text:"各平台 30 天销量最高 10 大商家",
            left: 'center',
            textStyle: {
                color: 'red',
                fontWidth: 'bolder',
                fontStyle: 'italic',
            }
```

```
},
grid: {
    top: '15%'
},
legend: {
    top: '5%'
},
xAxis: [{
    name: '平台 A 商家 id',
    axisLabel: {
        rotate: -40,
    },
    data: data_x,
    axisLine: {
        lineStyle: {
            color: 'blue',
        }
    },
    axisTick: {
        alignWithLabel: true,
    },
}, {
    name: '平台 B 商家 id',
    axisLabel: {
        rotate: -40,
    },
    data: data_y,
    axisLine: {
        lineStyle: {
            color: 'red',
        }
    },
    axisTick: {
        alignWithLabel: true,
    },
}],
yAxis: {
    name: '商家销量',
    min: 996,
    max: 1000
},
series: [{
    name: '平台 A 销量前 10 商家',
```

```
            type: 'line',
            data: data_number_a,
            color: 'blue',
        }, {
            name: '平台 B 销量前 10 商家',
            type: 'line',
            data: data_number_b,
            color: 'red',
        }]
    };
    myecharts.setOption(option);

</script>
</html>
```

(7)前端任务六代码

```
<!DOCTYPE html>
<html lang="en">
<head>
<meta charset="UTF-8">
<title>Title</title>
<script src="../static/echarts.js"></script>
<style>
        #echarts{
            width: 1200px;
            height: 600px;
        }
</style>
</head>
<body>
<div id="echarts"></div>
</body>
<script>
    myEcharts = echarts.init(document.getElementById('echarts'));
    data_name = [{% for i in data%}'{{i[0]}}',{%endfor%}];
    data_number = [{% for i in data%}{{i[1]}},{%endfor%}];
    option = {
        title: {
            text: '各营业区间商家数量对比',
            left: 'center',
            textStyle: {
                color: 'red',
                fontWidth: 'bolder',
```

```
                fontStyle: 'italic',
            }
        },
        xAxis: {
            name: '营业时长各区间',
            data: data_name
        },
        yAxis: {
            name: '商家个数',
        },
        series: [{
            type: 'bar',
            data: data_number,
        }]
    };
    myEcharts.setOption(option);
</script>
</html>
```

(8)任务一控制台输出结果及前端图形,如图 7-5 和图 7-6 所示。

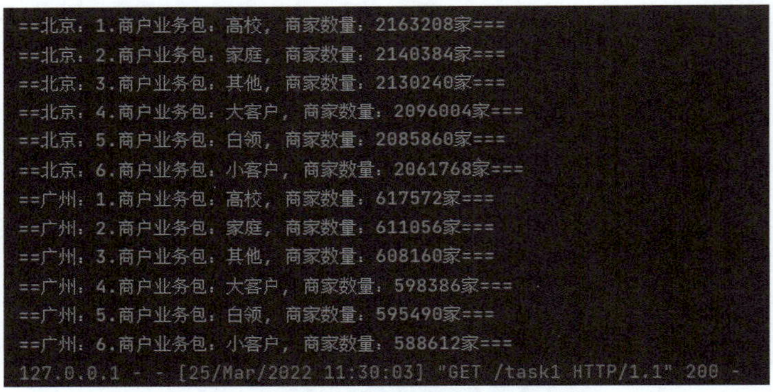
==北京：1.商户业务包：高校，商家数量：2163208家===
==北京：2.商户业务包：家庭，商家数量：2140384家===
==北京：3.商户业务包：其他，商家数量：2130240家===
==北京：4.商户业务包：大客户，商家数量：2096004家===
==北京：5.商户业务包：白领，商家数量：2085860家===
==北京：6.商户业务包：小客户，商家数量：2061768家===
==广州：1.商户业务包：高校，商家数量：617572家===
==广州：2.商户业务包：家庭，商家数量：611056家===
==广州：3.商户业务包：其他，商家数量：608160家===
==广州：4.商户业务包：大客户，商家数量：598386家===
==广州：5.商户业务包：白领，商家数量：595490家===
==广州：6.商户业务包：小客户，商家数量：588612家===
127.0.0.1 - - [25/Mar/2022 11:30:03] "GET /task1 HTTP/1.1" 200 -

图 7-5　控制台输出结果

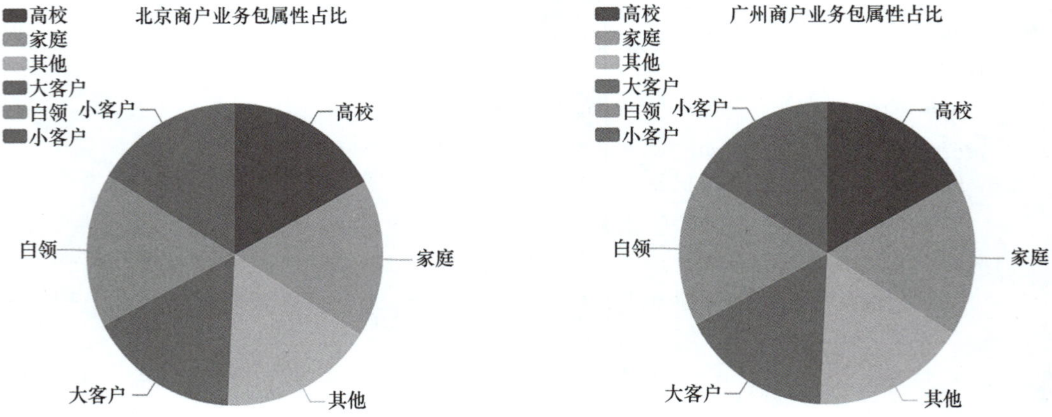

图 7-6　前端显示效果

(9)任务二控制台输出结果及前端图形,如图 7-7 和图 7-8 所示。

```
==1 商户业务包：高校，差评数：1662800.0条，好评数：8595000.0条===
==2 商户业务包：家庭，差评数：1686400.0条，好评数：8516000.0条===
==3 商户业务包：大客户，差评数：1676600.0条，好评数：8271000.0条===
==4 商户业务包：其他，差评数：1703400.0条，好评数：8378000.0条===
==5 商户业务包：白领，差评数：1652400.0条，好评数：8286000.0条===
==6 商户业务包：小客户，差评数：1655200.0条，好评数：8165000.0条===
127.0.0.1 - - [25/Mar/2022 11:30:51] "GET /task2 HTTP/1.1" 200 -
```

图 7-7　控制台输出结果

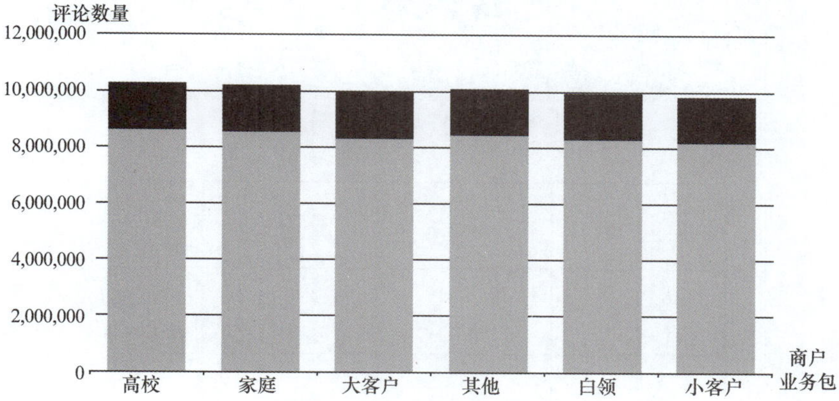

图 7-8　各业务包评价组成

(10)任务三控制台输出结果及前端图形,如图 7-9 和图 7-10 所示。

```
==商户业务包：白领，投诉数量：16590.0家===
==商户业务包：小客户，投诉数量：15770.0家===
==商户业务包：家庭，投诉数量：15570.0家===
==商户业务包：高校，投诉数量：15330.0家===
==商户业务包：其他，投诉数量：15260.0家===
==商户业务包：大客户，投诉数量：15170.0家===
127.0.0.1 - - [25/Mar/2022 11:31:27] "GET /task3 HTTP/1.1" 200 -
```

图 7-9　控制台输出结果

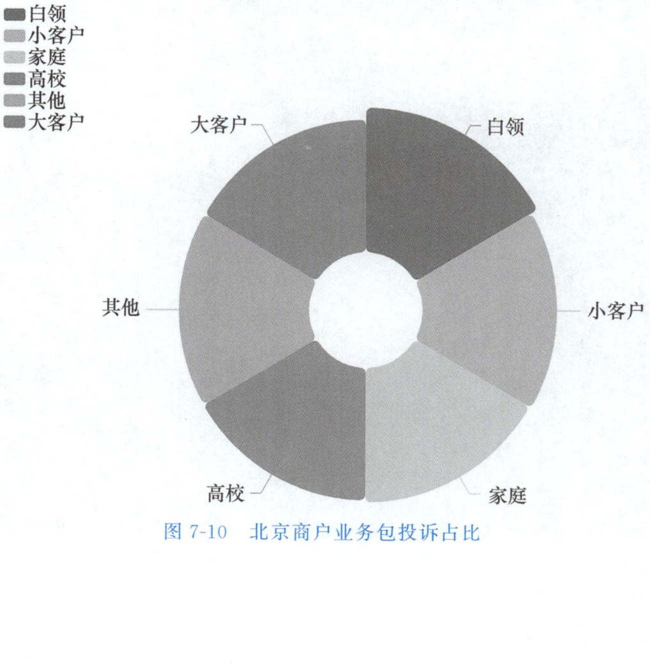

图 7-10　北京商户业务包投诉占比

(11)任务四控制台输出结果及前端图形,如图 7-11 和图 7-12 所示。

```
==1: 商圈 北京市海淀区成府路29号(五道口国际食尚苑)一期地下一层=商家数为17个===
==2: 商圈 五道口新村4号2栋一层=商家数为12个===
==3: 商圈 北京市海淀区暂安处1号蓟鑫大厦D区301=商家数为12个===
==4: 商圈 北京市海淀区五道口新村4号2栋一层=商家数为11个===
==5: 商圈 杨舍镇金港大道338号=商家数为10个===
==6: 商圈 北京市海淀区苏州街3号大恒科技大厦地下一层B-08号=商家数为9个===
==7: 商圈 北京市海淀区中关村东路66号2号楼地下一层=商家数为7个===
==8: 商圈 沙洲中路138号(原金海华二楼)=商家数为7个===
==9: 商圈 北京市海淀区暂安处1号蓟鑫大厦C区(3-4)层=商家数为6个===
==10: 商圈 岭南路=商家数为5个===
127.0.0.1 - - [25/Mar/2022 11:31:51] "GET /task4 HTTP/1.1" 200 -
```

图 7-11　控制台输出结果

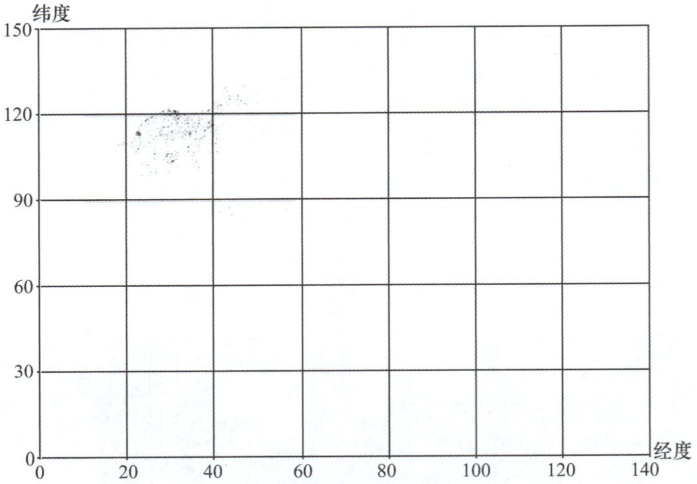

图 7-12　商家聚集地理位置展示

(12)任务五控制台输出结果及前端图形,如图 7-13 和图 7-14 所示。

```
==2852: "天津市", Platform-A, 销量为999.0===
==3950: "北京市", Platform-A, 销量为999.0===
==19: "南京市", Platform-A, 销量为999.0===
==7564: "郑州", Platform-A, 销量为998.0===
==1274: "鞍山市", Platform-A, 销量为998.0===
==5004: "成都市", Platform-A, 销量为998.0===
==32: "宁波市", Platform-A, 销量为998.0===
==3647: "北京市", Platform-A, 销量为998.0===
==5321: "天津市", Platform-A, 销量为998.0===
==1977: "岳阳市", Platform-A, 销量为998.0===
==8029: "广东省 珠海市", Platform-B, 销量为999.0===
==9621: "苏州", Platform-B, 销量为999.0===
==4483: "深圳市", Platform-B, 销量为999.0===
==1152: "杭州市", Platform-B, 销量为999.0===
==295: "石家庄市", Platform-B, 销量为998.0===
==7042: "永川", Platform-B, 销量为998.0===
==4627: "深圳市", Platform-B, 销量为998.0===
==6546: "上海市", Platform-B, 销量为997.0===
==2654: "泰州市", Platform-B, 销量为997.0===
==34: "常州市", Platform-B, 销量为997.0===
127.0.0.1 - - [25/Mar/2022 11:32:20] "GET /task5 HTTP/1.1" 200 -
```

图 7-13　控制台输出结果

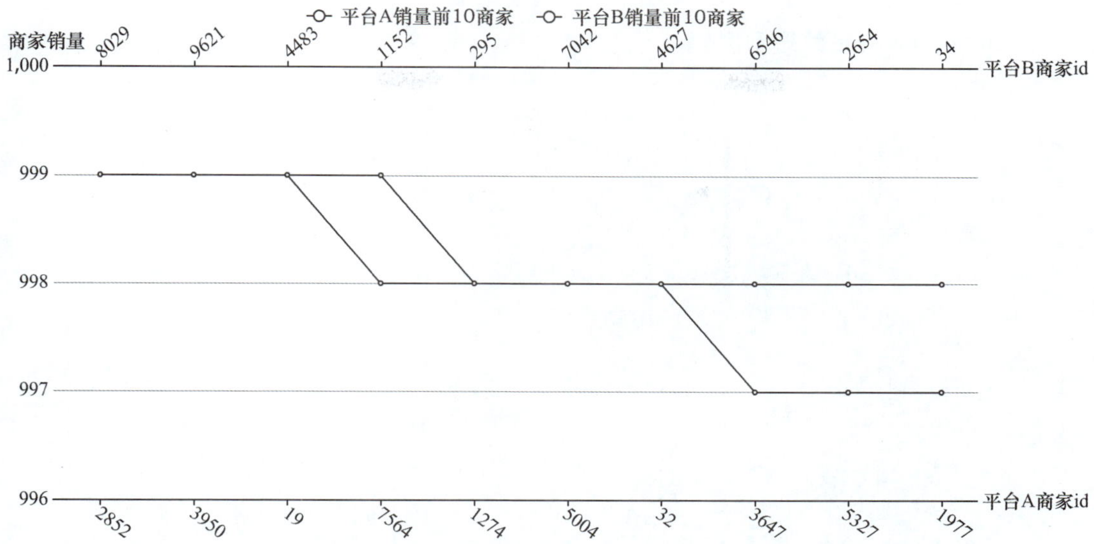

图 7-14　各平台 30 天销量最高 10 大商家

(13)任务六控制台输出结果及前端图形,如图 7-15 和图 7-16 所示。

```
==区间"12小时以上", 商家5250个===
==区间"4小时以内", 商家1603个===
==区间"8~12小时", 商家1527个===
==区间"4~6小时", 商家817个===
==区间"6~8小时", 商家801个===
127.0.0.1 - - [25/Mar/2022 11:32:45] "GET /task6 HTTP/1.1" 200 -
```

图 7-15　控制台输出结果

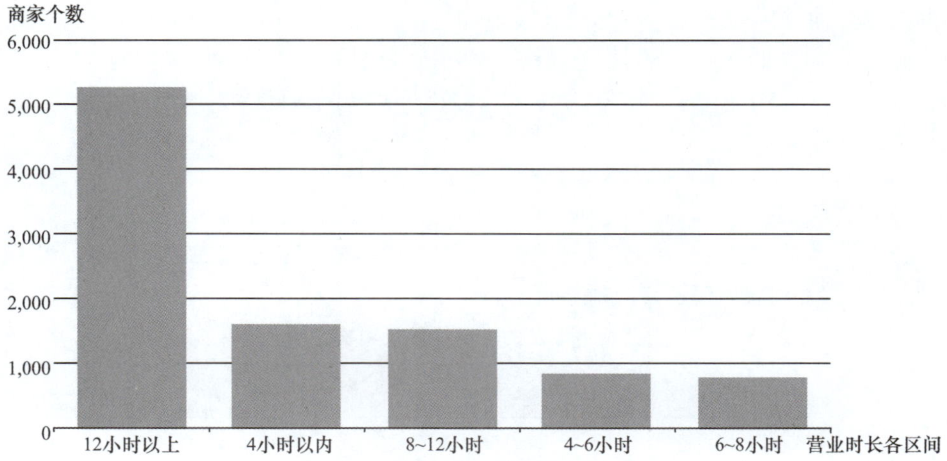

图 7-16　各营业区间商家数量对比

3. data.json 初始数据示例

{"A_day_30_cnt":490,"A_rst_name":"重庆香村特色盐排骨",
"B_day_30_cnt":570,"B_rst_name":"重庆香村特色盐排骨",
"applicant_id":775232,"applicant_name":"应用","area_after_edit":"14473964",
"carrier_id":10000,"city_id":753284,"city_name":"文山州",
"created_at":"2021-01-0100:01:54",
"first_auditor_candidate_ids":50000,"first_auditor_id":20000,
"first_auditor_name":"第一审核人","first_auditor_role":"审批一级",
"grid_id":723994,"id":777847,"latitude":"104.2388172","longitude":"23.38400156",
"max_distance_after_edit":1000,"max_distance_before_edit":1000,
"min_distance_after_edit":2010,"min_distance_before_edit":10,
"platform_A_restid":"F52H07K57767","platform_B_restid":820010.0,
"request_id":36221173,"rest_type":"A",
"retailer_address":"文山州文山市环北二路 166","retailer_id":784719,
"retailer_location":"POI 编码","retailer_name":"重庆香村特色盐排骨",
"second_auditor_candidate_ids":80000,"second_auditor_id":40000,
"second_auditor_name":"第二审批人","second_auditor_role":"审批二级","status":1,
"team_id":60000,"updated_at":"2021-01-0100:01:39","walle_id":10000,
"全推选推":"全推","创建时间":"2021-03-1600:38:52","到店时长":21,"取餐时长":30,
"商户业务包":"商户业务包","商户取消数":180,"商户投诉数":60,"城市":"文山州",
"好评数":5000,"客单价":7000.0,"客户取消数":900,"差评数":1600,"平均实际配送时长":50,
"异常率":"1%","当前配送面积":2000,"总单量":80000,"总单量增长率":"3%","战团":"XX 战团",
"战营":"XX 战营","所属城市":"文山州","投诉率":"3%","拒单数":40,"接单数":8000,
"接单时长":8,"推单数":4000,"推单数 8":7000,"推单数 9":13500,"整体时长":90,
"无效订单率":10,"是否托管":"否","最远订单距离":4000,"有效完成单数":2000,
"有效完成率 8":"98%","有效完成率 9":"95%","有效订单增长率":"5%","有效订单量":4000,
"标品属性":"极品","欺诈单数":0,"灰度餐厅":"A","客户投诉数":10,
"申请时间":"2021-03-2712:20:54","系统取消数":0,"网格 ID":4000,"网格名称":"网格",
"营业时长":9000,"订单配送成功率":"100%","评价数":1000,"该订单到店时效":80,
"该订单取餐时效":80,"该订单接单时效":80,"该订单整体时效":150,"该订单评价":"优",
"该订单送达时效":30,"超时率 8":"1%","超时率 9":"7%","超时订单率":"6%",
"近 7 天平台单量":80000,"近 7 天推单":15000,"送达时长":70,"配送取消异常数":80,
"配送范围":"文山州","面积变更值":800,"餐厅 ID":200000,"餐厅状态":"正常","餐品种类":100}

数据中涉及的主要字段及中文说明见表 7-10。

表 7-10　　数据中涉及的主要字段及中文说明

原字段	中文释义
A_day_30_cnt	30 天销量(A 平台)
A_rst_name	商家名称(A 平台)
B_day_30_cnt	30 天销量(B 平台)

（续表）

原字段	中文释义
B_rst_name	商家名称（B平台）
applicant_id	申请人 id
applicant_name	申请人
area_after_edit	申请后配送面积
carrier_id	渠道经理
city_id	城市 id
city_name	城市
created_at	申请递交时间
first_auditor_candidate_ids	候选审批人 id
first_auditor_id	审核人 id
first_auditor_name	审批人名
first_auditor_role	一级审批角色
grid_id	网格 id
id	标识 id
latitude	纬度
longitude	经度
max_distance_after_edit	申请后最大配送距离
max_distance_before_edit	申请前最大配送距离
min_distance_after_edit	申请后最小配送距离
min_distance_before_edit	申请前最小配送距离
platform_A_restid	商家 id（A平台）
platform_B_restid	商家 id（B平台）
rest_type	商家所属平台
retailer_address	商铺地址
retailer_id	（配送系统）商铺 id
retailer_location	位置 POI 编码
retailer_name	商铺名称
second_auditor_candidate_ids	审核小组成员
second_auditor_id	二级审核人 id

（续表）

原字段	中文释义
second_auditor_name	二级审核人名
second_auditor_role	二级审批角色
status	审核状态(0:拒绝,1:通过)
team_id	渠道小组
updated_at	审核完成
walle_id	(平台)商铺 id
全推选推	全推选推
创建时间	创建时间
推单数 9	推单数(9 日)
有效完成率 9	有效完成率(9 日)
超时率 9	超时率(9 日)
推单数 8	推单数(8 日)
有效完成率 8	有效完成率(8 日)
超时率 8	超时率(8 日)
灰度餐厅	灰度餐厅
申请时间	申请时间
餐厅名称	餐厅名称
所属城市	所属城市
营业时长	营业时长
餐厅状态	餐厅状态
是否托管	是否托管
总单量	总单量
总单量增长率	总单量增长率
有效订单量	有效订单量
有效订单增长率	有效订单增长率
订单配送成功率	订单配送成功率
超时订单率	超时订单率
无效订单率	无效订单率
平均预计送达时长	平均预计送达时长

（续表）

原字段	中文释义
平均实际配送时长	平均实际配送时长
当前配送面积	当前配送面积
面积变更值	面积变更值
网格名称	网格名称
战营	战营
城市	城市
商户业务包	商户业务包
配送范围	配送范围
客单价	客单价
推单数	推单数
接单数	接单数
有效完成单数	有效完成单数
投诉率	投诉率
异常率	异常率
欺诈单数	欺诈单数
拒单数	拒单数
商户取消数	商户取消数
客户取消数	客户取消数
系统取消数	系统取消数
配送取消异常数	配送取消异常数
整体时长	整体时长
接单时长	接单时长
到店时长	到店时长
取餐时长	取餐时长
送达时长	送达时长
商户投诉数	商户投诉数
客户投诉数	客户投诉数
差评数	差评数
好评数	好评数

（续表）

原字段	中文释义
评价数	评价数
最远订单距离	最远订单距离
该订单整体时效	该订单整体时效
该订单接单时效	该订单接单时效
该订单到店时效	该订单到店时效
该订单取餐时效	该订单取餐时效
该订单送达时效	该订单送达时效
该订单评价	该订单评价
网格 ID	网格 ID
网格名称	网格名称
城市	城市
战团	战团
餐厅 ID	餐厅 ID
近 7 天平台单量	近 7 天平台单量
近 7 天推单	近 7 天推单
餐厅名	餐厅名
餐厅地址（取餐地址）	餐厅地址（取餐地址）
餐品种类	餐品种类
标品属性	标品属性

项目 8　用户分析系统

思政课堂（趣学领航）

团队协作的核心——团结

单丝不成线，独木不成林。团结是由多种情感聚集在一起而产生的一种精神。团结就是相互配合，真正的团结就是无条件的配合。团结并不只存在于志同道合中。想要成为一个团结优秀的集体，只需要我们都用真诚去面对集体里的每一个人，让这个集体里的每一个人都感觉到心灵的温暖。不怕巨浪高，只怕桨不齐，一根筷子轻轻被折断，众人划桨可以开动大船。如果一个团队没有团结的精神，那么这个团队就不能被称为团队，只是走在同一条路上而已。团结是成功的基石，没有团结就不会有理所当然的成功，这是千百年来不变的道理。团结就是力量！团结就是最后的胜利！

不怕虎生两翼，就怕人起二心。如果在一个组织涣散、人心浮动、人人自行其是甚至搞“窝里斗”的企业里，是没有生机与活力可言的，又何谈干事创业？在一个缺乏凝聚力的环境里，个人再有雄心壮志，再有聪明才智，也不可能得到充分发挥。只有懂得团结协作的人，才能明白团结协作对自己、对别人、对整个企业团队的意义，才会把团结协作当成自己的一份责任。在我们的实际工作和学习中也是如此。

任务 8.1　日志数据生成

励志微语

人生就像一场马拉松，速度并不是最重要的，关键是坚持不懈。让我们一起砥砺前行，抵达成功的彼岸。

任务目标

- 掌握用户日志数据生成步骤。

知识链接

1. 日志介绍

(1)日志生成必要性

日志在计算机系统中是一个非常广泛的概念,任何程序都有可能输出日志,如操作系统内核、各种应用服务器等。日志的内容、规模和用途也各不相同,很难一概而论。本文讨论的日志处理方法中的日志,仅指 Web 日志。其实并没有精确的定义,可能包括但不限于各种 Web 前端服务器(如 Apache、Lighttpd、Tomcat 等)产生的用户访问日志,以及各种 Web 应用程序自己输出的日志。在 Web 日志中,每条日志通常代表着用户的一次访问行为。毫无疑问,Web 日志中包含了大量人们——主要是产品分析人员会感兴趣的信息。最简单的,我们可以从中获取网站每类页面的 PV 值(PageView,页面访问量)、独立 IP 数(去重之后的 IP 数量)等;稍微复杂一些的,可以计算得出用户所检索的关键词排行榜、用户停留时间最高的页面等;更复杂的,构建广告点击模型、分析用户行为特征等。

既然这些数据是如此有用,那么当然已经有无数现成的工具可以帮助我们来分析它们,如 awstats、Webalizer 等,都是专门用于统计分析 Web 服务器日志的免费程序。

很多人可能会说,既然如此,我们为什么还需要自己来分析日志,有必要吗?当然有。我们的用户(产品分析人员)需求是无穷尽的,上面说的这几类工具虽然很好很强大,但显然没办法满足全部的需求。

(2)日志格式

日志是系统在运行过程中变化的一种抽象表达形式,其内容为指定对象的某些操作和其操作结果按时间的有序集合。文件日志、事件、数据库日志、度量数据都是日志的不同载体。在文件日志中,每个日志文件由一条或多条日志组成,每条日志描述了一次单独的系统事件,是日志服务中处理的最小数据单元。

日志服务一般采用半结构数据模式定义一条日志。该模式中包含主题、时间、内容、来源和标签五个数据域。日志服务对日志各字段的格式有不同要求。

JSON 是一种轻量级的数据交换格式,它基于 ECMAScript 的一个子集,采用完全独立于编程语言的文本格式来存储和表示数据。简洁和清晰的层次结构使得 JSON 成为理想的数据交换语言,易于人阅读和编写,同时也易于机器解析和生成,并有效地提升网络传输效率。

(3)日志分析

既然分析日志如此有必要,那我们应该怎么进行日志分析呢?这并不是一个简单的问题。即使我们把“日志”限定为 Web 日志,依然包含了成千上万种可能的格式和数据,而使“分析”更难以定义,也许是简单的统计值的计算,也许是复杂的数据挖掘算法。本教材并不打算讨论这些复杂的问题,而只是笼统地讨论如何构建进行日志分析工作的基础。有了这些基础会让基于日志的简单统计分析变得很简单,并让复杂的分析挖掘等变得可行。

2. 日志项目搭建

(1)开发工具清单

开发工具清单见表 8-1。

表 8-1 开发工具清单

开发工具	版本
Java	17.0.1
maven	3.6.3
IntelliJ IDEA	2022.1
Spring Boot	2.6.7
FastJson	2.0.2

(2)项目搭建

①新建项目

项目使用最新版本 IntelliJ IDEA 作为开发工具。同学们可以在其官网 https://www.jetbrains.com/idea/download/#section=windows 进行下载,如图 8-1 所示。

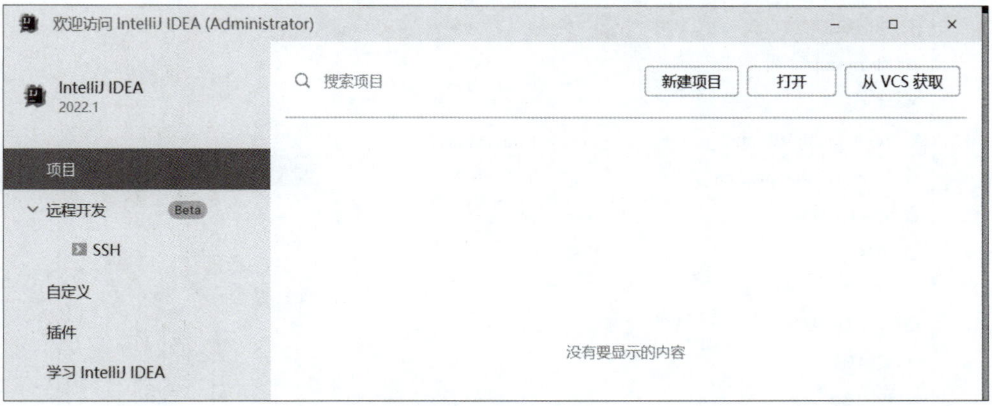

图 8-1 新建项目

②Spring Boot 项目

因为项目完成之后需要以可视化的形式展现分析结果,为了更加方便地展示数据分析结果,我们搭建的是 Spring Boot 项目。

2013 年 Spring Boot 的 Pivotal 团队开始研发 Spring Boot。2014 年 4 月,发布全新开源的轻量级框架的第一个 Spring Boot 版本。

Spring Boot 是 Pivotal 团队在 Spring 的基础上提供的一套全新的开源框架,其目的是简化 Spring 应用的搭建和开发过程。Spring Boot 去除了大量的 XML 配置文件,简化了复杂的依赖管理。其具有 Spring 一切优秀特性,Spring 能做的事 Spring Boot 都可以做,而且使用更加简单,功能更加丰富,性能更加稳定而健壮。

Spring Boot 所具备的特征有:

- 可以创建独立的 Spring 应用程序,并且基于其 Maven 或 Gradle 插件,可以创建可执行的 JARs 和 WARs。
- 内嵌 Tomcat 或 Jetty 等 Servlet 容器。
- 提供自动配置的"starter"项目对象模型(POMS)以简化 Maven 配置。
- 尽可能自动配置 Spring 容器。
- 提供准备好的特性,如指标、健康检查和外部化配置。
- 绝对没有代码生成,不需要 XML 配置。

Spring Boot 基于 Spring 4.0 设计，不仅继承了 Spring 框架原有的优秀特性，而且还通过简化配置来进一步简化了 Spring 应用的整个搭建和开发过程。如图 8-2 所示为项目搭建相关信息参数。

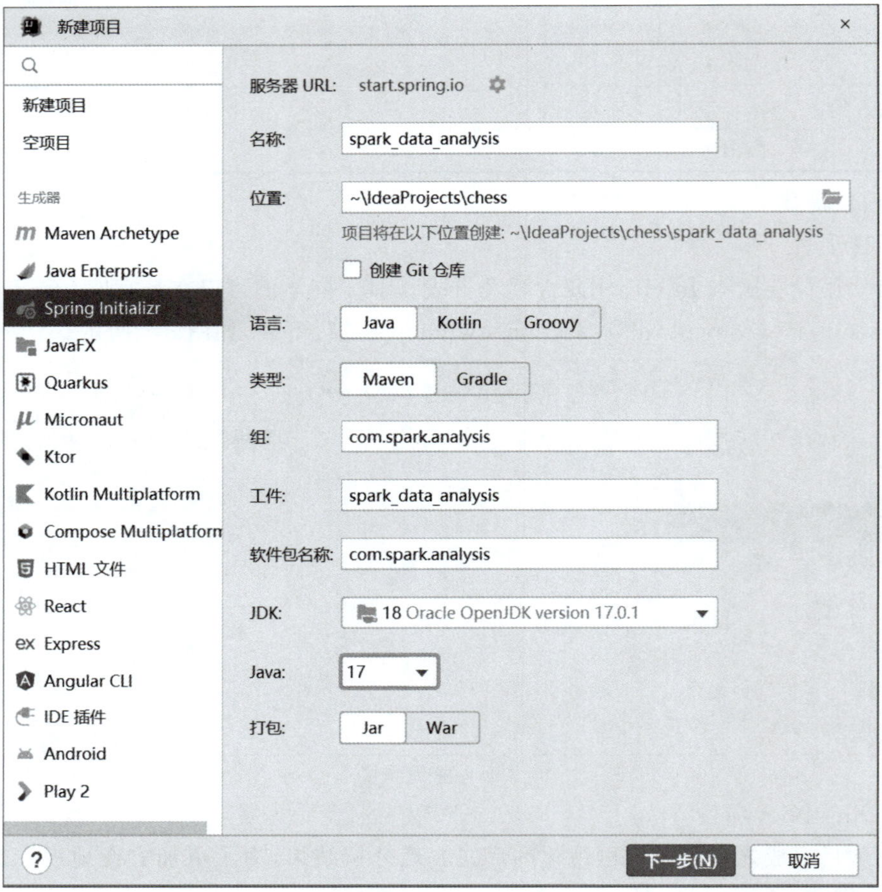

图 8-2　选择项目类型

③依赖项

Spring Boot 是时下炙手可热的技术，同时也集成了大量常用的第三方库配置。Spring Boot 应用中这些第三方库几乎可以是零配置的开箱即用(out-of-the-box)，大部分的 Spring Boot 应用都只需要非常少量的配置代码(基于 Java 的配置)，开发者能够更加专注于业务逻辑。如图 8-3 所示为本次项目所使用的依赖项。至此，项目框架创建完毕。

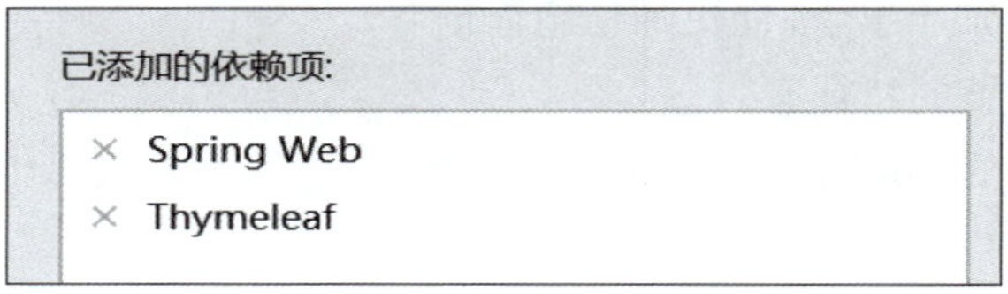

图 8-3　依赖项

④日志模型

- 为了方便数据建模，我们使用 Lombok。其中 Lombok 项目是一个 Java 库，在程序的编译阶段，会自动将注解转换成代码插入编辑器和构建工具中。Lombok 提供了一组有用的注释，用来消除 Java 类中的大量样板代码。仅五个字符(@Data)即可替换数百行代码，从而产生干净、简洁且易于维护的 Java 类。

添加 Lombok 的依赖项如下：

```
<dependency>
  <groupId>org.projectlombok</groupId>
  <artifactId>lombok</artifactId>
</dependency>
```

• 用户对某个产品的使用情况、登录数据是非常重要的分析依据，本次建模涉及用户编号、登录时间、登录 ip、登录终端 4 个属性。建模如图 8-4 所示。

```java
package com.spark.analysis.model;
import lombok.Data;
@Data
public class LoginInfo {
    // 编号
    private String uid;
    // ip
    private String loginIp;
    // 终端
    private String loginTerminal;
    // 登录时间
    private long lastLoginTime;
}
```

图 8-4　登录实体类

⑤日志生成

• 假设系统月活跃用户数量为 5000，设定用户 id 格式为“user-1”，生成模拟用户代码如图 8-5 所示。

```java
// 用户数量
private int idCount;
// 所有月活跃用户
private String[] ids = new String[5000];
public void createUserId(){
    for (int i = 1; i <= 5000; i++) {
        ids[i] = "user-" + i;
    }
}
```

图 8-5　创建实体用户

• 本次分析不针对 ip 地址做区域划分，ip 地址随机生成，不影响分析结果，如图 8-6 所示。

```java
/**
 * 随机ip地址
 * @return ip
 */
public static String getIp(){
    StringBuilder stringBuilder = new StringBuilder();
    for (int i = 0; i < 4; i++) {
        int num = random.nextInt(255);
        stringBuilder.append(num).append(".");
    }
    return stringBuilder.substring(0,stringBuilder.length()-1);
}
```

图 8-6　随机 IP 地址

- 终端安卓、苹果、PC 三选一，如图 8-7 所示。

```
// 终端类型
private String[] terminals = {"苹果","安卓","pc"};
public String getTerminal(){
    return terminals[random.nextInt(4)];
}
```

图 8-7 终端类型

- 时间以月为单位，是为了按月份分析数据，生成代码如图 8-8 所示。

```
 * 按月份生成随机时间
 * @param month
 * @return
 */
public long getTime(String month){
    try {
        SimpleDateFormat simpleDateFormat = new SimpleDateFormat("yyyy-MM");
        long t1 = simpleDateFormat.parse(month).getTime();
        int day = random.nextInt(29);
        return t1 + random.nextInt(day*24*60*60*1000);
    } catch (ParseException e) {
        e.printStackTrace();
    }
    return 0;
}
```

图 8-8 按月份生成随机时间

- 数据转换成 JSON 的格式。本次项目使用 FastJson。FastJson 是一个 Java 库，可用于将 Java 对象转换为 JSON 表示形式。它还可用于将 JSON 字符串转换为等效的 Java 对象。FastJson 可以处理任意 Java 对象，包括没有源代码的预先存在的对象。其有如下几方面的优点。

- 速度快

FastJson 相对其他 JSON 库的特点是快，从 2011 年 FastJson 发布 1.1.x 版本之后，其性能从未被其他 Java 实现的 JSON 库超越。

- 使用广泛

FastJson 在阿里巴巴大规模使用，在数万台服务器上部署。FastJson 在业界被广泛接受。在 2012 年被开源中国评选为最受欢迎的国产开源软件之一。

- 测试完备

FastJson 有非常多的 testcase，在 1.2.11 版本中，testcase 超过 3321 个。每次发布都会进行回归测试，保证质量稳定。

- 使用简单

FastJson 的 API 十分简洁。

- 功能完备

支持泛型；支持流处理超大文本；支持枚举；支持序列化和反序列化扩展。依赖如下：

```
<dependency>
    <groupId>com.alibaba</groupId>
    <artifactId>fastjson</artifactId>
    <version> 1.2.70</version>
</dependency>
```

使用方式如图 8-9 所示。

```
// 日志
String log = JSON.toJSONString(new LoginInfo(id,ip,terminal,time));
```

图 8-9 登录日志

• Log4j 保存日志。Log4j 是 Apache 的一个开源项目，通过使用 Log4j，我们可以控制日志信息输送的目的地是控制台、文件、GUI 组件，甚至是套接口服务器、NT 的事件记录器、UNIX Syslog 守护进程等；我们也可以控制每一条日志的输出格式；通过定义每一条日志信息的级别，我们能够更加细致地控制日志的生成过程。最令人感兴趣的就是，这些可以通过一个配置文件来灵活地进行配置，而不需要修改应用的代码。

依赖如下：

```
<dependency>
    <groupId>log4j</groupId>
    <artifactId>log4j</artifactId>
    <version>1.2.17</version>
</dependency>
```

在 CLASSPATH 下建立 log4j.properties。内容如下

```
log4j.rootCategory=INFO, stdout, R
log4j.appender.R=org.apache.log4j.DailyRollingFileAppender
log4j.appender.R.File=analysis.log
log4j.appender.R.layout=org.apache.log4j.PatternLayout
log4j.appender.R.layout.ConversionPattern=%m
```

在要输出日志的类中加入相关语句即可使用：

```
static Logger logger = Logger.getLogger(LogDemo.class);
```

• 模拟生成 100 万条日志数据，以下为日志数据生成的所有代码。

```
package com.spark.analysis.service;
import com.alibaba.fastjson.JSON;
import com.spark.analysis.model.LoginInfo;
import org.apache.log4j.Logger;
import java.text.ParseException;
import java.text.SimpleDateFormat;
import java.util.Random;
public class LogService {
    private static Random random = new Random();
    // 用户数量
    private int idCount;
    // 所有月活跃用户
    private String[] ids = new String[5000];
    public void createUserId(){
        for (int i = 1; i <= 5000; i++) {
            ids[i-1] = "user-" + i;
        }
```

```
    }
    /**
     * 随机 ip 地址
     * @return ip
     */
    public static String getIp(){
        StringBuilder stringBuilder = new StringBuilder();
        for (int i = 0; i < 4; i++) {
            int num = random.nextInt(255);
            stringBuilder.append(num).append(".");
        }
        return stringBuilder.substring(0,stringBuilder.length() -1);
    }
    // 终端类型
    private String[] terminals = {"苹果","安卓","pc"};
    public String getTerminal(){
        return terminals[random.nextInt(3)];
    }
    /**
     * 按月份生成随机时间
     * @param month
     * @return
     */
    public long getTime(String month){
        try {
            SimpleDateFormat simpleDateFormat = new SimpleDateFormat("yyyy-MM");
            long t1 = simpleDateFormat.parse(month).getTime();
            return t1 + random.nextInt(28) * 24 * 60 * 60 * 1000 + random.nextInt(24) * 60 * 60
                    * 1000 + random.nextInt(60) * 60000;
        } catch (ParseException e) {
            e.printStackTrace();
        }
        return 0;
    }
    private Logger logger = Logger.getLogger(LogService.class);
    /**
     * 创建 100 万条日志数据
     */
    public void createLogData(String month){
        createUserId();
        for (int i = 1; i <= 1000000; i++) {
            // 用户 id
```

```
            String id = ids[random.nextInt(5000)];
            // 登录ip
            String ip = getIp();
            // 登录终端
            String terminal = getTerminal();
            // 登录时间
            long time = getTime(month);
            // 日志
            LoginInfo loginInfo = new LoginInfo(id,ip,terminal,time);
            String log = JSON.toJSONString(loginInfo) + "\r\n";
            // 记录日志
            logger.info(log);
        }
    }
    public static void main(String[] args) {
        new LogService().createLogData("2022-1");
    }
}
```

数据格式如下：


```
{"lastLoginTime":1641981840000,"loginIp":"249.200.92.2","loginTerminal":"苹果","uid":"user-4207"}
{"lastLoginTime":1642305900000,"loginIp":"3.28.234.221","loginTerminal":"pc","uid":"user-4405"}
{"lastLoginTime":1641076740000,"loginIp":"26.162.239.191","loginTerminal":"安卓","uid":"user-2948"}
{"lastLoginTime":1642748460000,"loginIp":"78.141.100.214","loginTerminal":"pc","uid":"user-1047"}
{"lastLoginTime":1641449460000,"loginIp":"197.132.12.137","loginTerminal":"苹果","uid":"user-4695"}
{"lastLoginTime":1642080480000,"loginIp":"115.97.236.254","loginTerminal":"苹果","uid":"user-1348"}
{"lastLoginTime":1641018000000,"loginIp":"48.17.21.163","loginTerminal":"苹果","uid":"user-4353"}
{"lastLoginTime":1639001892704,"loginIp":"196.28.170.144","loginTerminal":"安卓","uid":"user-2108"}
{"lastLoginTime":1641334500000,"loginIp":"60.188.63.221","loginTerminal":"安卓","uid":"user-3299"}
{"lastLoginTime":1641397260000,"loginIp":"21.28.16.108","loginTerminal":"苹果","uid":"user-1753"}
{"lastLoginTime":1642068120000,"loginIp":"113.102.89.11","loginTerminal":"pc","uid":"user-731"}
{"lastLoginTime":1638952572704,"loginIp":"4.158.59.169","loginTerminal":"pc","uid":"user-1393"}
{"lastLoginTime":1641937740000,"loginIp":"26.178.179.231","loginTerminal":"苹果","uid":"user-4032"}
{"lastLoginTime":1638904512704,"loginIp":"127.215.207.204","loginTerminal":"苹果","uid":"user-3232"}
{"lastLoginTime":1642209300000,"loginIp":"112.60.193.101","loginTerminal":"苹果","uid":"user-2853"}
{"lastLoginTime":1642482780000,"loginIp":"15.106.77.174","loginTerminal":"pc","uid":"user-1399"}
{"lastLoginTime":1641823560000,"loginIp":"207.207.211.172","loginTerminal":"苹果","uid":"user-3625"}
{"lastLoginTime":1642473540000,"loginIp":"133.7.4.170","loginTerminal":"pc","uid":"user-1622"}
{"lastLoginTime":1641026580000,"loginIp":"171.42.247.163","loginTerminal":"安卓","uid":"user-1600"}
{"lastLoginTime":1642676820000,"loginIp":"200.57.161.150","loginTerminal":"苹果","uid":"user-721"}
{"lastLoginTime":1641219120000,"loginIp":"126.4.162.245","loginTerminal":"pc","uid":"user-190"}
```


至此，日志数据已经生成。

3. 日志数据——任务训练

任务名称	使用 Log4j 收集日志数据	学时	1	页码	
学生姓名		学号		班级	
任务时间		地点	一体化教室	日期	
任务分组					
任务目的					

- **任务描述**

安装 Log4j 日志框架并在 IDEA 中将日志数据打印在控制台。

- **任务实施**

任务实施步骤

第一步

加入 log4j-1.2.8.jar(可以选择 log4j 的更高版本)到 lib 下。

如果使用 maven 项目,也可以选择在 pom.xml 中新增依赖:

```
<!--加入 Log4j 支持 -->
<dependency>
<groupId>log4j</groupId>
<artifactId>log4j</artifactId>
<version>1.2.17</version>
</dependency>
```

第二步

在 CLASSPATH 下建立 log4j.properties。内容如下:

```
log4j.rootCategory=INFO,stdout,R
log4j.appender.stdout=org.apache.log4j.ConsoleAppender
log4j.appender.stdout.layout=org.apache.log4j.PatternLayout
log4j.appender.stdout.layout.ConversionPattern=[QC] %p [%t] %C.%M(%L) | %m%n
log4j.appender.R=org.apache.log4j.DailyRollingFileAppender
log4j.appender.R.File=D:\\Tomcat 5.5\\logs\\qc.log
log4j.appender.R.layout=org.apache.log4j.PatternLayout
log4j.appender.R.layout.ConversionPattern=%d-[TS] %p %t %c - %m%n
log4j.logger.com.neusoft=DEBUG
log4j.logger.com.opensymphony.oscache=ERROR
log4j.logger.net.sf.navigator=ERROR
log4j.logger.org.apache.commons=ERROR
log4j.logger.org.apache.struts=WARN
log4j.logger.org.displaytag=ERROR
log4j.logger.org.springframework=DEBUG
log4j.logger.com.ibatis.db=WARN
log4j.logger.org.apache.velocity=FATAL
log4j.logger.com.canoo.webtest=WARN
log4j.logger.org.hibernate.ps.PreparedStatementCache=WARN
log4j.logger.org.hibernate=DEBUG
log4j.logger.org.logicalcobwebs=WARN
```

第三步

相应地修改其中属性,修改之前就必须知道这些都是干什么的,在第二部分讲解。

第四步

在要输出日志的类中加入相关语句:

定义属性:static Logger logger = Logger.getLogger(LogDemo.class);

在相应的方法中:

```
if (logger.isDebugEnabled()){
    logger.debug("System ...");
}
```

（续表）

- 任务评价

<table>
<tr><td rowspan="2">任务评价
评价指标</td><td rowspan="2">评价内容</td><td rowspan="2">分值</td><td colspan="3">评价分数</td></tr>
<tr><td>自评</td><td>组内互评</td><td>教师评价</td></tr>
<tr><td rowspan="3">职业素养
（40%）</td><td>信息检索能力</td><td>10</td><td></td><td></td><td></td></tr>
<tr><td>参与状态</td><td>10</td><td></td><td></td><td></td></tr>
<tr><td>团队合作、纪律</td><td>20</td><td></td><td></td><td></td></tr>
<tr><td rowspan="4">专业能力
（60%）</td><td>专业知识掌握</td><td>20</td><td></td><td></td><td></td></tr>
<tr><td>操作规范性</td><td>15</td><td></td><td></td><td></td></tr>
<tr><td>操作熟练度</td><td>15</td><td></td><td></td><td></td></tr>
<tr><td>完成质量</td><td>10</td><td></td><td></td><td></td></tr>
<tr><td>总评</td><td>自评（20%）+
互评（20%）+
师评（60%）</td><td>总分</td><td></td><td>指导教师
（签名）：</td><td></td></tr>
</table>

任务 8.2　日志数据分析

励志微语

只要还有明天，今天就永远是起跑线。

任务目标

- 掌握使用大数据分析组件 Spark 分析离线用户数据。

知识链接

1. 环境搭建

(1)Scala 语言环境搭建

Scala 是一门现代的多范式编程语言，旨在以简练、优雅及类型安全的方式来表达常用编程模式。它平滑地集成了面向对象和函数语言的特性。

- Scala 是面向对象的：Scala 是一个纯面向对象语言，在某种意义上，所有数值都是对象。对象的类型和行为是由 Class 和 Trait 来描述的。Class 的抽象可由子类化和一种灵活的基于 Mixin 的组合机制(它可作为多重继承的简单替代方案)来扩展。
- Scala 是函数式的：Scala 还是一个函数式语言，在某种意义上，所有函数都是数值。Scala 为定义匿名函数提供了一种轻量级的语法，它支持高阶(higher-order)函数、允许函数嵌套、支持局部套用(currying)。Scala 的 Case 类及其内置支持的模式匹配模型代数类型在许多函数式编程语言中都被使用。
- Scala 是静态类型的：Scala 配备了一套富有表现力的类型系统，该抽象概念以一种安全和一致的方式被使用。
- Scala 是可扩展的：Scala 的设计承认了实践事实，领域特定应用开发通常需要领域特定语言扩展。Scala 提供了一个独特的语言组合机制，这可以更加容易地以类库的形式增加新的语言结构：可以被用作中缀(infix)或后缀(postfix)操作符、闭包按照所期望的类型(目标类型)自动地被构造。两者结合使用可方便地定义新语句，无须扩展语法，也无须使用类似宏的元编程工具。
- Scala 可与 Java 和.NET 进行互操作：Scala 设计时就考虑了与流行编程环境良好交互，如 Java 2 运行时环境(JRE)和.NET 框架(CLR)，特别是与主流面向对象语言如 Java 和 C#尽量无缝交互。Scala 有像 Java 和 C#一样的编译模型(独立编译，动态装载类)，允许访问成千上万的高质量类库。

项目中需要使用 Scala 语言，需要添加 Scala 的依赖包。依赖如下：

```
<dependency>
    <groupId>org.scala-lang</groupId>
    <artifactId>scala-library</artifactId>
    <version>${scala.version}</version>
</dependency>
```

这时我们并不能使用 Scala 语言编写 Spark 程序，因为这时还不能编译 Scala 文件，需要引入 Scala 的编译插件，插件如下：

```
<plugin>
    <groupId>net.alchim31.maven</groupId>
    <artifactId>scala-maven-plugin</artifactId>
    <executions>
        <execution>
            <id>scala-compile-first</id>
            <phase>process-resources</phase>
            <goals>
                <goal>add-source</goal>
                <goal>compile</goal>
            </goals>
        </execution>
    </executions>
</plugin>
```

这时我们就可以在项目中使用 Scala 语言编写代码了，效果如图 8-10 所示。

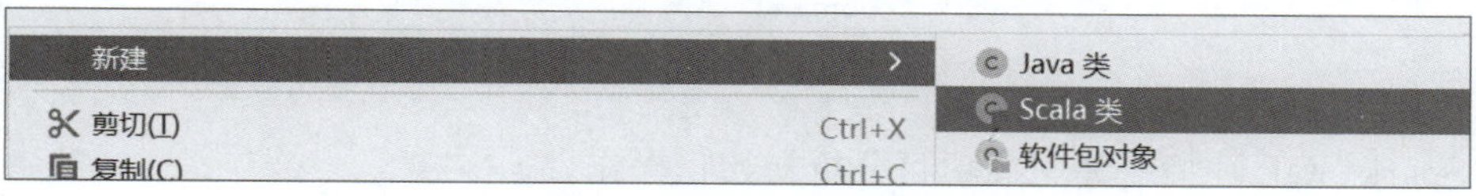

图 8-10　新建 Scala 源文件

(2)Spark 开发环境搭建

Apache Spark 是专为大规模数据处理而设计的快速通用的计算引擎。Spark 是加州大学伯克利分校的 AMP 实验室所开源的类 Hadoop MapReduce 的通用并行框架。Spark 拥有 Hadoop MapReduce 所具有的优点；但不同于 MapReduce，Job 中间输出结果可以保存在内存中，从而不再需要读写 HDFS，因此 Spark 能更好地适用于数据挖掘与机器学习等需要迭代的 MapReduce 的算法。

Spark 是一种与 Hadoop 相似的开源集群计算环境，但是两者之间还存在一些不同之处。这些有用的不同之处使 Spark 在某些工作负载方面表现得更加优越。换句话说，Spark 启用了内存分布数据集，除了能够提供交互式查询外，还可以优化迭代工作负载。

Spark 是在 Scala 语言中实现的，将 Scala 用作其应用程序框架。与 Hadoop 不同，Spark 和 Scala 能够紧密集成，其中 Scala 可以像操作本地集合对象一样轻松地操作分布式数据集。

尽管创建 Spark 是为了支持分布式数据集上的迭代作业，但是实际上它是对 Hadoop 的补充，可以在 Hadoop 文件系统中并行运行，通过名为 Mesos 的第三方集群框架可以支持此行为。Spark 由加州大学伯克利分校 AMP 实验室（Algorithms，Machines，People

Lab)开发,可用来构建大型的、低延迟的数据分析应用程序。

①项目中需要使用 Spark 组件,需要添加 Spark 的依赖包。依赖如下:

```
<properties>
    <spark. version>3. 2. 1</spark. version>
</properties>
<dependency>
    <groupId>org. apache. spark</groupId>
    <artifactId>spark-core_2. 12</artifactId>
    <version> ${spark. version}</version>
</dependency>
<dependency>
    <groupId>org. apache. spark</groupId>
    <artifactId>spark-sql_2. 12</artifactId>
    <version> ${spark. version}</version>
</dependency>
```

②引入用户数据

引入项目 8.1 阶段生成的数据访问日志文件至项目目录中,如图 8-11 所示。

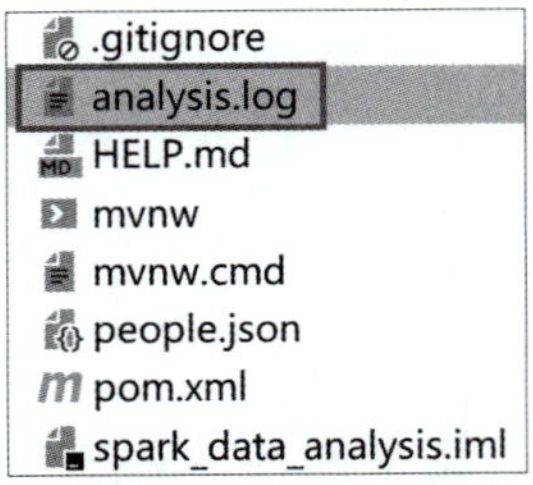

图 8-11 日志结果

③Spark SQL 环境搭建完成项目分析初始化操作

Spark SQL 是 Spark 用于结构化数据(Structured Data)处理的 Spark 模块。Spark SQL 的前身是 Shark。Shark 是基于 Hive 所开发的工具。

运行示例如图 8-12 所示。

```
package com.spark.analysis
import org.apache.spark.SparkConf
import org.apache.spark.sql.{DataFrame, SparkSession}
object SparkMain {
  def main(args: Array[String]): Unit = {
    //配置文件
    val conf = new SparkConf().setAppName("sql").setMaster("local[*]")
    //创建spark-sql上下文对象
    val spark = SparkSession.builder().config(conf).getOrCreate()
    //创建DataFrame
    val frame: DataFrame = spark.read.json("analysis.log")
    // sql(需要创建视图)
    frame.createOrReplaceTempView("t_analysis")
    spark.sql("select count(*) from t_analysis").show()
    //查看约束
    frame.printSchema()
  }
}
```

图 8-12 Spark SQL 运行示例

通过以上代码完成了 Spark SQL 数据分析的基本分析代码架构，接下来我们具体分析以下两个常见指标。

指标一：日活跃用户分析

日均活跃用户数量(Daily Active User，DAU)是用于反映网站、互联网应用或网络游戏的运营情况的统计指标。日活跃用户数量通常统计一日(统计日)之内，登录或使用了某个产品的用户数(去除重复登录的用户)。受统计方式限制，互联网行业使用的日均活跃用户数量指在统计周期(周/月)内，该 App 的每日活跃用户数的平均值。如图 8-13 所示。

```
package com.spark.analysis

import ...

object SparkMain {
  def main(args: Array[String]): Unit = {
    //配置文件
    val conf = new SparkConf().setAppName("sql").setMaster("local[*]")
    //创建spark-sql上下文对象
    val spark = SparkSession.builder().config(conf).getOrCreate()
    //创建DataFrame
    val frame: DataFrame = spark.read.json( path = "analysis.log")
    // sql(需要创建视图)
    frame.createOrReplaceTempView( viewName = "t_analysis")
    /**
     * root
        |-- lastLoginTime: long (nullable = true)
        |-- loginIp: string (nullable = true)
        |-- loginTerminal: string (nullable = true)
        |-- uid: string (nullable = true)
     */
    spark.sql( sqlText = "select count(distinct(uid)) from t_analysis").show
  }
}
```

图 8-13　日活用户分析

结合数据前提，可知 2022 年 1 月份用户活跃数如图 8-14 所示。

```
+-----+
|count|
+-----+
| 5000|
+-----+
```

图 8-14　2022 年 1 月份用户活跃数

指标二:周活跃用户分析

周均活跃用户数量(Weelely Active User,DAU)是用于反映网站、互联网应用或网络游戏的运营情况的统计指标。周活跃用户数量通常统计一周(统计周)之内,登录或使用了某个产品的用户数(去除重复登录的用户)。如图 8-15 所示。

```
object SparkMain_2 {
  def main(args: Array[String]): Unit = {
    //配置文件
    val conf = new SparkConf().setAppName("sql").setMaster("local[*]")
    //创建spark-sql上下文对象
    val spark = SparkSession.builder().config(conf).getOrCreate()
    //创建DataFrame
    val frame: DataFrame = spark.read.json("analysis.log")
    // sql(需要创建视图)
    frame.createOrReplaceTempView("t_analysis")
    /**
     * root
         |-- lastLoginTime: long (nullable = true)
         |-- loginIp: string (nullable = true)
         |-- loginTerminal: string (nullable = true)
         |-- uid: string (nullable = true)
     */
    val simpleDateFormat = new SimpleDateFormat("yyyy-MM-dd")
    spark.udf.register("changDate",(x:Long)=> simpleDateFormat.format(new Date(x * 1000L)))
    val sql =
      """
        |select count(distinct(uid)) count from t_analysis where lastLoginTime >= unix_timestamp('2022-1-1'
        |and lastLoginTime <= unix_timestamp('2022-1-7')
        |""".stripMargin
    spark.sql(sql).show
  }
}
```

图 8-15　周活跃用户分析

结合数据前提,可知 2022 年 1 月 1 号至 7 号用户活跃数如图 8-16 所示。

```
+-----+
|count|
+-----+
| 5000|
+-----+
```

图 8-16　2022 年 1 月 1 号至 7 号用户活跃数

2. 日志数据分析——任务训练

任务名称	使用 Spark SQL 统计用户登录的 IP 数量	学时	1	页码	
学生姓名		学号		班级	
任务时间		地点	一体化教室	日期	
任务分组					
任务目的					

• **任务描述**

使用 Spark SQL 组件计算登录 IP 数量并在 IDEA 中将日志数据打印在控制台上。

• **任务实施**

任务实施步骤

1. 第一步

```
//配置文件
    val conf = new SparkConf().setAppName("sql").setMaster("local[*]")
    //创建 Spark SQL 上下文对象
    val spark = SparkSession.builder().config(conf).getOrCreate()
    //创建 DataFrame
    val frame: DataFrame = spark.read.json("analysis.log")
    // sql(需要创建视图)
    frame.createOrReplaceTempView("t_analysis")
    /**
     * root
        |-- lastLoginTime: long (nullable = true)
        |-- loginIp: string (nullable = true)
        |-- loginTerminal: string (nullable = true)
        |-- uid: string (nullable = true)
     */
    val sql =
"""
        |select count(distinct(loginIp)) count from t_analysis
|""".stripMargin
spark.sql(sql).show
```

第二步，结果

```
+------+
| count|
+------+
|999863|
+------+
```

（续表）

• 任务评价

任务评价 评价指标	评价内容	分值	评价分数		
			自评	组内互评	教师评价
职业素养 （40%）	信息检索能力	10			
	参与状态	10			
	团队合作、纪律	20			
专业能力 （60%）	专业知识掌握	20			
	操作规范性	15			
	操作熟练度	15			
	完成质量	10			
总评	自评（20%）＋ 互评（20%）＋ 师评（60%）	总分		指导教师 （签名）：	

参考文献

[1] 黄红梅,张良均. Python 数据分析与应用[M]. 北京:人民邮电出版社,2020.

[2] 嵩天,礼欣,黄天羽. Python 语言程序设计基础[M]. 2 版. 北京:高等教育出版社,2017.

[3] 嵩天. Python 数据分析与展示. 国家精品在线开放课程. https://www.icourse163.org/,2017.

[4] 曹洁,崔霄. Python 数据分析[M]. 北京:清华大学出版社,2020.

[5] 王朝霞. 数据挖掘[M]. 2 版. 北京:电子工业出版社,2023.

[6] 陈雪莹. 智能数据分析:入门、实战与平台构建[M]. 北京:机械工业出版社,2022.

[7] 姜维. 数据分析与数据挖掘[M]. 北京:电子工业出版社,2023.

[8] 蔡毅. 数据挖掘[M]. 北京:清华大学出版社,2023.

[9] 林子雨. 数据采集与预处理[M]. 北京:人民邮电出版社 2022.

[10] 郭卡,戴亮. Python 数据爬取技术与实战手册[M]. 北京:中国铁道出版社,2018.

[11] 米切尔. Python 网络数据采集[M]. 北京:人民邮电出版社, 2016.

[12] 罗文浪, 邱波, 郭炳宇, 等. Hadoop 大数据平台集群部署与开发[M]. 北京:人民邮电出版社, 2018.

[13] 黑马程序员. Hadoop 大数据技术原理与应用[M]. 北京:清华大学出版社, 2019.

活页笔记

学习过程：

重难点记录：

学习总结：

活页笔记

学习过程：

重难点记录：

学习总结：

活页笔记

学习过程：

重难点记录：

学习总结：

活页笔记

学习过程：

重难点记录：

学习总结：

活页笔记

学习过程：

重难点记录：

学习总结：

活页笔记

学习过程：

重难点记录：

学习总结：